# RECHERCHES

SUR LES

# SURFACES RÉGLÉES

## TÉTRAÉDRALES SYMÉTRIQUES,

Par Jules DE LA GOURNERIE,

Ingénieur en chef des Ponts et Chaussées, Examinateur des Élèves à l'École Polytechnique,
Professeur de Géométrie descriptive au Conservatoire impérial des Arts et Métiers.

## AVEC DES NOTES

Par Arthur CAYLEY,

Membre de la Société Royale de Londres, Correspondant de l'Institut de France, etc.,
Professeur de Mathématiques pures à l'Université de Cambridge.

---

## PARIS,

GAUTHIER-VILLARS, IMPRIMEUR-LIBRAIRE

DU BUREAU DES LONGITUDES, DE L'ÉCOLE IMPÉRIALE POLYTECHNIQUE,

**SUCCESSEUR DE MALLET-BACHELIER,**

Quai des Augustins, 55.

1867

# RECHERCHES

SUR LES

## SURFACES RÉGLÉES

### TÉTRAÉDRALES SYMÉTRIQUES.

# RECHERCHES

SUR LES

# SURFACES RÉGLÉES

## TÉTRAÉDRALES SYMÉTRIQUES,

Par Jules de la GOURNERIE,

Ingénieur en chef des Ponts et Chaussées, Examinateur des Élèves à l'École Polytechnique,
Professeur de Géométrie descriptive au Conservatoire impérial des Arts et Métiers.

### AVEC DES NOTES

Par Arthur CAYLEY,

Membre de la Société Royale de Londres, Correspondant de l'Institut de France, etc.,
Professeur de Mathématiques pures à l'Université de Cambridge.





PARIS,

GAUTHIER-VILLARS, IMPRIMEUR-LIBRAIRE

DU BUREAU DES LONGITUDES, DE L'ÉCOLE IMPÉRIALE POLYTECHNIQUE,

SUCCESSEUR DE MALLET-BACHELIER,

Quai des Augustins, 55.

1867

# AVANT - PROPOS.

L'Ouvrage que je présente aux Géomètres contient, avec divers développements, la matière de trois Mémoires que j'ai soumis à l'Académie des Sciences en 1865 et 1866, et que cette illustre Compagnie a déclarés dignes d'être insérés dans le *Recueil des Savants étrangers*, sur le Rapport d'une Commission composée de MM. Chasles et Bertrand. Je prie les savants Commissaires d'agréer l'expression de ma reconnaissance.

Quelques semaines après la publication, dans les *Comptes rendus*, des extraits de mes deux premiers Mémoires, M. Cayley voulut bien m'adresser ses félicitations et me communiquer des équations très-élégantes pour deux surfaces que je venais de faire connaître. Cette démarche d'un grand Géomètre, avec lequel je n'avais eu jusqu'alors aucune relation, fut naturellement accueillie avec un vif sentiment de gratitude. Elle a amené entre M. Cayley et moi une correspondance scientifique qui m'est extrêmement précieuse. M. Cayley m'a envoyé pour cet Ouvrage une Note qui reproduit avec quelques développements les résultats contenus dans sa première communication (p. 189). Il m'a de plus autorisé à disposer de ses Lettres; j'en ai extrait trois fragments que je présente sous forme de Notes (p. 279). Les Géomètres me sauront gré de les leur faire connaître.

Je reproduis le Rapport écrit par l'illustre auteur de l'*Aperçu historique*, en faisant observer que les Mémoires auxquels il se rapporte ont reçu, dans la composition de cet Ouvrage, des modifications de quelque importance.

Paris, 30 novembre 1866.

# RAPPORT

*Sur trois Mémoires de M.* DE LA GOURNERIE, *relatifs à de nouvelles surfaces réglées* (*).

(Commissaires : MM. Bertrand, Chasles rapporteur.)

---

Extrait des *Comptes rendus des séances de l'Académie des Sciences*, t. LXIII, séance du 6 août 1866.

---

La surface étudiée par M. de la Gournerie dans son premier Mémoire peut être considérée comme une généralisation de la surface développable circonscrite à deux surfaces du second ordre. Cette extension suffisait pour fixer notre attention sur le Mémoire dont nous avons à rendre compte à l'Académie.

Voici comment M. de la Gournerie conçoit la génération de cette surface et en forme l'équation. Que l'on ait deux coniques C, C' de même centre, mais situées dans deux plans différents. La droite d'intersection de ces plans, qui est, en direction, un diamètre commun aux deux coniques, est prise pour axe des $x$, et les diamètres conjugués, dans les deux courbes, sont les axes des $y$ et des $z$. On prend sur les coniques deux points $m$, $n$, dont les abscisses soient entre elles dans un rapport donné $k$; et c'est la droite $mn$ qui engendre la surface. A chaque point $m$ correspondent deux

---

(*) Voir *Comptes rendus,* 5 juin, et 17 juillet 1865, et 8 janvier 1866. Dans cet Ouvrage, les deux premiers Mémoires ont été réunis en un seul.

(DE L. G.)

b

points $n$, parce qu'une abscisse appartient à deux points d'une conique. Deux génératrices partent donc de chaque point $m$ ou $n$; dès lors chaque conique est, sur la surface, une *ligne double*.

Les génératrices percent le plan des $yz$ en des points dont le lieu est une conique concentrique aux deux premières et dont les axes des $y$ et des $z$ sont deux diamètres conjugués : et, ce qui est une propriété importante de la surface, cette conique est une *ligne double*, de même que C et C'. Les deux génératrices qui se croisent en chaque point de cette courbe partent de deux points de C dont les abscisses sont égales et de signes contraires. Appelons $p$ le point où une génératrice $mn$ rencontre cette nouvelle conique : les coordonnées de ce point $p$ sont dans des rapports constants $k'$, $k''$ avec celles des points $m$, $n$ comptées sur les mêmes axes respectivement, ainsi que cela a lieu pour les abscisses des deux points $m$, $n$. Il s'ensuit que la troisième conique, associée à l'une des deux premières, peut servir à la construction des génératrices de la surface, par la loi relative aux deux premières.

M. de la Gournerie fait remarquer que les trois rapports $k$, $k'$, $k''$ ont entre eux la même relation que les trois rapports anharmoniques d'un système de quatre points en ligne droite.

Il reconnaît aussi que les six diamètres des trois coniques situés sur les trois droites d'intersection de leurs plans ont entre leurs carrés une relation fort simple : le produit des carrés de trois diamètres est égal et de signe contraire au produit des carrés des trois autres. Dans chaque produit, on le conçoit, entrent trois diamètres appartenant aux trois coniques et de directions différentes.

Quant aux asymptotes (réelles ou imaginaires) des trois coniques, elles sont trois à trois sur quatre plans ; c'est-à-dire que, quatre d'entre elles étant prises pour côtés d'un angle tétraèdre, les deux autres sont les droites d'intersection des faces opposées de cet angle. En d'autres termes encore, leurs six points situés à l'infini forment les quatre sommets et les deux points de concours des côtés opposés d'un quadrilatère.

M. de la Goùrnerie appelle *cône directeur* de la surface le cône dont les arêtes sont parallèles aux génératrices de la surface ; il trouve que *ce cône est du second ordre*.

Les génératrices de la surface sont parallèles deux à deux. Cela est évident; car, si $mn$ est une génératrice, les deux points $m$, $n$ se correspondent sur les coniques C, C' : dès lors les deux points $m'$, $n'$, diamétralement opposés, se correspondent aussi, et la génératrice $m'n'$ est parallèle à $mn$.

Il suit de là que les points des génératrices situés à l'infini sont sur une ligne double de la surface; en d'autres termes, l'intersection de la surface et du plan situé à l'infini est une ligne double. Cette courbe est sur le cône directeur; c'est donc une section conique. Ainsi, *la surface possède une quatrième conique pour ligne double, laquelle est située à l'infini*.

La surface a quatre génératrices dans le plan de chacune des trois premières coniques C, C', C''. On le voit sans difficulté; car le plan de C coupe C' en deux points, de chacun desquels partent deux génératrices qui s'appuient sur C, ce qui fait quatre génératrices situées dans le plan de C.

Ces quatre génératrices et la conique C forment la section complète de la surface par le plan, et cette section est du huitième ordre, puisque la conique C, comme ligne double, compte pour une ligne du quatrième ordre : la surface est donc du *huitième ordre*. M. de la Gournerie ne se borne pas à ce raisonnement; il donne aussi l'équation de la surface.

Une génératrice s'appuie sur les trois coniques; donc les quatre génératrices situées dans le plan d'une conique sont les droites qui joignent deux à deux les points où les deux autres coniques percent ce plan.

Les droites qui joignent deux à deux les points à l'infini de deux coniques sont aussi des génératrices, parce que ces points satisfont à la relation prescrite des deux points $m$, $n$.

Les deux coniques C, C' étant données, l'équation de la surface ne renferme que le paramètre arbitraire $k$, qui est le rapport des abscisses des deux points $m$, $n$ de chaque génératrice. Si ce rapport est égal à celui des carrés des deux demi-diamètres de C et C' situés sur l'axe des $x$ ou droite d'intersection des plans des deux courbes, les tangentes aux deux points $m$, $n$ se coupent sur cet axe, et leur plan est tangent aux deux coniques. La surface devient alors une *développable* circonscrite aux deux coniques, et dans laquelle par conséquent on peut inscrire une infinité de surfaces du second ordre.

Voilà comment cette développable se trouve être un cas particulier de la surface générale étudiée par M. de la Gournerie, ainsi que nous l'avons annoncé.

M. de la Gournerie se propose cette question : Quel est le lieu d'un point qui divise chaque génératrice $mn$ dans un rapport donné? Ce lieu est une courbe gauche du quatrième ordre qui se projette sur les trois plans coordonnés suivant des coniques, de sorte que la courbe est l'intersection de trois cylindres du second ordre.

Cette courbe, intersection de trois cylindres, a été nommée par Frezier, dans son Traité de Stéréotomie, *ellipsimbre*. M. de la Gournerie emploie cette expression. Il nomme la surface du huitième ordre *quadrispinale* à raison de ses quatre lignes doubles, qu'il considère comme des arêtes.

Une quadrispinale donne lieu à une seconde surface du huitième ordre, qui est aussi une quadrispinale ayant les mêmes quatre coniques doubles.

En effet, trois coniques quelconques $C$, $C'$, $C''$, prises pour directrices, déterminent une surface réglée du seizième ordre, sur laquelle ces courbes sont des lignes quadruples; car un point de $C$ est le sommet de deux cônes qui s'appuient respectivement sur $C'$ et $C''$, et se coupent suivant quatre arêtes, qui sont quatre génératrices de la surface. Lorsque $C$, $C'$, $C''$ appartiennent à une quadrispinale, deux des quatre arêtes sont des génératrices de la quadrispinale; les deux autres appartiennent donc à une seconde surface du huitième ordre, sur laquelle les trois coniques sont des lignes doubles.

M. de la Gournerie reconnaît que cette surface est aussi une quadrispinale; il l'appelle *compagne* de la première.

Lorsque la quadrispinale proposée est *développable*, ce qui a lieu, comme nous l'avons dit, pour une certaine valeur du coefficient $k$, la quadrispinale compagne coïncide avec la première.

*Ligne* nodale *d'une quadrispinale.* — Indépendamment de ses quatre coniques doubles, une quadrispinale possède une autre ligne double, qui est du douzième ordre, et qui fait avec les quatre coniques une ligne nodale complète du vingtième ordre. De sorte que l'intersection de la surface et d'un plan quelconque est une courbe du huitième ordre douée de vingt points *doubles*.

Lorsque la quadrispinale est développable, son arête de rebroussement est du douzième ordre, ce qui s'accorde avec ce que l'on savait déjà de la développable circonscrite à deux surfaces du second ordre.

*Généralisation des résultats précédents.* — Nous avons dit que les deux coniques $C$, $C'$ prises pour directrices de la surface devaient être concentriques. C'est que cette

*b.*

condition particulière apportait une grande simplification dans les calculs. Mais deux coniques quelconques donnent lieu à une surface réglée du huitième ordre, qui présente les mêmes caractères et les mêmes propriétés que la première. Il nous suffit de dire que cette surface sera la transformée homographique de la première. M. de la Gournerie la définit directement dans toute sa généralité, par les considérations suivantes :

Que l'on ait deux coniques quelconques C, C′, dont les plans se coupent suivant une droite D; que E, F soient sur cette droite les deux points conjugués par rapport aux deux coniques, et que ces points soient pris pour les *points doubles* de deux divisions homographiques, dont $p$ et $p'$ représentent deux points homologues; enfin, que A, B soient les pôles de la droite D dans les deux coniques : les droites A$p$, B$p'$ rencontrent respectivement les deux coniques en des couples de points $m$ et $n$ : les droites $mn$ sont les génératrices de la quadrispinale générale.

Les quatre points E, F, A, B sont les sommets d'un tétraèdre que l'auteur appelle *tétraèdre de symétrie*. Les quatre coniques doubles de la surface sont situées dans les plans des quatre faces du tétraèdre. On voit sans difficulté comment deux quelconques des quatre coniques peuvent être prises pour directrices, et ce que deviennent toutes les propriétés de la quadrispinale considérée d'abord par M. de la Gournerie.

*Séries conjuguées de surfaces du second ordre, et de quadrispinales.* — Une droite prise arbitrairement dans l'espace détermine un hyperboloïde dans lequel chaque sommet du tétraèdre a pour plan polaire le plan de la face opposée. Si cette droite est une génératrice de la quadrispinale, l'hyperboloïde a sept autres génératrices communes avec la quadrispinale. Des huit génératrices communes aux deux surfaces, quatre appartiennent à un système de génération de l'hyberboloïde, et quatre à l'autre système. Ces génératrices se rencontrent deux à deux en seize points situés quatre à quatre sur les quatre coniques doubles.

On a ainsi un système d'hyberboloïdes dont chacun est déterminé par une génératrice de la quadrispinale. Quatre hyperboloïdes se réduisent à de simples coniques situées dans les quatre plans des coniques doubles.

M. de la Gournerie donne l'équation générale de ce système d'hyperboloïdes, laquelle comprend aussi des ellipsoïdes, parce que des génératrices de la quadrispinale peuvent être imaginaires, par couples.

Il reconnaît que ces hyperboloïdes ne sont pas autre chose qu'un système de surfaces du second ordre inscrites dans une même développable.

Cette développable est circonscrite à la quadrispinale, et à une infinité d'autres quadrispinales ayant le même tétraèdre de symétrie, et conjuguées aux mêmes surfaces du second ordre. La développable appartient elle-même, comme surface individuelle, au système de ces quadrispinales.

Un système d'hyperboloïdes peut appartenir à une infinité de quadrispinales qui forment une série dans laquelle chaque surface est déterminée par une valeur particulière d'un certain paramètre.

Par toute ellipsimbre tracée sur une quadrispinale, on peut faire passer une seconde quadrispinale de la série.

En général, deux quadrispinales de la série ont quatre ellipsimbres dans leur intersection, qui, considérée complétement, est une ligne du soixante-quatrième ordre.

Une quadrispinale et un hyperboloïde ont huit arêtes communes; leur intersection du seizième ordre est complétée par deux ellipsimbres.

Nous avons dit que par une ellipsimbre tracée sur une quadrispinale, on peut faire passer une seconde quadrispinale; on peut aussi faire passer deux surfaces de la série d'hyperboloïdes : ces quatre surfaces ont entre elles une relation fort simple : leurs plans tangents en un point quelconque de leur courbe commune, lesquels passent par la tangente de la courbe, forment un *faisceau harmonique*; les plans tangents aux deux hyperboloïdes sont conjugués par rapport aux plans tangents aux deux quadrispinales.

*Cas où une quadrispinale est formée de deux surfaces du quatrième ordre.* — Deux coniques C, C′ étant prises arbitrairement, chaque surface est déterminée par une valeur du coefficient $k$, ou, ce qui revient au même, par deux points quelconques $p$, $p'$ qui se correspondent dans les deux divisions homographiques $\dfrac{Ep}{Fp} = k\,\dfrac{Ep'}{Fp'}$. Si l'on prend pour $p$ et $p'$ deux points des deux coniques situés sur leur diamètre commun D, alors cette droite D est une génératrice double de la surface; mais les deux autres points de C et C′ situés sur D se correspondent aussi, de sorte que D devient encore une génératrice double; cette droite est donc une génératrice quadruple de la surface. M. de la Gournerie reconnaît alors que la surface est l'ensemble de deux surfaces du quatrième ordre, sur chacune desquelles la droite D est une génératrice double. Ces surfaces ont chacune deux directrices rectilignes qui se substituent aux coniques C″, C‴ de la surface générale.

Nous omettons divers résultats intéressants, relatifs soit à ces surfaces du quatrième ordre, soit aux quadrispinales du huitième ordre conjuguées à un système de surfaces homofocales du second ordre, pour passer au second Mémoire.

Ce Mémoire a pour objet l'étude de la surface corrélative de la quadrispinale, que l'auteur nomme *quadriscuspidale*, parce qu'elle possède quatre points quadruples, qu'il regarde comme des sommets : ces points sont les sommets

de quatre cônes du second ordre, doublement circonscrits
à la surface.

En outre des propriétés corrélatives de celles qu'il a établies dans le premier Mémoire, M. de la Gournerie en si-
gnale de nouvelles, qui lui permettent de compléter la
théorie de la quadrispinale. En voici l'indication sommaire.

La quadricuspidale possède cinq lignes doubles du quatrième ordre; l'une est gauche et les autres planes. Chacune
de celles-ci passe par trois des quatre sommets de la surface, et a, en chacun de ces points, un point double. Les
tangentes aux deux branches de la courbe en chaque point
double sont conjuguées harmoniques par rapport aux
droites menées aux deux autres points doubles. M. de la
Gournerie appelle ces quatre courbes *trinodales harmoniques*.

La quadricuspidale peut être déterminée par deux trinodales harmoniques ayant deux points doubles communs,
comme la quadrispinale l'est par deux coniques. Il suffit de
prendre les points communs pour points doubles de deux
divisions homographiques faites sur l'intersection des plans
des courbes, et les deux autres sommets de la surface pour
sommets de deux faisceaux de droites passant par les points
des deux divisions homographiques.

M. de la Gournerie étudie le cône corrélatif de la trinodale harmonique, qu'il appelle cône *trilatéral harmonique*,
et il conclut de ce qui précède que la quadrispinale possède quatre cônes de ce genre, qui lui sont doublement
circonscrits : ces cônes ont leurs sommets aux sommets du
tétraèdre de symétrie. Deux d'entre eux suffisent pour déterminer la surface au moyen de faisceaux de plans homographiques et par une génération corrélative de celle que
nous avons expliquée dans la première partie de ce Rapport.

Quand la quadrispinale est développable, les quatre
cônes, qui sont du sixième ordre, ont une courbe commune

du douzième ordre, qui est l'arête de rebroussement de la surface.

Il y aurait lieu d'entrer ici dans la discussion des divers cas particuliers que présente une quadricuspidale; mais nous avons encore à parler du troisième Mémoire, qui se rattache et fait suite aux considérations dont il vient d'être question.

La conique, la trinodale harmonique et la section du cône trilatéral harmonique contenue dans le plan du tétraèdre de symétrie opposé au sommet du cône, ont des équations trilinéaires de même forme, lorsqu'on les rapporte aux arêtes du tétraèdre situées sur leur plan. Ces équations sont, respectivement, pour les trois courbes :

$$\left(\frac{\alpha}{a}\right)^2 + \left(\frac{6}{b}\right)^2 + \left(\frac{\gamma}{c}\right)^2 = 0,$$

$$\left(\frac{\alpha}{a}\right)^{-2} + \left(\frac{6}{b}\right)^{-2} + \left(\frac{\gamma}{c}\right)^{-2} = 0,$$

$$\left(\frac{\alpha}{a}\right)^{\frac{2}{3}} + \left(\frac{6}{b}\right)^{\frac{2}{3}} + \left(\frac{\gamma}{c}\right)^{\frac{2}{3}} = 0.$$

M. de la Gournerie a été conduit ainsi à étudier les courbes qui, rapportées à un triangle de référence, sont représentées par une équation de la forme

$$\left(\frac{\alpha}{a}\right)^{\frac{p}{q}} + \left(\frac{6}{b}\right)^{\frac{p}{q}} + \left(\frac{\gamma}{c}\right)^{\frac{p}{q}} = 0,$$

dans laquelle les deux termes $p$ et $q$ de l'*exposant* sont des nombres entiers premiers entre eux. L'auteur appelle ces lignes *courbes triangulaires symétriques*, et dit que le triangle par rapport auquel leur équation prend la forme ci-dessus est leur *triangle de symétrie*.

Considérons dans l'espace deux triangulaires symétriques

d'un même exposant $\frac{p}{q}$, et telles, que leurs triangles de symétrie aient un côté commun : les six sommets de ces triangles, réduits à quatre points distincts, sont les sommets d'un tétraèdre. En faisant des divisions sur les triangulaires suivant le mode indiqué au commencement de ce Rapport, et joignant par des droites les points homologues, on obtient $q$ surfaces distinctes, dont chacune possède sur les dernières faces du tétraèdre des triangulaires de même exposant que les premières.

Il nous suffira de dire que M. de la Gournerie a obtenu ainsi une famille de surfaces réglées qu'il a appelées *tétraédrales symétriques*, et auxquelles il a étendu la plupart des théorèmes qu'il avait primitivement démontrés pour la quadrispinale et la quadricuspidale dans les deux premiers Mémoires.

Les extraits de ces trois Mémoires, qui ont été insérés dans nos *Comptes rendus*, ont fixé l'attention de quelques géomètres. M. Cayley, notamment, s'est plu à en traiter certaines parties par des considérations d'analyse différentes de la méthode suivie par M. de la Gournerie, et qui l'ont conduit à des résultats parfaitement concordants (*).

M. de la Gournerie, en se livrant à une étude approfondie de certaines surfaces, dont la conception est parfois difficile, parce qu'elle ne peut pas se réaliser comme celle des courbes planes, a mérité d'être encouragé. Ses trois Mémoires renferment un grand nombre de résultats toujours démontrés en toute rigueur. Ils sont écrits avec beaucoup de méthode et de clarté : des divisions et des sous-divisions que rendait nécessaires l'abondance des matières en facilitent l'intelligence.

---

(*) Nous citerons aussi un Mémoire de M. le D^r E. v. Hunyady : *Ueber tetraedral-symmetrische Flächen*. (Voir *Zeitschrift für Mathematik und Physik, etc.* Leipzig, 1^er juillet 1866. )

Nous avons l'honneur de proposer à l'Académie d'approuver ce travail, dont nous demanderions l'insertion dans le *Recueil des Savants étrangers*, si l'auteur n'avait déjà pris des dispositions pour sa publication.

Les conclusions de ce Rapport sont adoptées.

# RECHERCHES



## SUR LES

## COURBES ET LES SURFACES

# TÉTRAÉDRALES SYMÉTRIQUES

---

## PREMIER MÉMOIRE.

### SUR DEUX SURFACES RÉGLÉES TÉTRAÉDRALES SYMÉTRIQUES DU HUITIÈME ORDRE.

---

## AVERTISSEMENT.

MM. Poncelet, Chasles, Cayley et Cremona ont fait connaître de nombreuses propriétés de la développable circonscrite à deux surfaces du second ordre (*). MM. Chasles

---

(*) M. Poncelet, Mémoire sur la théorie des polaires réciproques (*Journal de Crelle*, t. IV).

M. Chasles : *Aperçu historique*, p. 250, 384-399; — Lettre à M. Liouville (*Journal de Mathématiques,* 1848); — Résumé d'une théorie des surfaces du second ordre homofocales (*Comptes rendus,* 1860); — Propriétés des courbes à double courbure du quatrième ordre provenant de l'intersection de deux surfaces du second ordre. Propriétés des surfaces développables circonscrites à deux surfaces du second ordre (*Comptes rendus,* 1862).

M. Cayley, On the developpable surfaces which arise from two surfaces of the second order (*The Cambridge and Dublin mathematical Journal,* 1850).

M. Cremona, Intorno alle superficie della seconda classe inscritte in una stessa superficie sviluppabile della quarta classe (*Annali di Matematica,* 1859).

Nous croyons pouvoir ajouter que dans la seconde Partie de notre *Traité de Géométrie descriptive* nous avons donné plusieurs théorèmes nouveaux sur la développable circonscrite à deux surfaces du second ordre.

1

et Cayley se sont occupés de la développable osculatrice de la courbe gauche du quatrième ordre (première espèce) (*). Nous avons trouvé que ces développables étaient de simples variétés de deux surfaces réglées qui jouissent de propriétés symétriques par rapport aux plans et aux sommets d'un tétraèdre; leur étude fait l'objet de ce Mémoire.

---

(*) M. Chasles, Propriétés des courbes à double courbure du quatrième ordre provenant de l'intersection de deux surfaces du second ordre (*Comptes rendus*, 1862).

M. Cayley, Mémoire cité dans la note précédente.

# CHAPITRE PREMIER.

## GÉNÉRATION ET PRINCIPALES PROPRIÉTÉS DE LA QUADRISPINALE.

### GÉNÉRATION DE LA QUADRISPINALE.

1. *Considérons deux coniques $\delta$, $\delta'$ situées d'une manière quelconque dans l'espace; appelons $A''$ et $A'''$ les points qui sont conjugués par rapport à l'une et à l'autre sur la droite d'intersection de leurs plans; formons sur cette ligne deux divisions homographiques sous la seule condition que les points $A''$ et $A'''$ en soient les points doubles; déterminons les pôles $A'$ et $A$ de la droite $A''A'''$ par rapport à $\delta$ et à $\delta'$; concevons des faisceaux ayant pour centres les points $A'$ et $A$ et dont les rayons passent respectivement par les points des deux divisions homographiques de $A''A'''$; joignons enfin par des droites les rencontres des rayons du faisceau $A'$ avec $\delta$, aux points où les rayons homologues du faisceau $A$ coupent $\delta'$: nous nous proposons d'étudier la surface lieu des droites ainsi obtenues. Nous l'appellerons* quadrispinale *pour des motifs que l'on verra plus loin* (*).

2. Nous aurons souvent à considérer le tétraèdre $AA'A''A'''$. Nous appellerons P, P', P'', P''' les plans respectivement opposés aux sommets A, A', A'', A'''. Une arête

---

(*) J'ai dû, pour la clarté du langage, employer quelques noms nouveaux; on peut les critiquer à divers points de vue, mais ils sont simples. Je n'ai pas, du reste, la prétention de les introduire dans la science. Si quelque géomètre s'occupe de ces questions, il pourra créer des noms définitifs.

I.

sera désignée, tantôt par les sommets qu'elle joint, tantôt par les plans dont elle est l'intersection : ainsi l'intersection des plans des coniques $\delta$, $\delta'$ sera indifféremment nommée PP′ ou A″A‴. Quelquefois, pour rendre certaines relations plus sensibles, nous désignerons un plan du tétraèdre par les trois sommets qu'il contient, et un sommet par les trois plans auxquels il appartient. Le point PP′P″ est le même que le point A‴.

3. Pour faciliter l'étude de la quadrispinale, nous éloignons à l'infini le plan P‴ en faisant subir à la surface une transformation homographique convenable. Les arêtes qui passent par le point A‴ et qui sont situées sur le plan P et sur le plan P′ deviennent des droites diamétrales conjuguées pour les coniques $\delta$ et $\delta'$; les divisions faites sur PP′ sont semblables et ont leur origine en A‴.

Nous étendrons plus loin à une quadrispinale quelconque les résultats que nous aurons obtenus pour la *quadrispinale transformée* que nous venons de définir.

CONIQUES DOUBLES.

4. Nous prenons pour axes coordonnés les droites PP′, PP″, P′P″ (*fig.* 1). Les coniques directrices $\delta$, $\delta'$ peuvent être représentées par les équations

$$(1) \quad \begin{cases} \delta : & \dfrac{x^2}{x_1^2} + \dfrac{y^2}{y_2^2} = 1, \\[2mm] \delta' : & \dfrac{x^2}{x_2^2} + \dfrac{z^2}{z_1^2} = 1. \end{cases}$$

Si les points M et M′ de ces courbes appartiennent à une génératrice, leurs projections N, N′ sont deux points homologues des divisions semblables. En désignant par $k$ un coefficient constant, nous pourrons écrire

$$A''' N = \lambda, \quad A''' N' = k\lambda.$$

On trouve alors que la génératrice MM$'$ est représentée par les équations

$$(2.)\quad \begin{cases} x - k\lambda = \lambda \dfrac{1 - k}{y_2 \sqrt{1 - \dfrac{\lambda^2}{x_1^2}}}\, y, \\[3em] x - \lambda = -\lambda \dfrac{1 - k}{z_1 \sqrt{1 - \dfrac{k^2 \lambda^2}{x_2^2}}}\, z \end{cases}$$

Ces équations contiennent des radicaux, parce que les abscisses $A''' N$ et $A''' N'$ déterminent respectivement deux

Fig. 1.

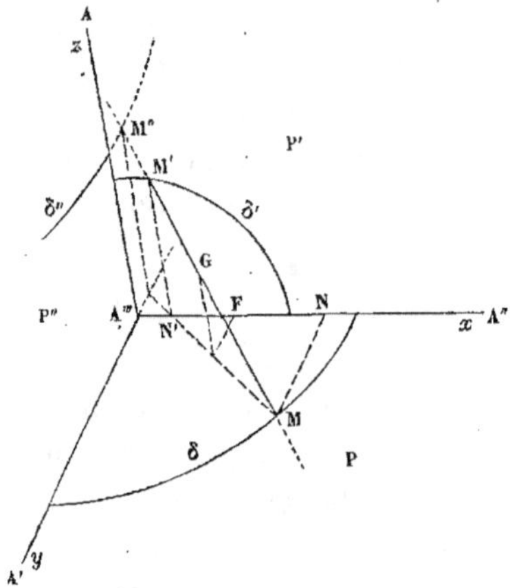


points sur $\delta$ et $\delta'$. Quatre génératrices correspondent ainsi à la constante $\lambda$; elles se coupent deux à deux sur les coniques $\delta$ et $\delta'$; *ces courbes sont*, par conséquent, *des lignes doubles de la surface.*

5. Les coordonnées de la trace M$''$ de la génératrice (2)

sur le plan $P''$ sont

$$y = - \frac{k}{1-k}\, y_2 \sqrt{1 - \frac{\lambda^2}{x_1^2}}, \quad z = \frac{1}{1-k}\, z_1 \sqrt{1 - \frac{k^2\lambda^2}{x_2^2}}.$$

Ces équations ne contiennent $\lambda$ qu'à la seconde puissance; il en résulte que les génératrices déterminées par deux valeurs de $\lambda$ égales et de signes contraires se coupent deux à deux sur le plan $P''$, ce qui du reste est à peu près évident. D'après cela, le lieu des traces des génératrices sur le plan $P''$ est une nouvelle ligne double de la surface. Pour avoir l'équation de cette courbe, il suffit d'éliminer $\lambda^2$ entre les deux équations qui précèdent. On obtient

$$(3) \qquad \frac{x_1^2}{y_2^2}\, y^2 - \frac{x_2^2}{z_1^2}\, z^2 = \frac{k^2 x_1^2 - x_2^2}{(1-k)^2}.$$

*La quadrispinale transformée possède une troisième conique double concentrique avec les deux premières. Ces trois courbes sont telles, que les traces des plans de deux d'entre elles sur le plan de la troisième sont, dans celle-ci, deux droites diamétrales conjuguées.*

Nous appelons $\delta''$ la troisième conique double, et nous désignons par $y_1$ et $z_2$ les moitiés de ses diamètres dirigés sur les axes des $y$ et des $z$. L'équation (3) donne

$$(4) \qquad \frac{y^2}{y_1^2} + \frac{z^2}{z_2^2} = 1,$$

$$(5) \qquad y_1^2 = \frac{(k^2 x_1^2 - x_2^2)\, y_2^2}{(1-k)^2 x_1^2}, \quad z_2^2 = - \frac{(k^2 x_1^2 - x_2^2)\, z_1^2}{(1-k)^2\, x_2^2}.$$

6. Considérons une droite quelconque

$$y = mx + r, \quad z = nx + s,$$

et représentons par $x_p, y_p, x_{p'}, z_{p'}, y_{p''}, z_{p''}$ les coordonnées des points où elle rencontre les trois plans de projection.

On trouve

$$\frac{x_{p'}}{x_p} = \frac{rn}{sm}, \qquad \frac{y_p}{y_{p''}} = -\frac{1 - \dfrac{rn}{sm}}{\dfrac{rn}{sm}}, \qquad \frac{z_{p''}}{z_{p'}} = \frac{1}{1 - \dfrac{rn}{sm}}.$$

Quand la droite est la génératrice d'une surface réglée, $m$, $n$, $r$ et $s$ sont des fonctions d'une variable indépendante; alors, si l'un des rapports $\dfrac{x_{p'}}{x_p}$, $\dfrac{y_p}{y_{p''}}$, $\dfrac{z_{p''}}{z_{p'}}$ est constant, c'est que la variable n'entre pas dans la quantité $\dfrac{rn}{sm}$, et par suite les deux autres rapports sont constants. Il résulte de là qu'*on peut prendre pour directrices de la surface que nous étudions deux quelconques des trois coniques $\eth$, $\eth'$, $\eth''$, pourvu que l'on donne une grandeur convenable au rapport des ordonnées des points où passe la génératrice, ces ordonnées étant mesurées parallèlement à la droite diamétrale commune.*

On remarquera qu'*il existe entre les trois rapports, pour les coniques considérées deux à deux, les mêmes relations qu'entre les trois rapports anharmoniques d'un système de quatre points en ligne droite.*

Le rapport $\dfrac{x_{p'}}{x_p}$ étant représenté comme précédemment par $k$, nous avons

$$(6) \qquad \frac{x_{p'}}{x_p} = k, \qquad \frac{y_p}{y_{p''}} = -\frac{1-k}{k}, \qquad \frac{z_{p''}}{z_{p'}} = \frac{1}{1-k}.$$

### RELATIONS ENTRE LES TROIS CONIQUES DOUBLES CONCENTRIQUES.

7. En divisant l'une par l'autre les deux équations (5), on obtient

$$(7) \qquad x_1^2\, y_1^2\, z_1^2 = -\, x_2^2\, y_2^2\, z_2^2.$$

*Si l'on répartit en deux groupes les diamètres qui, dans les trois coniques doubles, sont dirigés sur les intersections de leurs plans, de telle sorte que deux diamètres appartenant à une conique ou dirigés sur une même droite ne soient pas dans un groupe, les produits des carrés des diamètres, dans les deux groupes, seront égaux et de signes contraires.*

La relation de signe qui existe entre les deux produits montre que *les trois coniques doubles sont deux ellipses et une hyperbole ou trois hyperboles.*

8. Les asymptotes des trois coniques doubles sont représentées par les équations

$$\delta : \qquad z = 0, \quad \frac{y}{x} = \pm \frac{y_2}{x_1} \sqrt{-1} ;$$

$$\delta' : \qquad y = 0, \quad \frac{x}{z} = \pm \frac{x_2}{z_1} \sqrt{-1} ;$$

$$\delta'' : \qquad x = 0, \quad \frac{z}{y} = \pm \frac{z_2}{y_1} \sqrt{-1} .$$

Considérons un plan passant par l'origine

$$A x + B y + C z = 0.$$

Les équations qui expriment que ce plan contient une asymptote d'une des trois coniques doubles, sont respectivement

$$\frac{A^2}{B^2} = - \frac{y_2^2}{x_1^2}, \quad \frac{C^2}{A^2} = - \frac{x_2^2}{z_1^2}, \quad \frac{B^2}{C^2} = - \frac{z_2^2}{y_1^2}.$$

Eu égard à la relation (7), deux quelconques de ces équations entraînent la troisième. Il résulte de là que, *dans la surface qui nous occupe, tout plan passant par deux droites asymptotes de deux coniques doubles $\delta$, $\delta'$ contient une asymptote de la troisième $\delta''$. En d'autres termes, les traces sur un plan quelconque des six asymptotes des coniques doubles con-*

*centriques sont trois par trois sur quatre droites. Les six points de ces courbes situés à l'infini sont également trois par trois sur quatre droites.*

### CÔNE DIRECTEUR. — CONIQUE DOUBLE A L'INFINI.

9. Pour obtenir l'équation du cône dont les génératrices sont respectivement parallèles à celles de la surface, et qui a son sommet à l'origine, il suffit de supprimer le terme constant dans chacune des équations (2) qui représentent la génératrice, et d'éliminer ensuite l'abscisse $\lambda$ entre elles deux. On trouve

$$(8) \qquad \frac{(k^2 x_1^2 - x_2^2)x^2}{(1-k)^2 x_1^2 x_2^2} - \frac{y^2}{y_2^2} + \frac{z^2}{z_1^2} = 0.$$

*Le cône directeur de la surface est du second ordre.*

10. Les points des directrices $\delta$, $\delta'$ qui sont diamétralement opposés aux points situés sur une génératrice déterminée, appartiennent à une seconde génératrice parallèle à la première. Les génératrices sont ainsi parallèles deux à deux, et par suite la section de la surface par le plan de l'infini est une ligne double. Mais cette courbe est située sur le cône directeur; elle est donc du second ordre. Nous voyons ainsi que *la surface possède une conique double située à l'infini*, c'est-à-dire sur le plan P'''.

Ce résultat pouvait être prévu, car les plans P'' et P''' jouissent des mêmes propriétés par rapport à la surface primitive.

Nous appelons la quatrième conique $\delta'''$.

Les quatre coniques doubles peuvent être considérées comme des arêtes; c'est cette considération qui nous a conduit à désigner la surface par le nom de *quadrispinale*.

11. Eu égard aux relations (5) et (7), nous pouvons

mettre l'équation (8) du cône directeur sous les formes suivantes :

$$(9) \quad \begin{cases} -x^2 + \dfrac{x_2^2}{y_1^2}\, y^2 + \dfrac{x_1^2}{z_2^2}\, z^2 = 0, \\[2ex] \dfrac{y_1^2}{x_2^2}\, x^2 - y^2 + \dfrac{y_2^2}{z_1^2}\, z^2 = 0, \\[2ex] \dfrac{z_2^2}{x_1^2}\, x^2 + \dfrac{z_1^2}{y_2^2}\, y^2 - z^2 = 0. \end{cases}$$

Ces équations montrent que *les asymptotes de la section du cône directeur par un plan parallèle à celui d'une des trois coniques concentriques, sont parallèles aux droites qui passent par les traces des deux autres coniques sur le plan de la première.*

On peut considérer les points des asymptotes situés à l'infini comme les traces de la conique d'intersection sur le plan coordonné parallèle au plan sécant, puis supposer que ce dernier s'éloigne indéfiniment. On a alors ce théorème : *Les points où la conique située à l'infini perce le plan d'une autre conique double sont respectivement sur les droites qui, dans ce plan, passent par les traces des deux autres coniques.*

En réunissant sous un même énoncé ce résultat et celui du n° 5, nous dirons que *les traces de trois coniques doubles sur le plan de la quatrième sont les six points de rencontre de quatre droites considérées deux à deux.* Ces lignes, qui peuvent être imaginaires, sont des génératrices, car elles satisfont à la loi qui a été précisée au n° 1. Ainsi la droite $DD''$ (*fig.* 2, p. 16) est une génératrice, quel que soit le coefficient $k$.

12. Quand ce coefficient est égal à l'unité, toutes les génératrices sont parallèles au plan des $yz$, et le cône directeur se réduit à un plan. Nous examinerons plus loin cette variété de la quadrispinale.

## COURBES GAUCHES DU QUATRIÈME ORDRE TRACÉES
## SUR LA QUADRISPINALE TRANSFORMÉE.

13. Nous allons nous proposer de déterminer le lieu des points qui divisent dans un rapport donné les segments des génératrices compris entre les coniques directrices $\delta$ et $\delta'$.

Soient G le point du lieu qui appartient à la génératrice MM' (*fig.* 1), F sa projection sur $A'''x$, $\lambda$ et $x$ les abscisses $A'''N$ et $A'''F$, enfin $\varepsilon$ le rapport constant de MG à MM'.

Nous avons

$$x = A'''N - FN = \lambda - \varepsilon(\lambda - k\lambda)$$

ou bien

$$x = k'\lambda,$$

en posant

$$(10) \qquad k' = 1 - \varepsilon(1 - k).$$

Pour avoir les équations du lieu cherché, il suffit de remplacer $\lambda$ par $\dfrac{x}{k'}$ dans les équations (2) de la génératrice. On trouve

$$x - \frac{k}{k'}\, x = \frac{x}{k'} \cdot \frac{1 - k}{\sqrt{1 - \dfrac{k^2\, x^2}{k'^2\, x_2^2}}} \cdot \frac{y}{y_2},$$

$$x - \frac{x}{k'} = -\frac{x}{k'} \cdot \frac{1 - k}{\sqrt{1 - \dfrac{k^2\, x^2}{k'^2\, x_2^2}}} \cdot \frac{z}{z_1}.$$

Supprimant le facteur commun $x$ et faisant disparaître les radicaux, on obtient

$$(11) \qquad \begin{cases} \dfrac{x^2}{k'^2\, x_1^2} + \left(\dfrac{1 - k}{k' - k}\right)^2 \dfrac{y^2}{y_2^2} = 1, \\[2mm] \dfrac{k^2\, x^2}{k'^2\, x_2^2} + \left(\dfrac{1 - k}{1 - k'}\right)^2 \dfrac{z^2}{z_1^2} = 1. \end{cases}$$

L'élimination de l'abscisse $x$ entre ces deux équations donne

$$(12) \qquad \left(\frac{k}{k'-k}\right)^2 \frac{x_1^2}{y_2^2}\, y^2 - \frac{x_2^2}{(1-k')^2 z_1^2}\, z^2 = \frac{k^2 x_1^2 - x_2^2}{(1-k)^2}.$$

14. Nous appellerons *ellipsimbre* (*) la courbe d'inter-section de deux surfaces concentriques du second ordre. Chacune des trois droites diamétrales conjuguées communes des deux surfaces est l'axe d'un cylindre du second ordre qui passe par l'ellipsimbre. Cette courbe appartient à un cône du second ordre dont le sommet coïncide avec le centre des surfaces.

La ligne représentée par les équations (11) et (12) est évidemment une ellipsimbre; les résultats du calcul du n° 10 nous donnent en conséquence les théorèmes suivants :

*On peut tracer sur une quadrispinale qui a une conique double à l'infini, et par chacun de ses points, une ellipsimbre telle, que les axes des cylindres du second ordre auxquels elle appartient soient les intersections des plans des coniques doubles concentriques de la quadrispinale.*

*Les ellipsimbres divisent en parties proportionnelles les géné-ratrices rectilignes de la surface.*

15. En donnant à $k'$ les valeurs 1, $k$, 0 et $\infty$, on trouve les coniques $\delta$, $\delta'$, $\delta''$, $\delta'''$. *Ces courbes appartiennent* par conséquent *à la série des ellipsimbres*. Il suit de là que *les plans coordonnés divisent les génératrices en parties propor-tionnelles.*

Ce dernier résultat tient uniquement à la constance du rapport $k$, et nullement à la forme des directrices $\delta$, $\delta'$. Il serait facile d'établir directement cette proposition ; mais,

---

(*) Cette expression est empruntée à la Stéréotomie (Frézier, Rondelet).

au point où nous sommes parvenus, le plus simple est de remarquer que, quelle que soit la directrice sur le plan P, on peut tracer une conique qui lui soit tangente au point où passe la génératrice considérée, et qui ait des diamètres conjugués dirigés sur les axes des $x$ et des $y$. On peut opérer de la même manière sur la directrice située dans le plan P'. On voit ainsi que dans une surface réglée, engendrée comme il est dit au n° 1, mais avec des directrices quelconques, deux génératrices consécutives, et par suite toutes les génératrices, sont divisées en parties proportionnelles par les plans coordonnés.

16. En désignant par $\alpha_1$ et $\beta_2$, $\gamma_1$ et $\alpha_2$, $\beta_1$ et $\gamma_2$ les demi-diamètres des coniques qui forment les projections de l'ellipsimbre déterminée sur la quadrispinale par la constante $k'$, nous avons

$$(13)\quad\begin{cases}\alpha_1^2 = k'^2 x_1^2, \qquad\qquad \beta_2^2 = \left(\dfrac{k'-k}{1-k}\right)^2 \gamma_2^2;\\[2mm]\gamma_1^2 = \left(\dfrac{1-k'}{1-k}\right)^2 z_1^2, \quad \alpha_2^2 = \dfrac{k'^2}{k^2}\, x_2^2;\\[2mm]\beta_1^2 = \left(\dfrac{k'-k}{1-k}\right)^2 \dfrac{k^2 x_1^2 - x_2^2}{k^2 x_1^2}\, \gamma_2^2,\\[2mm]\gamma_2^2 = -\left(\dfrac{1-k'}{1-k}\right)^2 \dfrac{k^2 x_1^2 - x_2^2}{x_2^2}\, z_1^2.\end{cases}$$

On déduit de ces équations

$$(14)\quad\begin{cases}\alpha_1^2\,\beta_1^2\,\gamma_1^2 = -\,\alpha_2^2\,\beta_2^2\,\gamma_2^2,\\[2mm]\dfrac{\alpha_2^2}{\alpha_1^2} + \dfrac{\beta_1^2}{\beta_2^2} = 1, \quad \dfrac{\beta_2^2}{\beta_1^2} + \dfrac{\gamma_1^2}{\gamma_2^2} = 1, \quad \dfrac{\gamma_2^2}{\gamma_1^2} + \dfrac{\alpha_1^2}{\alpha_2^2} = 1.\end{cases}$$

Ces quatre relations indiquent seulement que les trois coniques sont les projections d'une même ellipsimbre. Deux quelconques d'entre elles entraînent les deux autres.

**17.** Les équations (13) donnent encore

$$(15) \qquad \frac{\alpha_2^2}{\alpha_1^2} = \frac{x_2^2}{k^2 x_1^2}, \qquad \frac{\beta_2^2}{\beta_1^2} = \frac{k^2 x_1^2}{k^2 x_1^2 - x_2^2}, \qquad \frac{\gamma_2^2}{\gamma_1^1} = -\frac{k^2 x_1^2 - x_2^2}{x_2^2},$$

*Si l'on considère deux coniques projections d'une même ellipsimbre de la quadrispinale sur les plans de deux coniques doubles, le rapport de leurs demi-diamètres dirigés sur l'axe commun à ces plans est indépendant du coefficient $k'$ qui détermine l'ellipsimbre sur la surface.*

**18.** Si nous désignons par $x'$ et $x''$ les abscisses des points où une même génératrice de la quadrispinale rencontre deux ellipsimbres déterminées par les coefficients $k'$ et $k''$, nous aurons (n° **13**)

$$x' = k' \lambda, \quad x'' = k'' \lambda,$$

d'où

$$(16) \qquad x' = \frac{k'}{k''} x''.$$

Les abscisses $x'$ et $x''$ sont dans un rapport constant pour toutes les génératrices. Il résulte de là que deux ellipsimbres peuvent remplacer comme directrices les coniques $\delta$, $\delta'$; il faut toutefois remarquer qu'un plan coupe une ellipsimbre en quatre points, de sorte qu'à un point de l'une des nouvelles directrices en correspondent quatre sur la seconde. Les ellipsimbres sont donc quadruples sur la surface complète qu'elles déterminent. Cette surface est, en effet, le système de quatre quadrispinales, dont il serait facile de déterminer les paramètres.

Pour que deux ellipsimbres puissent servir comme directrices dans ce mode de génération, il ne suffit pas que les cylindres du second ordre qui leur sont circonscrits aient les mêmes axes. On voit par les équations (15) que si l'on désigne les paramètres de la seconde ellipsimbre par les mêmes lettres que ceux de la première, en ajoutant un accent, on devra avoir

$$\frac{\alpha_2^2}{\alpha_1^2} = \frac{\alpha_2'^2}{\alpha_1'^2}, \quad \frac{\beta_2^2}{\beta_1^2} = \frac{\beta_2'^2}{\beta_1'^2}, \quad \frac{\gamma_2^2}{\gamma_1^2} = \frac{\gamma_2'^2}{\gamma_1'^2}.$$

Eu égard aux relations (14), ces trois conditions se réduisent à une seule.

Le coefficient $\dfrac{k'}{k''}$ ne peut pas d'ailleurs être pris arbitrairement. Si nous appliquons la première des équations (13) aux deux ellipsimbres, nous en déduirons

$$\frac{k'}{k''} = \pm \frac{\alpha_1}{\alpha_1'}.$$

**19.** Quand $k$ est égal à l'unité, les génératrices sont parallèles au plan des $yz$, et les abscisses de tous leurs points sont égales. $k'$ ne peut pas avoir dans ce cas une autre valeur que l'unité, et les équations (11) et (12) deviennent inapplicables. Il est facile de calculer les formules auxquelles on doit alors avoir recours. Nous reviendrons plus loin sur cette question.

ORDRE DE LA QUADRISPINALE.

**20.** Conformément à une remarque que nous avons faite à la fin du n° 11, l'un quelconque des plans coordonnés contient une conique double et quatre génératrices. *La section de la quadrispinale par ce plan et la quadrispinale elle-même sont donc du huitième ordre.*

On arrive au même résultat, par le théorème de Bezout, en remarquant que, pour avoir l'équation de la surface, il suffit d'éliminer $k'$ entre les équations (11) de l'ellipsimbre.

QUADRISPINALES ASSOCIÉES.

**21.** L'une quelconque des équations (5) est la conséquence de l'autre et de la relation (7). Si l'on a trois coniques $\delta$, $\delta'$, $\delta''$ appartenant à une quadrispinale, les équations (5) donneront pour $k$ deux valeurs dont une seule correspond à la surface donnée ; l'autre détermine une seconde quadrispinale qui a les mêmes coniques doubles concentriques que la première et le même cône directeur ; car les équations (9) montrent que ce cône dépend seulement des coniques $\delta$, $\delta'$, $\delta''$.

Nous dirons que les deux quadrispinales sont compagnes ou associées. Leur ensemble forme la surface réglée du seizième ordre circonscrite aux trois coniques $\delta$, $\delta'$, $\delta''$. Nous rappelons que, d'après un théorème de M. Salmon, l'ordre d'une surface réglée est égal au double du produit des ordres de ses trois directrices (*).

Une génératrice DD″, située dans le plan P′ d'une coni-

Fig. 2.

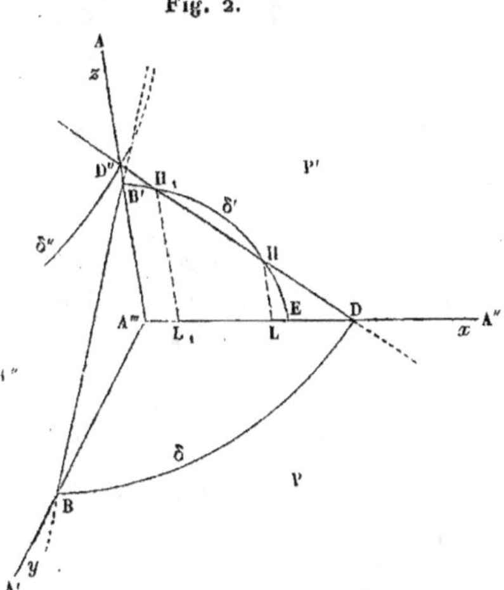

que $\delta'$ (*fig.* 2), appartient aux deux surfaces, car sa posi-

---

(*) *The Cambridge and Dublin Mathematical Journal*, t. VIII.

tion dépend uniquement des directrices $\partial$ et $\partial''$. Les deux valeurs du rapport $k$ sont par conséquent $\dfrac{A'''L}{A'''D}$ et $\dfrac{A'''L_1}{A'''D}$.

22. Les coniques étant les mêmes pour deux quadrispinales associées, il faut, d'après les équations (5), que les coefficients $k$ qui leur correspondent donnent une même valeur à la fonction

$$\frac{k^2 x_1^2 - x_2^2}{(1 - k)^2}.$$

Par conséquent, si l'on pose

$$\frac{k^2 x_1^2 - x_2^2}{(1 - k)^2} = l^2,$$

en faisant passer $l^2$ par tous les états de grandeur, on aura, dans les racines de cette équation, les valeurs du coefficient $k$ qui conviennent aux différents couples de quadrispinales compagnes, ayant pour directrices $\partial$ et $\partial'$.

En ordonnant par rapport à $k$, on trouve

$$(17) \qquad (l^2 - x_1^2) k^2 - 2 l^2 k + (l^2 + x_2^2) = 0.$$

23. Si l'on veut avoir le coefficient $k_1$ de la quadrispinale associée à une quadrispinale déterminée par deux coniques $\partial$, $\partial'$ et un coefficient $k$, il faut poser

$$\frac{k_1^2 x_1^2 - x_2^2}{(1 - k_1)^2} = \frac{k^2 x_1^2 - x_2^2}{(1 - k)^2},$$

développer cette équation et faire disparaître la valeur $k$ de $k_1$. On trouve

$$(18) \quad (x_2^2 - 2 k x_1^2 + x_1^2) k_1 + (k x_2^2 - 2 x_2^2 + k x_1^2) = 0.$$

QUADRISPINALE DÉVELOPPABLE.

24. En ordonnant par rapport à $k$ la première des

2

équations (5), on obtient

$$(19) \quad x_1^2 (y_1^2 - y_2^2) k^2 - 2 x_1^2 y_1^2 k + (x_1^2 y_1^2 + x_2^2 y_2^2) = 0.$$

Lorsque deux quadrispinales compagnes se confondent, les valeurs du coefficient $k$ données par l'équation précédente sont égales, ce qui exige que l'on ait

$$x_1^2 y_1^4 = (y_1^2 - y_2^2)(x_1^2 y_1^2 + x_2^2 y_2^2),$$

ou bien

$$x_1^2 y_1^2 + x_2^2 y_2^2 - x_2^2 y_1^2 = 0.$$

En vertu de la relation (7), l'équation que nous venons d'obtenir peut être mise sous les trois formes suivantes :

$$(20) \quad \frac{x_1^2}{x_2^2} + \frac{y_2^2}{y_1^2} = 1, \quad \frac{z_1^2}{z_2^2} + \frac{x_2^2}{x_1^2} = 1, \quad \frac{y_1^2}{y_2^2} + \frac{z_2^2}{z_1^2} = 1.$$

Quand une quelconque de ces équations est satisfaite, les autres le sont également, et les deux quadrispinales compagnes déterminées par les coniques $\delta$, $\delta'$, $\delta''$ se superposent.

25. La valeur unique de $k$, donnée par l'équation (19) dans le cas que nous considérons, est

$$k = \frac{y_1^2}{y_1^2 - y_2^2}.$$

Eu égard à la première des équations (20), nous pouvons écrire plus simplement

$$(21) \quad k = \frac{y_2^2}{x_1^2}.$$

En portant dans les expressions (5) la valeur de $x_2^2$ déduite de l'équation (21), on obtient

$$- \frac{1 - k}{k} = \frac{y_2^2}{y_1^2}, \quad \frac{1}{1 - k} = \frac{z_2^2}{z_1^2}.$$

Ces relations sont une conséquence immédiate de l'équation (21) et des résultats obtenus au n° 6.

**26.** Désignons par $\lambda$ l'abscisse de la trace sur le plan P d'une génératrice déterminée : les tangentes des coniques directrices $\partial$, $\partial'$ aux points qui appartiennent à cette droite, rencontrent l'axe PP' en des points dont les abscisses sont

$$\frac{x_1^2}{\lambda}, \quad \frac{x_2^2}{k\lambda}.$$

Lorsque $k$ a la valeur (21), ces tangentes passent par un même point et la surface devient développable. Réciproquement, si la surface est développable, les tangentes des directrices aux points situés sur une même génératrice se coupent, $k$ a la valeur (21), et les quadrispinales associées se confondent.

*La développable circonscrite à deux coniques concentriques est une quadrispinale qui représente deux quadrispinales associées confondues en une seule.*

Les valeurs de $k$ étant égales, les points H et $H_1$ (*fig.* 2) sont réunis (21). *Chaque conique double d'une quadrispinale développable est touchée par les quatre génératrices situées sur son plan.*

On trouve par des calculs faciles que chacune des équations (20) exprime que les pôles d'une droite quelconque par rapport aux coniques $\partial$, $\partial'$, $\partial''$, considérées comme des surfaces du second ordre aplaties, sont en ligne droite sur un des plans de projection. Il résulte en effet d'un théorème de M. Poncelet que ces pôles sont en ligne droite dans l'espace quand les coniques $\partial$, $\partial'$, $\partial''$ appartiennent à une développable.

**27.** Les calculs qui sont au commencement de ce paragraphe ont été établis sur la supposition que la troisième conique $\delta''$ existe avec des paramètres finis, ce qui n'a pas lieu quand $k$ est égal à l'unité. Les considérations géométriques exposées au n° 24 montrent que, dans ce cas, la quadrispinale se confond avec la surface qui lui est associée; elle ne cesse pas d'ailleurs d'être gauche.

Si dans l'équation (18) on suppose $k_1$ égal à $k$, on trouve pour ce coefficient deux valeurs qui sont $\dfrac{x_2^2}{x_1^2}$ et l'unité.

LIGNE NODALE.

28. Les traces de la ligne nodale d'une surface sur un plan sont des points doubles de la section de cette surface par le plan; or, d'après un théorème de Cramer, le nombre des points doubles d'une courbe de l'ordre $n$ est au plus $\dfrac{(n-1)(n-2)}{2}$; cette expression donne donc une limite supérieure de l'ordre de la courbe nodale d'une surface de l'ordre $n$.

Si la surface est gauche, et si le plan sécant contient une de ses génératrices, cette droite rencontre la courbe d'intersection en $(n-1)$ points: l'un d'eux est le point de contact du plan; les $(n-2)$ autres appartiennent à la ligne nodale.

Il résulte de ce qui précède que la courbe nodale d'une quadrispinale ne peut pas être d'un ordre supérieur à 21, et qu'elle rencontre chaque génératrice en six points.

29. La section par un des plans coordonnés d'une quadrispinale transformée comprend quatre génératrices qui se coupent en six points, et une conique double qui rencontre ces droites en huit points que l'on doit compter pour seize. Le nombre des points doubles de la section s'élève donc à vingt-deux.

Le plan sécant contenant quatre génératrices touche la surface en quatre points; il n'y a donc que dix-huit des vingt-deux points doubles qui appartiennent à la ligne nodale.

D'après cela, et en ayant égard à la conique double contenue dans le plan que nous avons considéré, on voit que *la ligne nodale complète est du vingtième ordre. La ligne nodale proprement dite, déduction faite des quatre coniques doubles, est une courbe du douzième ordre.*

30. Nous allons maintenant examiner minutieusement les points doubles de la section par le plan $P'$ (*fig.* 2, p. 16). Nous nous occuperons d'abord de la première surface, celle pour laquelle le coefficient $k$ a la valeur $\dfrac{A'''L}{A'''D}$ (21).

Il y a sur la génératrice $DD''$ sept points doubles : ce sont d'abord les points $D$, $D''$ et $\infty$, où elle rencontre les autres génératrices situées dans le plan; puis $H$ et $H_1$ qui chacun comptent pour deux. Les trois premiers sont les traces des coniques $\partial$, $\partial'$ et $\partial''$.

Si la génératrice $DD''$ se déplace de manière que sa trace horizontale occupe sur $\partial$ diverses positions voisines de $D$ d'un côté ou de l'autre, l'abscisse de cette trace diminuera, et celle du point correspondant sur $\partial'$, lui étant proportionnelle, diminuera également (*). La trace de la génératrice sur le plan $P'$ marchera donc de $H$ vers $B'$. Nous voyons ainsi que l'arc $HB'$ est double, et l'arc $HE$ parasite ou isolé. Le point $H$ est donc l'extrémité d'un arc utile et double de la conique $\partial'$. Les points de ce genre ont été

______

(*) Nous raisonnons d'après la disposition de la figure, en supposant que le coefficient $k$ est positif, et que les coniques directrices sont des ellipses. S'il en était autrement, si l'une des courbes était une hyperbole, il faudrait changer quelques mots, dire *augmenter* au lieu de *diminuer*, etc. Les résultats seraient les mêmes.

appelés quelquefois *sommets* (*). Tout plan contenant la
génératrice qui passe à un sommet y est tangent à la surface.
L'un des deux points doubles qui sont réunis en H est donc
le point de contact du plan sécant P′.

La courbe nodale proprement dite a, par conséquent,
trois points sur HH₁ : deux en H₁ et un en H. Elle en possède également trois sur chacune des trois autres génératrices situées dans le plan P′. Nous trouvons ainsi qu'elle
rencontre ce plan en douze points, ce qui est conforme aux
résultats du n° 29.

Pour la seconde surface, l'arc utile et double de $\delta'$ est
H₁B′; le point de contact du plan est H₁. La courbe nodale
possède en H₁ un point simple, et en H un point isolé qui
compte pour deux.

31. Lorsque la génératrice HH₁ est tangente à $\delta'$, cas
auquel la surface est développable, le point double de la
ligne nodale se trouve dans une position intermédiaire entre
les précédentes, à l'extrémité même de l'arc utile de la directrice. La ligne nodale possède alors, à chacun des quatre
points où elle rencontre une conique double, un rebroussement dont la tangente se confond avec la génératrice.

En général, quand, par suite d'une variation dans ses paramètres, une surface gauche devient développable, deux
des points où chaque génératrice rencontre la ligne nodale
se réunissent, et les génératrices se trouvent tangentes à
une branche de cette courbe qui forme l'arête de rebroussement. Lorsque la quadrispinale est développable, les coniques doubles continuent d'exister, et comme ce sont des
courbes planes, elles ne peuvent appartenir à l'arête de
rebroussement. Chaque génératrice a six points sur la ligne

---

(*) Quelques géomètres les désignent par le nom de *points cuspidaux*.
Nous avons exposé avec quelques détails la théorie de ces points singuliers
dans notre *Traité de Géométrie descriptive*, nᵒˢ 629-936.

nodale complète (n° 28) : quatre d'entre eux sont sur les coniques doubles, et les deux autres sur la ligne nodale du douzième ordre. C'est donc cette courbe tout entière qui forme l'arête de rebroussement.

Nous voyons ainsi que *l'arête de rebroussement de la développable circonscrite à deux coniques concentriques est du douzième ordre*. Ce théorème a déjà été donné par M. Chasles (*).

On sait que l'arête d'une développable a des rebroussements aux points où elle rencontre les directrices, ce qui s'accorde complétement avec les résultats de la discussion précédente.

32. Eu égard à la symétrie évidente de la ligne nodale par rapport aux plans coordonnés, sa projection sur chacun d'eux est seulement du sixième ordre. Si c'est le plan $P'$ que nous considérons, la projection aura des points doubles sur les axes des $x$ et des $z$, mais non pas à ses rencontres avec $\delta'$, parce que les deux parties situées de part et d'autre du plan de cette conique se superposent en projection.

### GÉNÉRALISATION DES RÉSULTATS PRÉCÉDEMMENT OBTENUS.

33. Les propriétés que nous avons établies pour la quadrispinale transformée étant, en général, projectives, leur extension à la quadrispinale générale ne présente pas de difficultés. Nous nous bornerons à énoncer les théorèmes, en indiquant les articles où se trouvent les propositions primitives qui leur correspondent.

34. *La quadrispinale est une surface du huitième ordre sur*

---

(*) Propriétés des courbes à double courbure du quatrième ordre, n° 42 (*Comptes rendus des séances de l'Académie des Sciences*, 1er semestre 1862). Nous donnerons dans un autre chapitre les équations de l'arête de rebroussement de la quadrispinale développable.

*laquelle les coniques directrices $\delta$, $\delta'$ sont doubles et qui pos-*
*sède deux autres coniques doubles $\delta''$, $\delta'''$ sur les plans $P''$ et $P'''$*
*(4, 5, 10, 20).*

35. *Il y a un parallélisme complet entre les propriétés des*
*quatre coniques, et par suite toute proposition relative à l'une*
*d'elles s'étend naturellement aux autres. Un théorème relatif à*
*deux ou trois des coniques doubles subsiste quelles que soient*
*celles de ces quatre courbes auxquelles on l'applique* (6).

Nous dirons que le tétraèdre formé par les plans des coniques doubles est le *tétraèdre de symétrie* de la quadrispinale.

36. *Les trois sommets d'une face du tétraèdre de symétrie*
*sont trois points conjugués pour la conique située sur cette*
*face* (5).

37. *Deux quelconques des quatre coniques peuvent être*
*prises pour directrices, pourvu que l'on forme deux divisions*
*homographiques convenables sur l'arête du tétraèdre commune*
*à leurs plans. Il existe ainsi sur chaque arête deux divisions*
*homographiques qui peuvent servir à la génération de la sur-*
*face.*

*Deux divisions homographiques sur une même droite sont*
*déterminées quand on connaît d'abord les points doubles, en-*
*suite le rapport anharmonique de ces points et de deux points*
*homologues quelconques. Pour chaque arête, les points doubles*
*des divisions sont des sommets du tétraèdre. Les rapports*
*anharmoniques pour trois arêtes passant à un sommet ont*
*entre eux les mêmes relations que les trois rapports anharmo-*
*niques de quatre points en ligne droite* (6). En appliquant
successivement ce théorème à chaque sommet, on reconnaît
que *les rapports pour deux arêtes opposées sont égaux.*

38. *Les traces de trois coniques sur le plan de la quatrième*

appartiennent trois par trois à quatre droites qui sont des génératrices de la surface (11).

*Le plan d'une conique double coupe les trois autres coniques ou en rencontre une seule* (7).

39. Nous appellerons *ellipsimbre générale* la courbe gauche du quatrième ordre par laquelle passent une infinité de surfaces du second ordre.

*On peut tracer sur une quadrispinale et par chacun de ses points une ellipsimbre générale. Les sommets des quatre cônes du second ordre auxquels elle appartient coïncident avec ceux du tétraèdre de symétrie de la quadrispinale.*

*Les génératrices sont divisées homographiquement par les ellipsimbres générales* (14).

*Les quatre coniques doubles appartiennent à la série des ellipsimbres, et par suite les points où une génératrice rencontre les quatre faces du tétraèdre de symétrie sont dans un rapport anharmonique constant* (15).

*Les cônes passant par les ellipsimbres et ayant leurs sommets les uns en* A, *les autres en* A′, *forment sur l'arête* A″A‴ *deux divisions homographiques dont les points doubles sont* A″ *et* A‴ (17).

40. *Si l'on fait passer deux plans par une arête* P″P‴ *et par les points où une génératrice rencontre deux ellipsimbres déterminées, ces plans formeront deux faisceaux homographiques dont les plans doubles seront* P″ *et* P‴ (18).

41. Lorsque l'on fait varier $k$, la conique représentée par l'équation (3) reste concentrique et homothétique à elle-même. D'après cela, et eu égard aux résultats obtenus dans les n$^{os}$ 21 à 23, nous avons les théorèmes suivants :

*Les divisions homographiques faites sur la droite* PP′ (1) *présentent une indétermination. Si nous les faisons varier en conservant les directrices* δ *et* δ′, *les coniques* δ″, δ‴ *se modi-*

*fient en restant sur les plans* P″, P‴ *et coupant l'arête* P″P‴
*en des points fixes.*

*Les quadrispinales que l'on obtient de cette manière ont
deux à deux les quatre mêmes coniques doubles. Chacune de
ces surfaces se trouve ainsi associée à une autre quadrispinale.*

**42.** *Quand deux rayons homologues des faisceaux* (1) *sont
les polaires d'un même point de la droite* PP′ *par rapport aux
coniques* δ *et* δ′, *la quadrispinale devient développable et se
confond avec la surface qui lui est associée.*

*Les quatre génératrices situées dans le plan d'une conique
double sont alors tangentes à cette courbe* (24-26).

**43.** *L'ensemble de deux quadrispinales associées forme le
lieu de toutes les droites assujetties à rencontrer trois de leurs
quatre coniques doubles.*

*Pour que trois coniques appartiennent à une quadrispinale,
il faut :*

1° *Que les polaires par rapport à ces courbes du point
d'intersection de leurs plans soient dans un même plan;*

2° *Que les trois points où ces polaires se coupent soient
conjugués deux à deux par rapport aux trois coniques;*

3° *Que les six points dans lesquels les trois coniques rencontrent le plan des polaires soient trois à trois sur quatre
droites.*

La première condition est nécessaire pour qu'on puisse
rendre les coniques concentriques par une transformation
homographique; la seconde, pour que les intersections des
plans des coniques soient deux à deux des diamètres conjugués de ces courbes devenues concentriques; la troisième,
pour que les asymptotes des coniques transformées soient
trois par trois dans quatre plans (8).

**44.** *La ligne nodale de la quadrispinale (déduction faite
des quatre coniques doubles) est une courbe gauche du douzième ordre ayant quatre points doubles ou isolés sur chaque*

*conique. Quand ces points sont réels et doubles pour une qua-*
*drispinale, ils sont réels et isolés pour la quadrispinale qui*
*lui est associée.*

*Lorsque la quadrispinale devient développable, la ligne no-*
*dale se transforme en une arête de rebroussement, et ses points*
*doubles ou isolés en points de rebroussement* (28-31).

**45.** *Les quatre points doubles que la ligne nodale possède*
*sur une conique $\delta$ sont les sommets d'un quadrilatère qui a les*
*points de concours de ses côtés opposés et le point d'intersec-*
*tion de ses diagonales aux sommets* A′, A″, A‴ *de la face du*
*tétraèdre de symétrie sur laquelle se trouve cette conique* (30).

**46.** *Les quatre cônes qui ont respectivement leur sommet*
*aux points* A, A′, A″, A‴, *et dont la ligne nodale est la direc-*
*trice commune, sont du sixième ordre* (32).

**47.** Il est très-facile de généraliser les formules obtenues dans les premiers paragraphes, et qui établissent des
relations métriques entre les diverses grandeurs géométriques. Appelons $X_1$ l'un des points où l'arête A‴A″ rencontre $\delta$, $X_2$ l'un de ceux où cette droite coupe $\delta'$; désignons de même par $Y_1$, $Y_2$, $Z_1$, $Z_2$ des points appartenant
aux coniques $\delta$, $\delta'$, $\delta''$ et situés sur les droites A‴A′ et
A‴A en suivant pour les accents l'ordre indiqué aux n[os] 4
et 5. Nous avons, en comparant la quadrispinale générale
considérée à une quadrispinale transformée homographique
et désignant par $\rho$, $\sigma$, $\tau$ des quantités constantes (*Géomé-*
*trie supérieure*, p. 369),

$$
(22) \quad
\begin{cases}
\left(\dfrac{\mathrm{A}'''\mathrm{X}_1}{\mathrm{A}''\mathrm{X}_1}\right)^2 = \rho^2 x_1^2, & \left(\dfrac{\mathrm{A}'''\mathrm{X}_2}{\mathrm{A}''\mathrm{X}_2}\right)^2 = \rho^2 x_2^2, \\[2ex]
\left(\dfrac{\mathrm{A}'''\mathrm{Y}_1}{\mathrm{A}'\mathrm{Y}_1}\right)^2 = \sigma^2 y_1^2, & \left(\dfrac{\mathrm{A}'''\mathrm{Y}_2}{\mathrm{A}'\mathrm{Y}_2}\right)^2 = \sigma^2 y_2^2, \\[2ex]
\left(\dfrac{\mathrm{A}'''\mathrm{Z}_1}{\mathrm{A}\mathrm{Z}_1}\right)^2 = \tau^2 z_1^2, & \left(\dfrac{\mathrm{A}'''\mathrm{Z}_2}{\mathrm{A}\mathrm{Z}_2}\right)^2 = \tau^2 z_2^2.
\end{cases}
$$

A l'aide de ces relations on peut transformer toutes les équations que nous avons obtenues entre les paramètres des coniques ; ainsi la formule fondamentale du n° 7 devient

$$(23)\quad \left(\frac{A'''X_1}{A''X_1}\right)^2\left(\frac{A'''Y_1}{A'Y_1}\right)^2\left(\frac{A''Z_1}{AZ_1}\right)^2 = -\left(\frac{A'''X_2}{A''X_2}\right)^2\left(\frac{A'''Y_2}{A'Y_2}\right)^2\left(\frac{A'''Z_2}{AZ_2}\right)^2.$$

*Si, ne considérant que trois des quatre coniques, et une seule des traces de chacune d'elles sur les plans des deux autres, on forme de ces points deux groupes, de telle sorte que deux traces situées sur une arête du tétraèdre ou appartenant à une conique ne soient pas dans un même groupe, les produits des carrés des rapports des distances des traces au point d'intersection des plans des coniques, à leurs distances au plan de la quatrième conique, sont, dans chaque groupe, égaux et de signes contraires.*

# CHAPITRE II.

## SÉRIES CONJUGUÉES DE SURFACES DU SECOND ORDRE ET DE QUADRISPINALES.

### OBSERVATIONS PRÉLIMINAIRES.

48. Nous allons considérer une série de quadrispinales ayant entre elles diverses relations, et notamment un même tétraèdre de symétrie. Nous supposerons que l'une des faces de ce tétraèdre est à l'infini, et, par suite, les formules précédemment obtenues seront immédiatement applicables. Nous généraliserons d'ailleurs les théorèmes au fur et à mesure que nous les obtiendrons, ce qui ne présentera aucune difficulté, car les propriétés que nous allons établir sont toutes projectives.

### SURFACES DU SECOND ORDRE CONJUGUÉES A UNE QUADRISPINALE.

49. Considérons une surface du second ordre ayant trois diamètres conjugués dirigés sur les trois axes coordonnés : son équation contient trois coefficients, nous pouvons donc la faire passer par les trois points où une génératrice déterminée rencontre les coniques $\delta$, $\delta'$, $\delta''$. Elle coupera d'ailleurs ces courbes aux points qui sont symétriques des premiers par rapport aux axes.

Il résulte des dispositions générales qui sont la conséquence, pour une quadrispinale transformée, de la proportionnalité des ordonnées des points où une génératrice rencontre deux des coniques concentriques (4 et 6), que les

deux génératrices qui se croisent en un point de l'une de
ces courbes rencontrent les deux autres en des points
ayant respectivement des coordonnées égales en grandeur
absolue. Nous voyons ainsi que la génératrice considérée et
celles qui la coupent sur $\delta$, $\delta'$ ou $\delta''$ ont chacune trois points
sur la surface du second ordre, et, par suite, lui appartien-
nent tout entières. Les génératrices qui passent par les
points diamétralement opposés sur les coniques sont également sur la surface du second ordre ; elles sont parallèles
aux premières, c'est-à-dire qu'elles les rencontrent en des
points de $\delta'''$. La surface du second ordre et la quadrispinale ont ainsi huit génératrices communes. Nous considérerons ces droites comme formant un groupe.

*Les génératrices d'une quadrispinale appartiennent huit par
huit à des hyperboloïdes par rapport auxquels chaque sommet du tétraèdre de symétrie est le pôle du plan de la face opposée. Les génératrices situées sur un même hyperboloïde dépendent, en nombre égal, des deux systèmes de génération de cette
surface : leurs rencontres deux à deux sont sur les quatre
coniques doubles. Les quatre points où les génératrices d'un
groupe coupent une conique double sont les sommets d'un quadrilatère qui a les points de concours de ses côtés opposés et le
point d'intersection de ses diagonales aux sommets de la face
du tétraèdre à laquelle appartient la conique. Une génératrice
de la quadrispinale ne coupe sur les coniques doubles que des
génératrices appartenant au même hyperboloïde qu'elle.*

50. Il est important de connaître l'équation de l'hyperboloïde d'un groupe.

Nous désignons par $\lambda$ et $\mu$ les coordonnées de la trace horizontale d'une génératrice du groupe considéré, et par $\nu$
l'ordonnée de la trace de cette droite sur le plan des $xz$.
En ayant égard aux coefficients déterminés au n° 6, on
trouve que les coordonnées des traces des huit génératrices

du groupe sur les plans $P$, $P'$, $P''$ sont :

$$P : \quad x = \pm\lambda, \quad y = \pm\mu, \quad z = 0;$$
$$P' : \quad x = \pm k\lambda, \quad y = 0, \quad z = \pm\nu;$$
$$P'' : \quad x = 0, \quad y = \mp\frac{k}{1-k}\mu, \quad z = \pm\frac{1}{1-k}\nu.$$

On a d'ailleurs

$$(a) \qquad \mu^2 = y_2^2\left(1 - \frac{\lambda^2}{x_1^2}\right), \quad \nu^2 = z_1^2\left(1 - \frac{k^2\lambda^2}{x_2^2}\right).$$

Soit

$$Mx^2 + Ny^2 + Pz^2 = 1$$

l'équation de l'hyperboloïde du groupe. Nous avons, pour déterminer $M$, $N$ et $P$, les trois équations

$$M\lambda^2 + N\mu^2 = 1, \quad M k^2\lambda^2 + P\nu^2 = 1, \quad N\frac{k^2\mu^2}{(1-k)^2} + \frac{P\nu^2}{(1-k)^2} = 1.$$

On trouve

$$M = \frac{1}{k\lambda^2}, \quad N = -\frac{1-k}{k\mu^2}, \quad P = \frac{1-k}{\nu^2}.$$

L'équation de l'hyperboloïde devient, par la substitution de ces valeurs,

$$(b) \qquad \frac{x^2}{k\lambda^2} - \frac{(1-k)y^2}{k\mu^2} + \frac{(1-k)z^2}{\nu^2} = 1.$$

Éliminant $\mu^2$ et $\nu^2$ à l'aide des relations $(a)$, on obtient une équation de l'hyperboloïde qui ne contient pas d'autre paramètre arbitraire que $\lambda$,

$$(24) \qquad \frac{x^2}{k\lambda^2} - \frac{(1-k)y^2}{k\left(1 - \dfrac{\lambda^2}{x_1^2}\right)y_2^2} + \frac{(1-k)z^2}{\left(1 - \dfrac{k^2\lambda^2}{x_2^2}\right)z_1^2} = 1.$$

51. La surface représentée par l'équation $(24)$ peut exister alors même que la valeur de $\lambda^2$ ne détermine pas de génératrices réelles. En faisant passer $\lambda^2$ par toutes les valeurs positives et négatives, on obtient une série de surfaces

que nous appellerons *surfaces du second ordre conjuguées à la quadrispinale*. Nous leur donnerons quelquefois le nom d'*hyperboloïdes*, sans vouloir d'ailleurs exprimer que leurs cônes asymptotes sont réels. L'intersection de la quadrispinale avec l'une quelconque des surfaces du second ordre qui lui sont conjuguées comprend huit droites réelles ou imaginaires.

52. Quand $\lambda^2$ a l'une des valeurs $\dfrac{x_2^2}{\lambda^2}$, $x_1^2$ et $0$, les génératrices du groupe se réduisent à quatre droites situées dans un des plans coordonnés, et la surface du second ordre devient une simple conique qui touche ces droites en des points de la conique double, et pour laquelle les axes coordonnés sont des droites diamétrales conjuguées.

Nous appellerons $\Delta$, $\Delta'$, $\Delta''$ ces nouvelles coniques qui représentent des surfaces du second ordre. La seconde $\Delta'$ est dans le plan $P'$ et touche la génératrice $DD''$ (*fig.* 2, p. 16) au point $H$ ou au point $H_1$, suivant qu'il s'agit de l'une ou de l'autre des deux surfaces compagnes auxquelles cette droite appartient.

Nous désignons par $X$, $Y$, $Z$ les longueurs des demi-diamètres de $\Delta$, $\Delta'$ et $\Delta''$, qui sont dirigés suivant les axes coordonnés, en les distinguant d'ailleurs par des indices suivant l'ordre adopté pour les coniques doubles (n$^{os}$ 4 et 5); les demi-diamètres de $\Delta$, $\Delta'$, $\Delta''$ sont ainsi $X_1$ et $Y_2$, $Z_1$ et $X_2$, $Y_1$ et $Z_2$.

On trouve par l'équation (24)

$$(25) \begin{cases} \Delta \;\; : \;\; \lambda^2 = \dfrac{x_2^2}{k^2}, \quad X_1^2 = \dfrac{x_2^2}{k}, \quad Y_2^2 = -\dfrac{(k^2 x_1^2 - x_2^2)y_2^2}{(1-k)k x_1^2}; \\[2em] \Delta' \;\; : \;\; \lambda^2 = x_1^2, \quad Z_1^2 = -\dfrac{(k^2 x_1^2 - x_2^2)}{(1-k)x_2^2} z_1^2, \quad X_2^2 = k x_1^2; \\[2em] \Delta'' : \;\; \lambda = 0, \quad Y_1^2 = -\dfrac{k}{1-k} y_2^2, \quad Z_2^2 = \dfrac{z_1^2}{1-k}. \end{cases}$$

Ces formules donnent, eu égard aux relations (5),

$$(26) \quad X_1^2 X_2^2 = x_1^2 x_2^2, \quad Y_1^2 Y_2^2 = y_1^2 y_2^2, \quad Z_1^2 Z_2^2 = z_1^2 z_2^2;$$

$$(27) \quad X_1^2 Y_1^2 Z_1^2 = x_1^2 y_1^2 z_1^2, \quad X_2^2 Y_2^2 Z_2^2 = x_2^2 y_2^2 z_2^2.$$

53. Les demi-diamètres des coniques $\Delta$, $\Delta'$, $\Delta''$ deviennent respectivement égaux à ceux de $\partial$, $\partial'$, $\partial''$ lorsque $k$ est égal à $\dfrac{x_2^2}{x_1^2}$, c'est-à-dire quand la surface est développable (25). Les équations (25) montrent immédiatement l'égalité pour les deux premières coniques $\Delta$, $\Delta'$; pour la troisième $\Delta''$, on remarquera qu'il y a identité entre les valeurs (25) de $Y_1^2$ et de $Z_2^2$, et celles qui sont données pour $y_1^2$ et $z_2^2$ par les équations (5), lorsque l'on remplace par $k$ le rapport $\dfrac{x_2^2}{x_1^2}$.

54. En généralisant les résultats obtenus dans les articles qui précèdent, nous avons les théorèmes suivants :

*La série des hyperboloïdes conjugués à une quadrispinale comprend quatre coniques $\Delta$, $\Delta'$, $\Delta''$, $\Delta'''$ respectivement situées sur les plans* P, P', P'', P''' *du tétraèdre de symétrie; l'une quelconque d'entre elles $\Delta$ est touchée par les quatre génératrices de la quadrispinale qui sont situées sur son plan : les points de contact appartiennent à la conique double $\partial$.*

*Quand la quadrispinale est développable, les quatre coniques $\Delta$, $\Delta'$, $\Delta''$, $\Delta'''$ coïncident respectivement avec les coniques $\partial$, $\partial'$, $\partial''$, $\partial'''$.*

### SYSTÈME DE QUADRISPINALES.

55. On déduit des équations (25)

$$X_1^2 Y_1^2 Z_1^2 = - X_2^2 Y_2^2 Z_2^2,$$

$$\frac{X_1^2}{X_2^2} + \frac{Y_2^2}{Y_1^2} = 1.$$

La première de ces relations montre que *le lieu des*

*droites qui rencontrent les coniques* $\Delta$, $\Delta'$, $\Delta''$ *se compose de deux quadrispinales* (7, 21); *la seconde, que ces surfaces se confondent en une seule développable* (24).

56. Puisqu'il existe deux relations entre les six diamètres des trois coniques $\Delta$, $\Delta'$, $\Delta''$, on ne peut se donner arbitrairement que quatre d'entre eux, par exemple $X_1$, $X_2$, $Y_1$ et $Z_2$. On obtient ensuite les deux autres $Y_2$ et $Z_1$ par les relations du numéro précédent, ou par les suivantes, qui leur sont équivalentes (24),

$$\frac{X_1^2}{X_2^2} + \frac{Y_2^2}{Y_1^2} = 1, \quad \frac{Z_1^2}{Z_2^2} + \frac{X_2^2}{X_1^2} = 1.$$

Si l'on veut connaître la quadrispinale pour laquelle les coniques $\Delta$, $\Delta'$, $\Delta''$ peuvent être considérées comme des surfaces conjuguées du second ordre, il faut déterminer les coniques directrices et le coefficient $k$. Nous avons pour cela les équations (25), qui n'en forment que quatre distinctes. Nous prenons celles qui ne contiennent pas de parenthèses, et nous les mettons sous les formes suivantes :

$$(28) \quad x_2^2 = k\,X_1^2, \quad x_1^2 = \frac{X_2^2}{k}, \quad y_2^2 = - \frac{1-k}{k}\,Y_1^2, \quad z_1^2 = (1-k)\,Z_2^2.$$

Les coniques $\Delta$, $\Delta'$, $\Delta''$ appartiendront à la série des hyperboloïdes conjugués à une quadrispinale, toutes les fois que les cinq quantités $x_1$, $x_2$, $y_2$, $z_1$ et $k$ qui déterminent cette surface satisferont aux quatre équations (28). Il y a une infinité de solutions, et par suite les coniques $\Delta$, $\Delta'$, $\Delta''$ correspondent à une infinité de quadrispinales. Chacune de ces surfaces peut être considérée comme particularisée par une valeur du coefficient $k$.

57. Lorsque l'on a

$$(29) \qquad\qquad k = \frac{X_2^2}{X_1^2},$$

la quadrispinale est la développable dont nous avons reconnu l'existence au n° 55, et à laquelle les coniques $\Delta$, $\Delta'$, $\Delta''$ appartiennent comme lignes doubles, car alors les équations (28) donnent

$$x_1^2 = X_1^2, \quad x_2^2 = X_2^2,$$

et la condition établie au n° 25 pour qu'une quadrispinale soit développable est satisfaite.

58. Il nous sera utile d'avoir les demi-diamètres de la troisième conique $\delta''$ de la quadrispinale considérée dans la série. On trouve, par les équations (5) et (28),

$$(3o) \quad y_1^2 = -\frac{h\,(X_2^2 - X_1^2)\,Y_1^2}{(1-h)\,X_2^2}, \quad z_2^2 = -\frac{(X_2^2 - X_1^2)\,Z_2^2}{(1-h)\,X_1^2}.$$

En introduisant les valeurs des constantes dans l'une des équations (9) du cône directeur, on obtient

$$(31) \quad \frac{X_2^2 - X_1^2}{(1-h)\,X_1^2\,X_2^2}\,x^2 + \frac{y^2}{Y_1^2} + \frac{z^2}{h Z_2^2} = 0.$$

59. Revenons maintenant à la série des hyperboloïdes conjugués à une quadrispinale.

Eu égard aux valeurs (28) des demi-diamètres $x_1$, $x_2$, $y_2$ et $z_1$, l'équation (24) devient

$$\frac{x^2}{h\lambda^2} + \frac{X_2^2\,y^2}{(X_2^2 - h\lambda^2)\,Y_1^2} + \frac{X_1^2\,z^2}{(X_1^2 - h\lambda^2)\,Z_2^2} = 1.$$

Nous désignons par $a$ la moitié du diamètre dirigé sur l'axe des abscisses,

$$(32) \quad\quad\quad a^2 = h\lambda^2,$$

$$(33) \quad \frac{x^2}{a^2} + \frac{X_2^2\,y^2}{(X_2^2 - a^2)\,Y_1^2} + \frac{X_1^2\,z^2}{(X_1^2 - a^2)\,Z_2^2} = 1.$$

$a$ est la constante qui particularise chacun des hyperbo-

3.

loïdes. On voit que la série de ces surfaces ne dépend, comme celle des quadrispinales, que des paramètres $X_1$, $X_2, \ldots$, de la développable.

60. *Lorsque des hyperboloïdes sont conjugués à une quadrispinale, ils sont également conjugués à une infinité d'autres quadrispinales. Ces surfaces ont le même tétraèdre de symétrie. On a ainsi un système formé de deux séries conjuguées, l'une d'hyperboloïdes, l'autre de quadrispinales. Une de ces dernières surfaces est développable : ses coniques doubles appartiennent à la série des hyperboloïdes.*

Les équations (28) sont du premier degré en $k$; deux valeurs différentes de ce coefficient ne peuvent donc pas donner les mêmes coniques $\partial$ et $\partial'$. Il suit de là que *deux quadrispinales compagnes et distinctes ne peuvent pas appartenir à une même série.*

61. Chacune des coniques $\partial$ et $\partial'$ coupe l'arête PP' en deux points dont l'un est compris entre les sommets $A''$, $A'''$ et l'autre en dehors. Si nous considérons comme homologues les points des deux coniques qui sont situés sur un même segment de l'arête, par rapport aux sommets $A''$, $A'''$, alors, en vertu des équations (26), nous aurons ce théorème :

*Les coniques doubles que les quadrispinales d'une série possèdent sur deux faces du tétraèdre font sur l'arête commune à ces faces deux divisions homographiques en involution dans lesquelles les deux sommets du tétraèdre sont deux points homologues.*

ELLIPSIMBRES COMMUNES A PLUSIEURS SURFACES
DU SYSTÈME.

62. En portant les valeurs (28) de $x_1^2$, $x_2^2$, $y_2^2$ et $z_1^2$ dans les équations (11) de l'ellipsimbre générale d'une

quadrispinale, on obtient

$$(34) \quad \begin{cases} \dfrac{kx^2}{k'^2 X_2^2} - \dfrac{k(1-k)\,y^2}{(k'-k)^2 Y_1^2} = 1, \\[2mm] \dfrac{kx^2}{k'^2 X_1^2} + \dfrac{(1-k)\,z^2}{(1-k')^2 Z_2^2} = 1. \end{cases}$$

Les coefficients $k$ et $k'$ particularisent, l'un la quadrispinale, l'autre l'ellipsimbre individuelle considérée sur cette surface.

Si l'ellipsimbre, représentée par l'équation (34), appartient à une seconde quadrispinale de la même série, on aura, en appelant $k_1$ et $k'_1$ les nouvelles valeurs de $k$ et $k'$,

$$(a) \quad \begin{cases} \dfrac{k}{k'^2} = \dfrac{k_1}{k_1'^2}, \\[2mm] \dfrac{k(1-k)}{(k'-k)^2} = \dfrac{k_1(1-k_1)}{(k'_1-k_1)^2}, \\[2mm] \dfrac{1-k}{(1-k')^2} = \dfrac{1-k_1}{(1-k'_1)^2}. \end{cases}$$

Ces équations n'en forment que deux distinctes, car si l'on élimine $k_1$ entre la première et l'une quelconque des deux autres, on obtient une même équation qui, ordonnée par rapport à $k'_1$, donne

$$(k'^2 - 2kk' + k)\,k_1'^2 - 2(1-k)\,k'^2 k'_1 - (k'^2 - 2k' + k)\,k'^2 = 0.$$

Cette dernière équation est divisible par $(k'_1 - k')$; il est, en effet, évident que la première quadrispinale doit être donnée par les formules. Effectuant la division et résolvant, on trouve

$$(35) \quad k'_1 = -k' \,\frac{k'^2 - 2k' + k}{k'^2 - 2kk' + k}.$$

On obtient enfin, à l'aide de la première des équations $(a)$,

$$(36) \qquad k_1 = k \left( \frac{k'^2 - 2k' + k}{k'^2 - 2kk' + k} \right)^2.$$

*Par toute ellipsimbre tracée sur une quadrispinale, il passe une seconde quadrispinale de la même série.*

63. Nous avons vu (15) qu'en donnant successivement à $k'$ les valeurs $1$, $k$, $0$ et $\infty$, on a les coniques $\delta$, $\delta'$, $\delta''$, $\delta'''$. L'équation (36) montre que pour l'une quelconque de ces grandeurs de $k'$ la seconde quadrispinale se confond avec la première. Ainsi, *bien que les coniques doubles d'une quadrispinale doivent être considérées comme des ellipsimbres, cependant elles n'appartiennent pas à une seconde quadrispinale distincte de la première et dépendant de la même série.*

64. Si l'on se donne arbitrairement deux quadrispinales de la série, pour avoir leurs ellipsimbres d'intersection, il faudra résoudre l'équation (36) par rapport à $k'$. Elle contient ce coefficient au quatrième degré, par conséquent *l'intersection de deux quadrispinales appartenant à une même série comprend quatre ellipsimbres.* Ces courbes percent une face du tétraèdre en seize points qui sont les rencontres des quatre génératrices que la première quadrispinale possède sur cette face, avec les quatre génératrices qui appartiennent à la seconde.

On déduit immédiatement de (36)

$$(k'^2 - 2kk' + k) \sqrt{kk_1} = k (k'^2 - 2k' + k).$$

Résolvant, on a

$$(37) \qquad k' = k \frac{\sqrt{kk_1} - 1 + \sqrt{(1 - k)(1 - k_1)}}{\sqrt{kk_1} - k}.$$

Chacun des deux radicaux porte avec lui le double signe.

Nous considérerons la série générale des quadrispinales comme composée des trois *parties* qui correspondent respectivement aux valeurs de $k$ plus petites que zéro, aux valeurs comprises entre zéro et l'unité, et à celles qui sont supérieures à l'unité.

*Les quatre valeurs de $k'$ sont réelles quand les deux quadrispinales appartiennent à la même partie de la série générale, et imaginaires dans le cas contraire.*

65. Considérons maintenant une ellipsimbre intersection de deux conjuguées du second ordre, et proposons-nous de reconnaître si elle appartient à une quadrispinale du système.

$a$ et $a_1$ étant les constantes qui particularisent les conjuguées du second ordre, les équations de ces surfaces sont (59)

$$\frac{x^2}{a^2} + \frac{X_2^2 y^2}{(X_2^2 - a^2) Y_1^2} + \frac{X_1^2 z^2}{(X_1^2 - a^2) Z_2^2} = 1,$$

$$\frac{x^2}{a_1^2} + \frac{X_2^2 y^2}{(X_2^2 - a_1^2) Y_1^2} + \frac{X_1^2 z^2}{(X_1^2 - a_1^2) Z_2^2} = 1.$$

Nous éliminons successivement $z^2$ et $y^2$, pour avoir les projections sur les plans des $xy$ et des $xz$ de l'ellipsimbre d'intersection,

$$\frac{X_1^2 x^2}{a^2 a_1^2} + \frac{X_2^2 (X_2^2 - X_1^2) y^2}{Y_1^2 (X_2^2 - a^2)(X_2^2 - a_1^2)} = 1,$$

$$\frac{X_2^2 x^2}{a^2 a_1^2} - \frac{X_1^2 (X_2^2 - X_1^2) z^2}{Z_2^2 (X_1^2 - a^2)(X_1^2 - a_1^2)} = 1.$$

Si cette courbe appartient à une quadrispinale du système, ou pourra déterminer des valeurs de $k$ et de $k'$ qui rendront les équations (34) identiques avec les précédentes. Cette condition donne les trois équations suivantes :

$$(b) \quad \begin{cases} \dfrac{X_1^2 X_2^2}{a^2 a_1^2} = \dfrac{k}{k'^2}, \\[2mm] \dfrac{X_2^2 (X_2^2 - X_1^2)}{(X_2^2 - a^2)(X_2^2 - a_1^2)} = - \dfrac{k(1-k)}{(k'-k)^2}, \\[2mm] \dfrac{X_1^2 (X_2^2 - X_1^2)}{(X_1^2 - a^2)(X_1^2 - a_1^2)} = - \dfrac{1-k}{(1-k')^2}. \end{cases}$$

Ces équations n'en forment que deux distinctes, car si l'on élimine $k$ entre la première et l'une quelconque des deux autres, on obtient une même équation qui, ordonnée par rapport à $k'$, donne

$$(38) \quad \begin{cases} [X_2^2(a^2 + a_1^2) - X_1^2 X_2^2 - a^2 a_1^2] X_1^4 k'^2 \\ \quad - 2 a^2 a_1^2 (X_2^2 - X_1^2) X_1^2 k' \\ \quad - a^2 a_1^2 [X_1^2(a^2 + a_1^2) - X_1^2 X_2^2 - a^2 a_1^2] = 0. \end{cases}$$

Il existe deux valeurs pour $k'$; à chacune d'elles correspond une valeur de $k$ que l'on déterminera par la première ou la troisième des équations $(b)$.

*Deux quadrispinales du système passent par la courbe d'intersection de deux quelconques des surfaces conjuguées du second ordre.*

66. Nous allons prendre le problème inverse, et rechercher les surfaces conjuguées du second ordre qui passent par une ellipsimbre déterminée sur une quadrispinale.

Si nous représentons par $\rho$ un coefficient arbitraire, la surface générale du second ordre qui contient l'ellipsimbre (34) pourra être représentée par l'équation

$$\frac{k}{k'^2}\left(\frac{1}{X_1^2} - \frac{\rho}{X_2^2}\right) x^2 + \frac{\rho k (1-k) y^2}{(k'-k)^2 Y_1^2} + \frac{(1-k) z^2}{(1-k')^2 Z_2^2} = 1 - \rho.$$

Pour que la surface appartienne à la série des conjuguées du second ordre, il faut que cette équation puisse être rendue identique à (33), et, par suite, qu'il existe des valeurs de $a$ et de $\rho$ qui satisfassent aux équations suivantes :

$$(c) \quad \begin{cases} \dfrac{(1-\rho)\,k'^2\,X_1^2\,X_2^2}{k\,(X_2^2-\rho\,X_1^2)} = a^2, \\[2mm] \dfrac{(1-\rho)(k'-k)^2}{\rho\,k\,(1-k)} = \dfrac{X_2^2-a^2}{X_2^2}, \\[2mm] \dfrac{(1-\rho)(1-k')^2}{1-k} = \dfrac{X_1^2-a^2}{X_1^2}. \end{cases}$$

Ces équations se réduisent à deux distinctes, car le résultat de l'élimination de $\rho$ entre la première et l'une quelconque des deux autres est une même équation qui, ordonnée par rapport à $a^2$, donne

$$(39) \quad k(1-k)a^4 - \left[(k'^2-2kk'+k)X_2^2 - k(k'^2-2k'+k)X_1^2\right]a^2 + k'^2(1-k)X_1^2\,X_2^2 = 0.$$

Cette dernière équation est du second degré en $a^2$ ; comme d'ailleurs une conjuguée du second ordre correspond à chaque valeur de $a^2$, nous voyons que *toute ellipsimbre tracée sur une quadrispinale appartient à deux surfaces conjuguées du second ordre.*

67. Il est intéressant de rechercher si les deux surfaces du second ordre qui contiennent une ellipsimbre déterminée sur une quadrispinale peuvent se confondre. Il faut pour cela que les racines de l'équation (39) soient égales. Cette condition donne

$$\left[\frac{X_2^2(k'^2-2kk'+k)-kX_1^2(k'^2-2k'+k)}{k(1-k)}\right]^2 - 4\frac{k'^2}{k}X_1^2\,X_2^2 = 0.$$

En appelant K le coefficient de la développable qui fait partie du système $\left(K = \dfrac{X_2^2}{X_1^2},\ \text{n}^\text{o}\ 57\right)$, l'équation précédente devient

$$[\mathrm{K}(k'^2 - 2kk' + k) - k(k'^2 - 2k' + k)]^2 + 4\,\mathrm{K}\,k\,(1 - k)^2 k'^2 = 0.$$

Développant et réduisant, on trouve que cette équation se divise en deux autres,

$$\mathrm{K} - k = 0,$$

$$(40) \qquad \begin{cases} (\mathrm{K} - k)(k'^2 + k)^2 + 4(1 - \mathrm{K})(k'^2 + k)\,kk' \\ \qquad\qquad + 4\,k'^2 k\,(\mathrm{K}\,k - 1) = 0. \end{cases}$$

La première montre que *les deux surfaces conjuguées du second ordre qui passent par une ellipsimbre d'une quadrispinale développable se confondent.*

La seconde équation est du quatrième degré en $k'$, et, par suite, *il existe sur chaque quadrispinale quatre ellipsimbres telles, que chacune d'elles appartient à deux surfaces conjuguées du second ordre réunies en une seule.*

En résolvant l'équation (40) par rapport à $\mathrm{K}$, on trouve la valeur donnée pour $k_1$ par l'équation (36). Les ellipsimbres déterminées par les quatre valeurs de $k'$ sont donc celles suivant lesquelles la quadrispinale considérée coupe la surface dont le coefficient est $\mathrm{K}$ (67), c'est-à-dire la développable qui fait partie du système.

Il résulte de cette discussion que *les ellipsimbres situées sur la développable sont les seules qui appartiennent à deux surfaces conjuguées du second ordre confondues en une seule.*

Une quadrispinale est divisée en zones par ses ellipsimbres d'intersection avec la développable. *Les ellipsimbres de deux zones contiguës appartiennent, les unes à deux surfaces du second ordre conjuguées réelles, les autres à deux surfaces imaginaires.* Les ellipsimbres limites des zones percent le plan d'une face du tétraèdre aux points où les génératrices de la quadrispinale situées sur cette face rencontrent les génératrices de la développable.

## RELATIONS DES HYPERBOLOÏDES CONJUGUÉES AVEC LA QUADRISPINALE DÉVELOPPABLE.

**68.** D'après ce que nous avons vu au n° 66, les quantités $a^2$, $k$ et $k'$, qui particularisent un hyperboloïde, une quadrispinale et une ellipsimbre commune à ces surfaces, sont reliées par la seule équation (39). Cette équation est du second degré en $k'$, par conséquent *une quadrispinale et un hyperboloïde conjugués se coupent suivant deux ellipsimbres*. L'intersection des deux surfaces, qui doit être du seizième ordre, est complétée par huit génératrices rectilignes (51).

**69.** En ordonnant l'équation (39) par rapport à $k'$, on obtient

$$(39\,bis) \quad \begin{cases} [(X_2^2 - kX_1^2)a^2 - (1-k)X_1^2 X_2^2]k'^2 - 2\,ka^2(X_2^2 - X_1^2)k' \\ \qquad + ka^2[(X_2^2 - kX_1^2) - (1-k)a^2] = 0; \end{cases}$$

et si l'on pose

$$R^2 = k^2 a^4 (X_2^2 - X_1^2)^2 - ka^2[(X_2^2 - kX_1^2) - (1-k)a^2]$$
$$\times [(X_2^2 - kX_1^2)a^2 - (1-k)X_1^2 X_2^2] = 0,$$

on a

$$k' = \frac{ka^2(X_2^2 - X_1^2) \pm R}{(X_2^2 - kX_1^2)a^2 - (1-k)X_1^2 X_2^2}.$$

Nous trouvons, en développant la valeur de $R^2$,

$$\frac{R^2}{ka^2} = ka^2(X_2^2 - X_1^2)^2 - a^2(X_2^2 - kX_1^2)^2$$
$$+ (1-k)X_1^2 X_2^2 (X_2^2 - kX_1^2)$$
$$+ (1-k)a^4 (X_2^2 - kX_1^2) - (1-k)^2 a^2 X_1^2 X_2^2.$$

En combinant le premier et le dernier terme, on met en

évidence le facteur $(X_2^2 - kX_1^2)$, et on trouve

$$\frac{R^2}{ka^2(X_2^2 - kX_1^2)} = a^2(kX_2^2 - X_1^2) - a^2(X_2^2 - kX_1^2) + (1 - k)X_1^2 X_2^2 + (1 - k)a^4.$$

On obtient ensuite successivement

$$\frac{R^2}{k(1 - k)a^2(X_2^2 - kX_1^2)} = -(X_2^2 + X_1^2)a^2 + X_1^2 X_2^2 + a^4,$$

$$R^2 = k(1 - k)a^2(a^2 - X_1^2)(a^2 - X_2^2)(X_2^2 - kX_1^2).$$

$$(41) \quad k' = \frac{ka^2(X_2^2 - X_1^2) \pm \sqrt{k(1 - k)a^2(a^2 - X_1^2)(a^2 - X_2^2)(X_2^2 - kX_1^2)}}{(X_2^2 - kX_1^2)a^2 - (1 - k)X_1^2 X_2^2}.$$

**70.** Quand le binôme $(X_2^2 - kX_1^2)$ est nul, les deux valeurs de $k'$ sont égales quel que soit $a^2$, et par suite les deux ellipsimbres d'intersection de la quadrispinale avec l'une quelconque des conjuguées du second ordre se confondent. Mais, dans ce cas, la quadrispinale est développable. Nous voyons donc que *toutes les surfaces conjuguées du second ordre sont inscrites dans la développable qui fait partie du système*.

Réciproquement, *quand des surfaces du second ordre sont inscrites dans une développable (qui, comme l'on sait, est nécessairement une quadrispinale), elles sont conjuguées à cette surface, et, par suite, à toutes les quadrispinales du même système.*

Les surfaces du second ordre inscrites dans une développable (ou tangentes à huit plans fixes) ont été étudiées à divers points de vue (*). Nous pourrions déduire de nos formules la plupart de leurs propriétés connues, mais ce travail serait sans intérêt.

**71.** La quadrispinale développable étant l'enveloppe

---

(1) *Voir* la note de la page 1.

des hyperboloïdes, chacune de ses génératrices est tangente à toutes ces surfaces. D'après cela, *les quatre génératrices de la développable situées sur une face du tétraèdre sont l'enveloppe des coniques suivant lesquelles les hyperboloïdes conjugués coupent le plan de cette face.*

Il est facile de vérifier ce théorème. L'équation de la trace sur le plan des $xy$ de l'hyperboloïde (33) est

$$\frac{x^2}{a^2} + \frac{X_2^2 y^2}{(X_2^2 - a^2)\, Y_1^2} = 1,$$

ou bien, en ordonnant par rapport à $a^2$,

$$Y_1^2 a^4 - (Y_1^2 x^2 - X_2^2 y^2 + Y_1^2 X_2^2)\, a^2 + Y_1^2 X_2^2 x^2 = 0.$$

L'équation de l'enveloppe de cette courbe, lorsqu'on fait varier $a^2$, est

$$(Y_1^2 x^2 - X_2^2 y^2 + Y_1^2 X_2^2)^2 - 4 Y_1^4 X_2^2 x^2 = 0.$$

Cette équation se réduit à

$$Y_1 x \pm X_2 y \pm Y_1 X_2 = 0;$$

elle représente quatre droites qui se croisent aux points où les coniques $\Delta'$ et $\Delta''$ percent le plan P; or, ces lignes sont des génératrices de la développable qui fait partie du système.

72. Il importe de remarquer qu'une seule quadrispinale suffit pour déterminer la développable (52), tandis qu'on peut se donner arbitrairement deux surfaces de second ordre. Les paramètres $X_1$, $X_2$, $Y_1$ et $Z_2$ de la développable qui leur est circonscrite font trouver les surfaces des deux séries.

73. Revenons à l'équation (41).
Les valeurs de $k'$ sont égales dans d'autres circonstances

que celle qui a été examinée au n° 70, et d'abord quand la valeur du demi-diamètre $a$ est $X_1$, $X_2$ ou zéro. La surface du second ordre se réduit alors à une portion du plan limitée à l'une des coniques $\Delta$, $\Delta'$, $\Delta''$.

Lorsque $k$ est égal à $1$, $k'$ a la même valeur, ainsi qu'il était facile de le prévoir (19). Quand $k$ est nul ou infini, $k'$ lui est égal. Dans ce dernier cas, la surface se décompose en quatre cônes du second ordre dont les sommets sont aux points où les coniques $\delta$ et $\delta'$ coupent respectivement $P'''$ et $P''$.

NOUVELLES RELATIONS DE LA QUADRISPINALE DÉVELOPPABLE<br>AVEC LES AUTRES SURFACES DU SYSTÈME.

74. Nous allons maintenant démontrer que *les ellipsimbres intersections d'une série de quadrispinales avec un même hyperboloïde conjugué ont pour enveloppe les huit génératrices rectilignes suivant lesquelles cette surface est coupée par la développable qui fait partie du système.*

Il suffit d'établir ce théorème pour les projections horizontales, car, eu égard aux symétries qui existent, les mêmes raisonnements et les mêmes calculs seraient applicables aux autres projections. Il est d'ailleurs évident que les tangences en projection correspondent à des tangences dans l'espace, puisque toutes les lignes considérées appartiennent à une même surface.

*A.* Si nous désignons, comme précédemment, par $\lambda$ et $\mu$ les coordonnées de la trace horizontale d'une génératrice de l'hyperboloïde représenté par l'équation (33), la projection de cette droite sera donnée par l'équation

$$\frac{\lambda x}{a^2} + \frac{X_2^2 \mu y}{(X_2^2 - a^2)\, Y_1^2} = 1 \,;$$

et nous aurons d'ailleurs

$$\frac{\lambda^2}{a^2} + \frac{X_2^2 \mu^2}{(X_2^2 - a^2) Y_1^2} = 1.$$

La génératrice, quelle qu'elle soit, appartient à une quadrispinale du système, et l'équation (32) nous fait connaître la valeur de $\lambda$ en fonction du coefficient $k$ qui caractérise cette surface. Mais la génératrice que nous voulons considérer est sur la développable; nous devons donc donner à $k$ la valeur (29), et par suite nous avons

$$\lambda = \frac{X_1}{X_2} a.$$

En introduisant dans l'équation de la projection de la génératrice les valeurs de $\lambda$ et de $\mu$ déduites des deux dernières équations, on obtient

$$(42) \qquad \frac{X_1 x}{X_2 a} + \sqrt{\frac{X_2^2 - X_1^2}{X_2^2 - a^2}} \cdot \frac{y}{Y_1} = 1.$$

Le demi-diamètre $a$ et le radical portent avec eux le double signe.

La projection de l'ellipsimbre d'intersection de la surface du second ordre avec une quadrispinale est donnée par la première des équations (34), dans laquelle il faut considérer $k'$ comme ayant la valeur (41).

$B$. D'après le théorème énoncé au n° 74, la droite (42) doit toucher la conique représentée par la première des équations (34). Nous aurons établi cette proposition, si nous prouvons qu'en portant dans (34) les valeurs de $k'$ et de $x$ prises dans (41) et (42), on obtient une équation du second degré en $y$ ayant ses racines égales; ou bien, ce qui revient au même, si nous montrons qu'en éliminant $x$ entre (42) et la première des équations (34), et exprimant que les valeurs de $y$ sont égales, cette condition conduit pour déterminer $k'$ à une équation identique à (39 *bis*). Nous suivrons cette dernière marche.

L'élimination de $x$ donne

$$\left[\frac{(X_2^2 - X_1^2)\, a^2}{k' X_1^2 (X_2^2 - a^2)} - \frac{1 - k}{(k' - k)^2}\right] \frac{k}{Y_1^2}\, y^2$$
$$- \frac{2 k a^2}{k'^2 X_1^2 Y_1} \sqrt{\frac{X_2^2 - X_1^2}{X_2^2 - a^2}} \cdot y + \left(\frac{k a^2}{k'^2 X_1^2} - 1\right) = 0.$$

Pour que les valeurs de $y$ soient égales, il faut que l'on ait

$$\frac{k a^4 (X_2^2 - X_1^2)}{k'^4 X_1^4 (X_2^2 - a^2)}$$
$$= \left[\frac{(X_2^2 - X_1^2)\, a^2}{k'^2 X_1^2 (X_2^2 - a^2)} - \frac{1 - k}{(k' - k)^2}\right] \left(\frac{k a^2}{k'^2 X_1^2} - 1\right) = 0.$$

Développant et supprimant les termes qui se détruisent, on trouve

$$\frac{k (1 - k) a^2}{(k' - k)^2\, k'^2 X_1^2} + \frac{(X_2^2 - X_1^2)\, a^2}{k'^2 X_1^2 (X_2^2 - a^2)} - \frac{1 - k}{(k' - k)^2} = 0.$$

En faisant disparaître les dénominateurs et ordonnant par rapport à $k'$, on reconnaît que cette équation est identique à (39 *bis*). Le théorème énoncé au commencement de ce numéro est donc démontré.

75. Les ellipsimbres d'une quadrispinale appartiennent par couples aux hyperboloïdes de la série conjuguée; elles sont donc touchées deux à deux par huit génératrices de la quadrispinale développable. Cette surface, ayant ainsi toutes ses génératrices deux fois tangentes à la quadrispinale considérée, lui est doublement circonscrite.

*Les quadrispinales d'une série sont doublement inscrites dans la développable qui fait partie de la série. Cette surface, que nous savons déjà être l'enveloppe des conjuguées du second ordre* (70), *l'est donc aussi des quadrispinales.*

76. La section de la développable par un plan quelconque est l'enveloppe des sections des quadrispinales par ce plan. Mais sur une quelconque des faces du tétraèdre de symétrie, la section d'une quadrispinale se compose d'une conique et de quatre génératrices; comme d'ailleurs des droites ne peuvent pas avoir d'autres droites pour enveloppe, nous voyons que *sur un quelconque des plans du tétraèdre, les coniques et les génératrices des quadrispinales ont respectivement pour enveloppes les quatre génératrices et la conique que la développable possède sur ce plan.*

Nous avions déjà démontré au n° 54 que chaque conique de la développable est touchée par quatre génératrices de l'une quelconque des quadrispinales du système.

77. Nous avons établi au n° 71 que les traces des surfaces conjuguées du second ordre sur un des plans du tétraèdre ont pour enveloppe les quatre génératrices de la développable situées sur ce plan. Nous venons de voir que les coniques doubles des quadrispinales sont tangentes aux quatre mêmes droites. Il résulte de là que *la trace d'une surface conjuguée du second ordre sur le plan d'une face du tétraèdre coïncide avec une conique double d'une quadrispinale du système.*

Nous pouvons facilement vérifier ce théorème. La trace de la surface conjuguée du second ordre, sur le plan des $xy$, a pour équation (71)

$$\frac{x^2}{a^2} + \frac{X_2^2 y^2}{(X_2^2 - a^2) Y_1^2} = 1.$$

En vertu des relations (28), l'équation de la conique δ

4

d'une quadrispinale est

$$\frac{kx^2}{X_2^2} - \frac{ky^2}{(1-k)\,Y_2^2} = 1.$$

Pour rendre ces équations identiques, il suffit d'établir entre les constantes arbitraires $a^2$ et $k$ la relation

$$a^2 k = X_1^2.$$

## RELATIONS ENTRE LES DEUX QUADRISPINALES ET LES DEUX SURFACES CONJUGUÉES DU SECOND ORDRE QUI PASSENT PAR UNE MÊME ELLIPSIMBRE.

78. *Considérons deux quadrispinales d'une même série et les deux hyperboloïdes conjugués qui passent par une de leurs ellipsimbres d'intersection : en un point quelconque de cette courbe, les plans tangents des quadrispinales sont conjugués harmoniques des plans tangents des hyperboloïdes.*

La démonstration que nous allons donner de ce théorème sera une simple vérification. Nous établirons que les points où l'axe des abscisses rencontre les plans tangents des quadrispinales et des hyperboloïdes sont en rapport harmonique.

*A.* Soient $\xi$ et $\xi_1$, $\zeta$ et $\zeta_1$ les distances de ces points à l'origine ; nous devons avoir (*Géométrie supérieure*, p. 44)

$$\frac{\xi - \zeta}{\xi_1 - \zeta} + \frac{\xi - \zeta_1}{\xi_1 - \zeta_1} = 0 ;$$

d'où

$$(a) \qquad 2\,\xi\xi_1 + 2\,\zeta\zeta_1 - (\xi + \xi_1)(\zeta + \zeta_1) = 0.$$

Il faut montrer que cette équation se réduit à une identité, quel que soit le point de l'ellipsimbre où les plans touchent respectivement les surfaces.

*B.* Nous nous donnons les paramètres $X_1$, $X_2$, $Y_1$, $Z_2$ du système et les coefficients $k$, $k'$ qui déterminent, l'un une quadrispinale, l'autre une ellipsimbre sur cette surface.

Nous désignons par $x'$, $y'$, $z'$ les coordonnées du point considéré sur l'ellipsimbre : $y'$ et $z'$ sont des fonctions des données et de $x'$.

Enfin nous appelons $a$ et $a_1$ les moitiés des diamètres des hyperboloïdes qui se confondent en direction avec l'axe des abscisses.

Nous avons

$$(b) \quad \begin{cases} \zeta = \dfrac{a^2}{x'}, & \zeta_1 = \dfrac{a_1^2}{x'}; \\[2mm] \zeta\zeta_1 = \dfrac{a^2 a_1^2}{x'^2}, & \zeta + \zeta_1 = \dfrac{a^2 + a_1^2}{x'}. \end{cases}$$

Les quantités $a^2$ et $a_1^2$ sont les racines de l'équation (39). Nous posons

$$(c) \quad p = k'^2 - 2kk' + k, \quad q = k'^2 - 2k' + k.$$

L'équation (39) devient

$$k(1 - k) a^4 - (pX_2^2 - kqX_1^2)a^2 + (1 - k)k'^2 X_1^2 X_2^2 = 0,$$

et l'on a

$$a^2 a_1^2 = \frac{k'^2}{k} X_1^2 X_2^2, \quad a^2 + a_1^2 = \frac{pX_2^2 - kqX_1^2}{k(1 - k)}.$$

Nous introduisons ces valeurs dans les expressions $(b)$, et ensuite celles-ci dans l'équation $(a)$,

$$(d) \quad \begin{cases} 2k(1 - k)\xi\xi_1 x'^2 - (\xi + \xi_1)(pX_2^2 - kqX_1^2)x' \\[1mm] \qquad\qquad + 2(1 - k)k'^2 X_1^2 X_2^2 = 0. \end{cases}$$

Nous devons maintenant déterminer $\xi$.

*C.* Soient $(x'', y'')$ et $(x''', y''')$ les traces sur le plan

4.

des $xy$ de la tangente de l'ellipsimbre au point considéré, et de la génératrice de la première quadrispinale. Le plan tangent à cette surface contient la droite qui joint les points $(x'', y'')$ et $(x''', y''')$; nous avons en conséquence

$$(e) \qquad \xi = \frac{y''' x'' - y'' x'''}{y''' - y''}.$$

$D$. L'ellipsimbre est représentée par les équations (34); le point $(x'', y'', o)$ appartient à sa tangente. On a donc

$$\frac{k x' x''}{k'^2 X_2^2} - \frac{k(1-k) y' y''}{(k'-k)^2 Y_1^2} = 1, \qquad \frac{k x' x''}{k'^2 X_1^2} = 1,$$

d'où

$$(f) \qquad x'' = \frac{k'^2 X_1^2}{k x'}, \qquad y'' = \frac{(k'-k)^2 Y_1^2}{k(1-k) X_2^2 y'} (X_1^2 - X_2^2).$$

Le point $(x', y', z')$ étant sur l'ellipsimbre, nous pouvons, à l'aide des équations (34), déterminer $y'$ en fonction de $x'$. On trouve

$$y'^2 = \frac{(k'-k)^2 Y_1^2 (k x'^2 - k'^2 X_2^2)}{k k'^2 (1-k) X_2^2}.$$

L'introduction de cette valeur de $y'$ dans l'expression de $y''$ donne

$$y''^2 = \frac{k'^2 (k'-k)^2 Y_1^2 (X_1^2 - X_2^2)^2}{k(1-k)(k x'^2 - k'^2 X_2^2) X_2^2}.$$

En posant

$$(g) \qquad g^2 = k(1-k)(k x'^2 - k'^2 X_2^2),$$

on a

$$(h) \qquad y'' = \frac{k'(k'-k) Y_1 (X_1^2 - X_2^2)}{g X_2}.$$

Nous rappelons que $x''$ est donné par la première des équations $(f)$.

$E$. Nous allons chercher les coordonnées $x''$, $y'''$ de la trace de la génératrice de la première quadrispinale sur le plan des $xy$.

On a, par la définition même de $k'$ (13),

$$(i) \qquad x''' = \frac{x'}{k'}.$$

Le point $(x''', y''')$ est sur la conique $\delta$, et par suite nous avons

$$\frac{x'^2}{k'^2 x_1^2} + \frac{y'''^2}{y_2^2} = 1.$$

Nous introduisons les valeurs (28) de $x_1^2$ et de $y_2^2$, et ensuite nous résolvons par rapport à $y'''$ :

$$y'''^2 = Y_1^2 \frac{k(1-k)(kx'^2 - k'^2 X_2^2)}{k^2 k'^2 X_2^2}.$$

Nous avons enfin, eu égard à la notation $(g)$,

$$(j) \qquad y''' = \frac{Y_1 g}{k k' X_2}.$$

$F$. En portant dans l'équation $(e)$ les valeurs trouvées pour $x''$, $y''$, $x'''$ et $y'''$, on obtient

$$\xi = \frac{\dfrac{k'^2}{k} g^2 X_1^2 - k k'(k'-k)(X_1^2 - X_2^2) x'^2}{x'[g^2 - k k'^2 (k'-k)(X_1^2 - X_2^2)]}.$$

Nous remplaçons $g^2$ par sa valeur $(g)$, et nous ordonnons les deux termes de la fraction par rapport à $x'$,

$$\xi = \frac{k k'[k(1-k')X_1^2 + (k'-k)X_2^2] x'^2 - k'^4 (1-k) X_1^2 X_2^2}{k^2 (1-k) x'^3 - k k'^2 [(k'-k) X_1^2 - (1-k') X_2^2] x'}.$$

Nous écrivons

$$(k) \qquad \xi = \frac{A x'^2 + B}{C x'^3 + D x'}.$$

en posant

$$(l) \quad \begin{cases} A = kk'\left[k(1-k')X_1^2 + (k'-k)X_2^2\right], \\ B = -k'^4(1-k)X_1^2X_2^2, \\ C = k^2(1-k), \\ D = -kk'^2\left[(k'-k)X_1^2 + (1-k')X_2^2\right]. \end{cases}$$

**G.** Nous désignons par $k_1$ et $k'_1$ les coefficients qui déterminent, l'un la seconde quadrispinale, l'autre l'ellipsimbre considérée comme appartenant à cette surface. Ces coefficients sont donnés par les équations (36) et (35), qui, eu égard aux notations $(c)$, deviennent

$$(m) \quad k_1 = k\frac{q^2}{p^2}, \quad k'_1 = -k'\frac{q}{p}.$$

Nous appelons $A_1$, $B_1$, $C_1$ et $D_1$ les valeurs que prennent les polynômes $A$, $B$, $C$ et $D$ quand on y remplace $k$ et $k'$ par $k_1$ et $k'_1$, ou plutôt par leurs expressions $(m)$. On a alors

$$(n) \quad \xi_1 = \frac{A_1\,x'^2 + B_1}{C_1 x'^3 + D_1\,x'}.$$

**H.** Nous devons maintenant calculer $A_1$, $B_1$, $C_1$ et $D_1$. En faisant les substitutions indiquées, on obtient

$$A_1 = -\frac{q^4}{p^8}\,kk'\left[k(p+k'q)qX_1^2 - (k'p+kq)pX_2^2\right],$$

$$B_1 = -\frac{q^4}{p^6}\,k'^4(p^2-kq^2)X_1^2X_2^2,$$

$$C_1 = \frac{q^4}{p^6}\,k^2(p^2-kq^2),$$

$$D_1 = \frac{q^4}{p^6}\,kk'^2\left[(k'p+kq)qX_1^2 - (p+k'q)pX_2^2\right].$$

Nous remplaçons dans les petites parenthèses $p$ et $q$ par

leurs valeurs $(c)$ :

$$(n) \begin{cases} A_1 = \dfrac{q^4}{p^6}(k'^2 - k)\,kk'\big[k(1 - k')q\,X_1^2 + (k' - k)p\,X_2^2\big], \\[2ex] B_1 = -\dfrac{q^4}{p^6}(k'^2 - k)^2 k'^4(1 - k)\,X_1^2\,X_2^2, \\[2ex] C_1 = \dfrac{q^4}{p^6}(k'^2 - k)^2 k^2(1 - k), \\[2ex] D_1 = \dfrac{q^4}{p^6}(k'^2 - k)\,kk'^2\big[(k' - k)q\,X_1^2 + (1 - k')p\,X_2^2\big]. \end{cases}$$

*I.* Par l'introduction des valeurs $(k)$ et $(n)$ de $\xi$ et de $\xi_1$, l'équation $(d)$ devient du second degré en $x'^2$. Puisqu'elle doit être satisfaite quel que soit $x'$, le coefficient de $x'^4$, celui de $x'^2$ et le terme constant sont nuls. Nous obtenons ainsi les trois équations suivantes :

$$(p) \begin{cases} 2k(1 - k)\,AA_1 + 2(1 - k)k'^2\,CC_1\,X_1^2\,X_2^2 \\ \qquad + (AC_1 + CA_1)(kq\,X_1^2 - p\,X_2^2) = 0, \end{cases}$$

$$(q) \begin{cases} 2k(1 - k)(AB_1 + BA_1) + 2(1 - k)k'^2(CD_1 + DC_1)X_1^2\,X_2^2 \\ \qquad + (BC_1 + B_1C + AD_1 + A_1D)(kq\,X_1^2 - p\,X_2^2) = 0, \end{cases}$$

$$(r) \begin{cases} 2k(1 - k)\,BB_1 + 2(1 - k)k'^2\,DD_1\,X_1^2\,X_2^2 \\ \qquad + (BD_1 + DB_1)(kq\,X_1^2 - p\,X_2^2) = 0. \end{cases}$$

Il reste à vérifier que les valeurs $(l)$ et $(o)$ des polynômes A, B,... rendent identiques les équations $(p)$, $(q)$, $(r)$. Nous diviserons l'opération en examinant successivement les coefficients des différentes puissances de $X_1^2$ et de $X_2^2$.

*J.* Eu égard à la composition des polynômes A, $A_1$, C et $C_1$ l'équation $(p)$ contient des termes en $X_1^4$, d'autres en $X_2^4$, d'autres enfin en $X_1^2 X_2^2$. Ces trois groupes doivent se détruire séparément; il est d'ailleurs facile de les former immédiatement.

Mettant en évidence les facteurs communs sans faire

aucune autre réduction, on trouve que les coefficients de $X_1^4$ et de $X_2^4$ sont

$$\frac{q^4}{p^6}(k'^2 - k)k^5(1 - k)(1 - k')q(2k' - 2k'^2 + k'^2 - k + q),$$

$$\frac{q^4}{p^6}(k'^2 - k)k^3k'(1 - k)(k' - k)p(2k'^2 - 2kk' - k'^2 + k - p).$$

Eu égard aux notations $(c)$, ces quantités sont identiquement nulles.

Passons maintenant aux termes dans lesquels se trouve le produit $X_1^2 X_2^2$ : ils contiennent tous en facteur l'expression

$$\frac{q^4}{p^6}(k'^2 - k)k^4k'(1 - k);$$

nous la supprimons, et égalant à zéro le quotient, nous avons

$$2k'(1 - k')(k' - k)(p + q) + 2k'(1 - k)^2(k'^2 - k)$$
$$- p(1 - k')(k'^2 - k) - (1 - k')pq$$
$$+ q(k' - k)(k'^2 - k) + (k' - k)pq = 0.$$

Nous mettons cette équation sous la forme

$$(1 - k')p[2k'(k' - k) - (k'^2 - k) - q]$$
$$+ (k' - k)q[2k'(1 - k') + (k'^2 - k) + p]$$
$$+ 2k'(1 - k)^2(k'^2 - k) = 0.$$

En introduisant les valeurs $(c)$ de $p$ et de $q$ dans les grandes parenthèses, on trouve que tous les termes ont en facteur la quantité $2k'(1 - k)$ ; nous la supprimons, et il reste

$$(1 - k')p + (k' - k)q + (1 - k)(k'^2 - k) = 0.$$

Si l'on remplace $p$ et $q$ par leurs valeurs, et que l'on développe, on voit tous les termes se détruire. L'équation $(p)$ est donc vérifiée.

$K$. Nous allons actuellement nous occuper de l'équation $(q)$; nous déterminerons tout d'abord les expressions réduites des polynômes composés qui y entrent.

On trouve :

$$AB_1 + BA_1 = B\left[\frac{q^4}{p^6}(k'^2 - k)^2 A + A_1\right],$$

$$\frac{AB_1 + BA_1}{B} = \frac{q^4}{p^6}(k'^2 - k)kk'[k(1 - k')(k'^2 - k + q)X_1^2$$
$$+ (k' - k)(k'^2 - k + p)X_2^2].$$

Nous introduisons les valeurs $(c)$ de $p$ et de $q$ dans les parenthèses :

$$\frac{AB_1 + BA_1}{B} = 2\frac{q^4}{p^6}(k'^2 - k)kk'^2[- k(1 - k')^2 X_1^2 + (k - k')^2 X_2^2],$$

$$(s)\quad\begin{cases} AB_1 + BA_1 = 2\dfrac{q^4}{p^6}(k'^2 - k)kk'^6(1 - k) \\ \qquad\times[k(1 - k')^2 X_1^2 - (k' - k)^2 X_2^2]X_1^2 X_2^2. \end{cases}$$

On a ensuite

$$CD_1 + DC_1 = \frac{q^4}{p^6}(k'^2 - k)k^3 k'^2(1 - k)$$
$$\times[(k' - k)(q - k'^2 + k)X_1^2$$
$$+ (1 - k')(p - k'^2 + k)X_2^2].$$

Nous remplaçons, comme précédemment, $p$ et $q$ par leurs valeurs $(c)$ dans les parenthèses :

$$(t)\quad\begin{cases} CD_1 + DC_1 = 2\dfrac{q^4}{p^6}(k'^2 - k)k^3 k'^2(1 - k) \\ \qquad\times[-(k' - k)^2 X_1^2 + k(1 - k')^2 X_2^2]. \end{cases}$$

Nous avons immédiatement

$$BC_1 + B_1C = - 2\frac{q^4}{p^6}(k'^2 - k)^2 k^2 k'^4(1 - k)^2 X_1^2 X_2^2.$$

En développant le binôme $AD_1 + A_1 D$, on obtient :

$$AD_1 + A_1 D = \frac{q^4}{p^6}(k'^2 - k)k^3 k'^3 (1 - k')(k' - k) q X_1^4$$

$$+ \frac{q^4}{p^6}(k'^2 - k)k^3 k'^3 (1 - k')^2 p X_1^2 X_2^2$$

$$+ \frac{q^4}{p^6}(k'^2 - k)k^2 k'^3 (k' - k)^2 q X_1^2 X_2^2$$

$$- \frac{q^4}{p^6}(k'^2 - k)k^3 k'^3 (1 - k')(k' - k) q X_1^4$$

$$+ \frac{q^4}{p^6}(k'^2 - k)k^2 k'^3 (1 - k')(k' - k) p X_2^4$$

$$- \frac{q^4}{p^6}(k'^2 - k)k^3 k'^3 (1 - k')^2 q X_1^2 X_2^2$$

$$- \frac{q^4}{p^6}(k'^2 - k)k^2 k'^3 (k' - k)^2 p X_1^2 X_2^2$$

$$- \frac{q^4}{p^6}(k'^2 - k)k^2 k'^3 (1 - k')(k' - k) p X_2^4.$$

Les termes en $X_1^4$ se détruisent; il en est de même des termes en $X_2^4$. Nous réunissons les autres deux à deux, et remarquant que l'on a

$$p - q = 2k'(1 - k),$$

nous trouvons

$$AD_1 + A_1 D = 2\frac{q^4}{p^6}(k'^2 - k)k^2 k'^4 (1 - k)$$
$$\times [k(1 - k')^2 - (k' - k)^2]X_1^2 X_2^2,$$

$$AD_1 + A_1 D = -2\frac{q^4}{p^6}(k'^2 - k)^2 k^2 k'^4 (1 - k)^2 X_1^2 X_2^2,$$

et enfin

$$(a) \quad BC_1 + B_1 C + AD_1 + A_1 D = -4\frac{q^4}{p^6}(k'^2 - k)^2 k^2 k'^4 (1 - k)^2 X_1^2 X_2^2.$$

*L.* L'introduction des valeurs $(s)$, $(t)$, $(u)$ dans l'équation $(q)$ donne

$$4\frac{q^4}{p^6}(k'^2 - k)\,k^3 k'^4(1-k)^2$$
$$\times [k'^2(1-k')^2 - (k'-k)^2 - (k'^2 - k)q]\,X_1^4 X_2^2$$
$$- 4\frac{q^4}{p^6}(k'^2 - k)\,k^2 k'^4(1-k)^2$$
$$\times [k'^2(k'-k)^2 - k^2(1-k')^2 - (k'^2 - k)p]\,X_1^2 X_2^4 = 0.$$

Il faut que les coefficients de $X_1^4 X_2^2$ et de $X_1^2 X_2^4$ soient séparément nuls; d'après cela, on doit avoir

$$k'^2(1-k')^2 - (k'-k)^2 - (k'^2 - k)q = 0,$$
$$k'^2(k'-k)^2 - k^2(1-k')^2 - (k'^2 - k)p = 0.$$

En remplaçant $p$ et $q$ par leurs valeurs $(c)$, et développant les premiers membres, on trouve qu'ils sont identiquement nuls. L'équation $(q)$ est donc vérifiée.

*M.* Nous passons à l'équation $(r)$.
On a immédiatement

$$(v) \qquad BB_1 = \frac{q^4}{p^6}(k'^2 - k)^2 k'^8(1-k)^2\,X_1^4 X_2^4.$$

On trouve

$$DD_1 = -\frac{q^4}{p^6}(k'^2 - k)\,k^2 k'^4(k'-k)^2 q\,X_1^6 X_2^2$$
$$-\frac{q^4}{p^6}(k'^2 - k)\,k^2 k'^4(k'-k)(1-k')(p+q)\,X_1^4 X_2^4$$
$$-\frac{q^4}{p^6}(k'^2 - k)\,k^2 k'^4(1-k')^2 p\,X_1^2 X_2^6;$$

$$(x) \quad \left\{ \begin{aligned} DD_1 &= -\frac{q^4}{p^6}(k'^2 - k)\,k^2 k'^4 \\ &\times [(k'-k)^2 q\,X_1^6 X_2^2 - 2(k'-k)^2(1-k')^2\,X_1^4 X_2^4 \\ &\qquad\qquad + (1-k')^2 p\,X_1^2 X_2^6]. \end{aligned} \right.$$

On obtient successivement

$$\mathrm{BD}_1 + \mathrm{DB}_1 = \mathrm{B}\left[\mathrm{D}_1 + \frac{q^4}{p^6}(k'^2 - k)^2\,\mathrm{D}\right]\mathrm{X}_1^2\mathrm{X}_2^2,$$

$$\frac{\mathrm{BD}_1 + \mathrm{BD}_1}{\mathrm{B}} = \frac{q^4}{p^6}(k'^2 - k)\,k\,k'^2$$
$$\times\,[(k' - k)(q - k'^2 + k)\,\mathrm{X}_1^2$$
$$+\,(1 - k')(p - k'^2 + k)\,\mathrm{X}_2^2]\,\mathrm{X}_1^2\mathrm{X}_2^2,$$

$$(y)\quad\left\{\begin{aligned}\mathrm{BD}_1 + \mathrm{DB}_1 &= 2\,\frac{q^4}{p^6}(k'^2 - k)\,k\,k'^6(1 - k)\\ &\times\,[(k' - k)^2\,\mathrm{X}_1^4\mathrm{X}_2^2 - k(1 - k')^2\,\mathrm{X}_1^2\mathrm{X}_2^4].\end{aligned}\right.$$

*N.* Les expressions $(\nu)$, $(x)$, $(y)$ permettent de composer l'équation $(r)$; les termes forment trois groupes qui contiennent respectivement en facteur $\mathrm{X}_1^6\mathrm{X}_2^2$, $\mathrm{X}_1^2\mathrm{X}_2^6$ et $\mathrm{X}_1^4\mathrm{X}_2^4$. Chacun des deux premiers groupes contient seulement deux termes qui se détruisent : nous ne nous arrêterons qu'au troisième. En le divisant par

$$2\frac{q^4}{p^6}(k'^2 - k)\,k\,k'^6(1 - k),$$

et l'égalant à zéro, on a

$$(1 - k)^2 k'^2(k'^2 - k) + 2k(k' - k)^2\cdot(1 - k')^2$$
$$- p(k' - k)^2 - k^2 q(1 - k')^2 = 0.$$

Nous mettons cette équation sous la forme

$$(1 - k)^2 k'^2(k'^2 - k) + (k' - k)^2[k(1 - k')^2 - p]$$
$$+ (1 - k')^2 k[(k' - k)^2 - kq] = 0.$$

Nous développons les grandes parenthèses et nous y supprimons les termes qui se détruisent. On voit alors que l'équation est divisible par $k'^2(1 - k)$. Faisant disparaître ce facteur, il reste

$$(k'^2 - k)(1 - k) - (k' - k)^2 + k(1 - k')^2 = 0.$$

En développant le premier membre, on reconnaît qu'il est identiquement nul.

La vérification est complète, et le théorème énoncé est démontré. Ce théorème éclaire plusieurs des propositions que nous avons établies précédemment. On voit notamment que quand les deux conjuguées du second ordre se confondent, elles sont nécessairement tangentes tout le long de l'ellipsimbre d'intersection des deux quadrispinales (67).

### SURFACES LIMITES D'UNE SÉRIE DE QUADRISPINALES INSCRITES DANS UNE MÊME DÉVELOPPABLE.

79. Une série de surfaces est, en général, composée de parties séparées par des surfaces limites d'une nature spéciale. Les surfaces d'une même partie de la série appartiennent ordinairement à une même variété; elles sont toutes réelles ou toutes imaginaires.

Les surfaces du second ordre inscrites dans une quadrispinale développable ont pour limites des coniques. Nous avons eu l'occasion d'étudier cette question dans un autre travail (*Géom. descript.*, 526, 565). Nous ne nous occuperons ici que des surfaces limites d'une série de quadrispinales.

80. Nous avons vu au n° 64 qu'une série de quadrispinales doit être considérée comme composée de trois parties qui correspondent respectivement aux valeurs négatives du coefficient $k$, à ses valeurs positives mais plus petites que l'unité, et enfin à ses valeurs supérieures à l'unité. Nous allons étudier les surfaces qui forment les limites de ces parties.

En portant les valeurs (28) de $x_1$, $x_2$, $y_2$ et $z_1$ dans les équations (5) on obtient

$$(43) \qquad y_1^2 = - \frac{k (X_2^2 - X_1^2) Y_1^2}{(1 - k) X_2^2}, \qquad z_2^2 = - \frac{(X_2^2 - X_1^2) Z_2^2}{(1 - k) X_1^2}.$$

Pour avoir les principaux éléments des surfaces limites, il suffit de donner à $k$ les valeurs $0$, $1$ et $\infty$ dans les équations (6), (28) et (43).

Première quadrispinale limite, $k = 0$ :

$$x_1^2 = \infty, \quad y_2^2 = \infty.$$

$$z_1^2 = Z_2^2, \quad x_2^2 = 0, \qquad \frac{z_{p''}}{z_{p'}} = 1.$$

$$y_1^2 = 0, \quad z_2^2 = -\frac{(X_2^2 - X_1^2)}{X_1^2} Z_2^2.$$

Seconde quadrispinale limite, $k = 1$ :

$$x_1^2 = X_2^2, \quad y_2^2 = 0.$$

$$z_1^2 = 0, \quad x_2^2 = X_1^2, \quad \frac{x_{p'}}{x_p} = 1.$$

$$y_1^2 = \infty, \quad z_2^2 = \infty.$$

Troisième quadrispinale limite, $k = \infty$ :

$$x_1^2 = 0, \qquad y_2^2 = Y_1^2,$$

$$z_1^2 = \infty, \qquad x_2^2 = \infty, \quad \frac{y_p}{y_{p''}} = 1.$$

$$y_1^2 = \frac{(X_2^2 - X_1^2) Y_1^2}{X_2^2}, \quad z_2^2 = 0.$$

Ces résultats ne suffisent pas pour définir complétement les surfaces limites, mais ils montrent qu'elles sont toutes les trois de même nature, et qu'elles occupent des positions symétriques par rapport aux plans des coniques doubles. Chaque surface limite a une directrice rectiligne qui est un des axes coordonnés, et un plan directeur qui est celui des deux autres axes. En considérant le système dans toute sa généralité, nous dirons qu'*une quadrispinale limite a deux directrices rectilignes qui sont deux arêtes opposées du tétraèdre de symétrie.*

81. D'après ce qui précède, nous pouvons nous borner à étudier l'une des surfaces, celle qui correspond à la valeur $1$ du coefficient $k$.

En portant dans les équations (2) de la génératrice les valeurs (28) des paramètres $x_1$, $x_2$, $y_2$ et $z_1$, on obtient

$$x - k\lambda = \lambda y \sqrt{-\dfrac{k(1-k)}{Y_1^2\left(1 - \dfrac{k\lambda^2}{X_2^2}\right)}},$$

$$x - \lambda = -\lambda z \sqrt{\dfrac{1-k}{Z_2^2\left(1 - \dfrac{k\lambda^2}{X_1^2}\right)}}.$$

Nous soustrayons la seconde équation de la première, et nous divisons par $\lambda\sqrt{1-k}$,

$$\sqrt{1-k} = y\sqrt{-\dfrac{k X_2^2}{Y_1^2(X_2^2 - k\lambda^2)}} + z\sqrt{\dfrac{X_1^2}{Z_2^2(X_1^2 - k\lambda^2)}}.$$

Lorsque $k$ est l'unité, $\lambda$ devient égal à l'abscisse commune $x$ de tous les points de la génératrice, et nous avons

$$(44) \qquad \dfrac{X_2^2 y^2}{Y_1^2(x^2 - X_2^2)} + \dfrac{X_1^2 z^2}{Z_2^2(x^2 - X_1^2)} = 0.$$

Nous trouvons une surface du quatrième ordre, mais elle doit être considérée comme double; car, si, $k$ étant égal à l'unité, $\delta$ et $\delta'$ étaient de véritables coniques, tout plan parallèle à celui des $yz$ contiendrait quatre génératrices. Ces droites se superposent deux à deux quand $\delta$ et $\delta'$ se confondent avec l'axe des abscisses, comme c'est ici le cas.

Les équations des deux surfaces limites qui correspondent aux valeurs $\infty$ et $0$ de $k$ sont

$$(45) \qquad \begin{cases} \dfrac{Y_2^2 z^2}{Z_1^2(y^2 - Y_2^2)} + \dfrac{Y_1^2 x^2}{X_2^2(y^2 - Y_1^2)} = 0, \\[2ex] \dfrac{Z_2^2 x^2}{X_1^2(z^2 - Z_2^2)} + \dfrac{Z_1^2 y^2}{Y_2^2(z^2 - Z_1^2)} = 0. \end{cases}$$

**82.** En faisant $x$ nul dans l'équation (44), on trouve

$$\frac{y}{z} = \pm \frac{Y_1}{Z_2} \sqrt{-1}.$$

Les génératrices situées dans le plan des $yz$ sont précisément les asymptotes de $\Delta''$, comme il était facile de le prévoir (76).

Pour qu'une quadrispinale passe par l'origine $A'''$, il faut que les diamètres de l'une des coniques concentriques soient nuls. Si ce sont ceux de $\Delta''$, c'est-à-dire $z_1$ et $y_2$, $k$ sera égal à l'unité en vertu des équations (28). Nous voyons que les quadrispinales limites passent seules par l'origine.

**83.** En généralisant les résultats que nous venons d'obtenir, nous avons les résultats suivants :

*Chaque face du tétraèdre de symétrie contient deux génératrices de l'une quelconque des trois surfaces limites ; elles divergent d'un sommet et passent respectivement par les deux points où le côté opposé rencontre la conique double de la développable.*

*Les trois quadrispinales limites ont ainsi vingt-quatre génératrices sur les faces du tétraèdre. Les six qui passent par un même sommet sont trois par trois dans quatre plans.*

*Les sommets du tétraèdre n'appartiennent à aucune autre quadrispinale du système.*

**84.** Nous avons vu qu'une surface limite est du quatrième ordre et doit être considérée comme double. D'après cela, son intersection avec un hyperboloïde conjugué se compose de quatre droites et d'une ellipsimbre (68). Nous allons déterminer ces lignes.

L'élimination de $x^2$ entre les équations (33) et (44), qui représentent l'hyperboloïde conjugué et la surface limite, donne

$$\mathrm{X}_2^2\,\mathrm{Z}_2^2\left[a^2 - \mathrm{X}_1^2 - \frac{a^2\,\mathrm{X}_2^2\,y^2}{(\mathrm{X}_2^2 - a^2)\,\mathrm{Y}_1^2} - \frac{a^2\,\mathrm{X}_1^2\,z^2}{(\mathrm{X}_1^2 - a^2)\,\mathrm{Z}_2^2}\right]y^2$$
$$+\,\mathrm{X}_1^2\,\mathrm{Y}_1^2\left[a^2 - \mathrm{X}_2^2 - \frac{a^2\,\mathrm{X}_2^2\,y^2}{(\mathrm{X}_2^2 - a^2)\,\mathrm{Y}_1^2} - \frac{a^2\,\mathrm{X}_1^2\,z^2}{(\mathrm{X}_1^2 - a^2)\,\mathrm{Z}_2^2}\right]z^2 = 0.$$

Cette équation se divise dans les deux suivantes :

$$(46)\qquad \mathrm{X}_2^2\,\mathrm{Z}_2^2\,(a^2 - \mathrm{X}_1^2)\,y^2 + \mathrm{X}_1^2\,\mathrm{Y}_1^2\,(a^2 - \mathrm{X}_2^2)\,z^2 = 0,$$

$$(47)\quad \frac{a^2\,\mathrm{X}_2^2\,y^2}{\mathrm{Y}_1^2\,(a^2 - \mathrm{X}_1^2)(a^2 - \mathrm{X}_2^2)} + \frac{a^2\,\mathrm{X}_1^2\,z^2}{\mathrm{Z}_2^2\,(a^2 - \mathrm{X}_1^2)(a^2 - \mathrm{X}_2^2)} + 1 = 0.$$

85. L'équation (46) est précisément ce que devient l'équation (33) quand on y suppose $x$ égal à $\pm a$ (*); elle détermine donc sur l'hyperboloïde les quatre génératrices qui coupent l'axe des abscisses.

*L'intersection d'une quadrispinale limite et d'un hyperboloïde conjugué comprend quatre droites qui rencontrent deux arêtes opposées du tétraèdre de symétrie.*

*Une quadrispinale limite est le lieu des génératrices des hyperboloïdes conjugués qui rencontrent une arête déterminée du tétraèdre de symétrie.* Toutes ces droites coupent également l'arête opposée.

86. L'équation (47) représente une conique projection d'une ellipsimbre d'intersection. Cette courbe reste concentrique et homothétique à elle-même quand on fait varier le demi-diamètre $a$ de l'hyperboloïde. Il était facile de le prévoir, car chaque ellipsimbre rencontre les génératrices qui coupent l'axe des abscisses à l'infini, et ces droites se

---

(*) Les génératrices de la surface limite appartiennent aux différents hyperboloïdes conjugués (n° 49); elles coïncident, sur chaque hyperboloïde, avec les droites qui rencontrent l'axe des abscisses. D'après cela, nous aurions pu obtenir immédiatement l'équation (44) de la surface limite en faisant $a$ égal à $x$ dans l'équation (33) de l'hyperboloïde conjugué.

trouvent elles-mêmes à l'infini ; les asymptotes de la conique (47) leur sont parallèles.

87. La considération des ellipsimbres conduit à une génération directe des surfaces limites.

*Considérons une ellipsimbre générale et les sommets* A, A′,
A″, A‴ *des quatre cônes du second ordre qui lui sont circon-*
*scrits : la surface gauche qui a pour directrices l'ellipsimbre et*
*deux des arêtes opposées du tétraèdre* AA′A″A‴ *est identique*
*avec celle que nous étudions.*

*On obtient encore la surface en prenant pour directrices une*
*seule arête du tétraèdre et l'ellipsimbre, cette dernière ligne de-*
*vant être rencontrée deux fois par chaque génératrice.* Il faut
toutefois remarquer que ce mode de génération donne en
outre deux cônes du second ordre (*).

Il résulte immédiatement de ce qui précède que les surfaces limites d'une série de quadrispinales appartiennent à
la première espèce de surfaces gauches du quatrième ordre,
dans la classification de M. Cayley (*Transactions philoso-*
*phiques,* 1864).

88. Quand $k$ est égal à l'unité, $k'$ a la même valeur, et
l'équation (36) devient illusoire. Nous verrons sur un
exemple, dans le prochain paragraphe (99), comment on
peut déterminer la seconde quadrispinale qui passe par
une ellipsimbre donnée sur une surface limite.

---

(*) On peut aussi définir la surface par deux directrices rectilignes convenablement divisées. Si l'on désigne par A, A′ et A″, A‴ deux couples de
points fixes pris respectivement sur ces deux droites, et par M, N les points
où elles sont rencontrées par une même génératrice, on a la relation

$$\left(\frac{AM}{A'M}\right)^2\left(\frac{A''N}{A'''N}\right)^2 + \lambda\left(\frac{AM}{A'M}\right)^2 + \mu\left(\frac{A''N}{A'''N}\right)^2 + \nu = 0,$$

$\lambda, \mu, \nu$ étant des coefficients constants.

On arrive directement à ce résultat par l'emploi des coordonnées tétraédrales.

89. Il est intéressant de savoir si toutes les quadrispinales d'une série sont réelles.

Dans le cas auquel nos formules se rapportent, les plans des coniques doubles sont réels, car ce sont nos plans coordonnés; par conséquent, si l'une de ces courbes est imaginaire, la surface l'est également. Réciproquement, quand pour une valeur réelle du coefficient de génération, la troisième conique double est réelle comme les deux premières, la surface est nécessairement réelle.

On reconnaît facilement à l'aide des équations (28) et (30) si les trois courbes $\delta$, $\delta'$, $\delta''$ sont réelles. Nous remarquerons que les carrés des demi-axes $x_1$, $x_2$,... ne changent de signe que quand $k$ passe par les valeurs $0$, $1$ et $\infty$. Les surfaces qui sont comprises dans une même partie de la série sont donc réelles ensemble et imaginaires ensemble.

APPLICATION DES THÉORIES QUI PRÉCÈDENT AUX SURFACES DU SECOND ORDRE HOMOFOCALES (*).

90. Considérons la série des surfaces conjuguées du second ordre représentées par l'équation (33); si nous appelons $b$ et $c$ les demi-diamètres dirigés sur les axes des $y$ et des $z$, nous aurons

$$b^2 = \frac{X_2^2 - a^2}{X_2^2}\, Y_1^2, \quad c^2 = \frac{X_1^2 - a^2}{X_1^2}\, Z_2^2,$$

d'où

$$a^2 - b^2 = a^2\, \frac{X_2^2 + Y_1^2}{X_2^2} - Y_1^2, \quad a^2 - c^2 = a^2\, \frac{X_1^2 + Z_2^2}{X_1^2} - Z_2^2.$$

---

(*) On sait que les bases de la théorie des surfaces du second ordre homofocales ont été posées par M. Dupin. M. Chasles a le premier considéré ces surfaces comme inscrites dans une développable ayant pour coniques doubles les coniques focales du système et un cercle imaginaire à l'infini.

5.*

Quand les quatre paramètres $X_1$, $X_2$, $Y_2$ et $Z_1$, qui déterminent le système, ont entre eux les relations

$$(48) \qquad X_1^2 + Y_1^2 = 0, \quad X_1^2 + Z_2^2 = 0,$$

les formules précédentes donnent pour les binômes $(a^2 - b^2)$ et $(a^2 - c^2)$ les valeurs constantes

$$(49) \quad a^2 - b^2 = - Y_1^2 = + X_2^2, \quad a^2 - c^2 = - Z_2^2 = + X_1^2.$$

*Lorsque deux surfaces du second ordre ont un système de droites diamétrales conjuguées communes, et que les différences des carrés de leurs diamètres dirigés sur ces droites sont constantes, elles sont conjuguées à une série de quadrispinales, et par suite inscrites dans une développable.*

Dans ce paragraphe nous supposerons les axes rectangulaires, et alors les surfaces du second ordre d'un système dont les quatre paramètres arbitraires $X_1$, $X_2$, $Y_1$ et $Z_2$ satisfont aux équations (48) seront homofocales.


91. Eu égard aux relations que nous venons de trouver, et aux équations du n° 56, les demi-diamètres des coniques doubles de la développable sont donnés en fonction des binômes constants $(a^2 - b^2)$, $(b^2 - c^2)$ et $(a^2 - c^2)$ par les équations suivantes :

$$(50) \quad \begin{cases} \Delta : & X_1^2 = + (a^2 - c^2), \quad Y_2^2 = + (b^2 - c^2); \\ \Delta' : & Z_1^2 = - (b^2 - c^2), \quad X_2^2 = + (a^2 - b^2); \\ \Delta'' : & Y_1^2 = - (a^2 - b^2), \quad Z_2^2 = - (a^2 - c^2). \end{cases}$$

Les coniques $\Delta$, $\Delta'$, $\Delta''$ représentent des surfaces du second ordre de la série. M. Chasles les a appelées *coniques focales*. Deux d'entre elles sont réelles et la troisième imaginaire ; la développable est par suite imaginaire (89).

En portant les valeurs (50) dans les équations (28) et (30), on obtient

$$(51) \begin{cases} \delta: & x_1^2 = \dfrac{1}{k}(a^2 - b^2), & y_2^2 = \dfrac{1-k}{k}(a^2 - b^2); \\[2mm] \delta': & z_1^2 = -(1-k)(a^2 - c^2), & x_2^2 = k(a^2 - c^2); \\[2mm] \delta'': & y_1^2 = -\dfrac{k}{1-k}(b^2 - c^2), & z_2^2 = -\dfrac{1}{1-k}(b^2 - c^2). \end{cases}$$

On déduit de ces équations

$$(52)\quad x_1^2 - y_2^2 = a^2 - b^2, \quad z_1^2 - x_2^2 = c^2 - a^2, \quad y_1^2 - z_2^2 = b^2 - c^2.$$

*Sur l'un quelconque des plans coordonnés, les coniques doubles des quadrispinales et les sections principales des surfaces du second ordre sont homofocales.* Cette proposition peut être déduite du théorème du n° 77.

92. Les quantités $a^2$, $b^2$, $c^2$ sont variables, mais leurs différences étant constantes, l'ordre de grandeur est toujours le même. Nous pouvons poser

$$a^2 > b^2 > c^2.$$

Alors, si $k$ est négatif, la conique $\delta$ sera imaginaire; si $k$ est positif et plus petit que l'unité, $\delta''$ sera imaginaire. Dans ces deux cas, la quadrispinale n'existe pas.

Les quadrispinales réelles correspondent aux valeurs de $k$ supérieures à l'unité.

On trouve pour la valeur de $k$ qui caractérise la développable (57)

$$k = \frac{a^2 - b^2}{a^2 - c^2}.$$

Cette valeur est plus petite que l'unité; la développable est donc imaginaire, comme nous l'avons reconnu au numéro précédent.

93. Les valeurs (51) portées dans l'équation (31) du cône

directeur donnent

$$(b^2 - c^2)x^2 + (1 - k)(a^2 - c^2)y^2 + \frac{1 - k}{k}(a^2 - b^2)z^2 = 0.$$

En introduisant la valeur de $k$ obtenue au n° **92**, on a

$$x^2 + y^2 + z^2 = 0.$$

*La développable circonscrite à un système de surfaces du second ordre homofocales a pour une de ses lignes doubles un cercle imaginaire à l'infini.*

Une infinité de quadrispinales gauches jouissent de la même propriété.

L'équation (31) permet d'établir facilement la proposition réciproque : *Toute quadrispinale développable ayant pour une de ses coniques doubles un cercle imaginaire à l'infini est circonscrite à une série de surfaces du second ordre homofocales.*

**94.** Les trois quantités $(a^2 - b^2)$, $(a^2 - c^2)$ et $k$ suffisent pour déterminer une quadrispinale conjuguée à un système de surfaces du second ordre homofocales; les six diamètres de ses coniques $\delta$, $\delta'$, $\delta''$ sont donc liés par deux équations, en outre de la formule (7). On trouve en effet par les relations (51)

$$(53) \qquad x_1^2 + y_1^2 + z_1^2 = x_2^2 + y_2^2 + z_2^2,$$

$$(54) \qquad \frac{x_1^2}{y_2^2} + \frac{x_2^2}{z_1^2} = 1, \qquad \frac{z_1^2}{x_2^2} + \frac{z_2^2}{y_1^2} = 1, \qquad \frac{y_1^2}{z_2^2} + \frac{y_2^2}{x_1^2} = 1.$$

Deux quelconques des équations (54) peuvent être déduites de la troisième et de l'équation (7).

**95.** Un système de valeurs de $x_1^2$, $x_2^2$, ... satisfaisant aux équations (7), (53) et (54) détermine une quadrispinale conjuguée à une série de surfaces du second ordre homofocales. Les différences $(a^2 - b^2)$ et $(a^2 - c^2)$ sont données par les relations (52); on obtient ensuite le coefficient $k$ par la première des équations (51) qui devient

$$(55) \qquad k = \frac{x_1^2 - y_2^2}{x_i^2}.$$

Il n'y a qu'une solution, et, par suite des deux quadrispinales compagnes circonscrites aux coniques déterminées par les paramètres $x_1$, $x_2$, ..., il n'y en a qu'une qui soit conjuguée à un système de surfaces du second ordre homofocales.

96. D'après ce que nous avons vu au n° 92, les surfaces limites des quadrispinales réelles correspondent aux valeurs $1$ et $\infty$ du coefficient $k$. Ce sont des conoïdes droits qui ont respectivement pour directrice rectiligne l'axe des $x$ et celui des $y$.

Occupons-nous du premier conoïde : en portant dans l'équation (47) les valeurs (49) de $X_1^2$, $X_2^2$, $Y_1^2$ et $Z_2^2$, on obtient

$$(56) \qquad y^2 + z^2 = \frac{b^2 c^2}{a^2}.$$

*La courbe d'intersection d'une surface du second ordre du système avec la première quadrispinale limite se projette sur le plan des $yz$ suivant un cercle.*

D'après le théorème du n° 66, toute ellipsimbre tracée sur une quadrispinale du système appartient à deux surfaces du second ordre homofocales, et est par conséquent une ligne de courbure de chacune d'elles. Le cercle (56) est donc la projection d'une ligne de courbure de la surface du second ordre considérée, ce qu'il est facile de vérifier par les équations de Monge.

*Il existe sur une surface du second ordre trois lignes de courbure (réelles ou imaginaires) qui appartiennent chacune à un cylindre de révolution ayant pour axe un des axes princi-*

*paux. Le lieu de ces lignes pour une série de surfaces homofo-*
*cales forme trois conoïdes droits qui sont les surfaces limites*
*dans le système des quadrispinales conjuguées.*

97. Nous allons maintenant nous proposer de déterminer les deux quadrispinales qui passent par une ligne de
courbure d'une surface du second ordre, et qui sont conjuguées au système des surfaces homofocales auquel elle appartient.

Les équations d'une ligne de courbure sont

$$(57)\quad\begin{cases}\dfrac{a^2-c^2}{a^2-m^2}\cdot\dfrac{x^2}{a^2}+\dfrac{b^2-c^2}{b^2-m^2}\cdot\dfrac{y^2}{b^2}=1,\\[2ex]\dfrac{a^2-b^2}{a^2-m^2}\cdot\dfrac{x^2}{a^2}-\dfrac{b^2-c^2}{c^2-m^2}\cdot\dfrac{z^2}{c^2}=1.\end{cases}$$

$m^2$ est une constante qui caractérise la ligne considérée.

En introduisant les valeurs (49) de $X_1^2$, $X_2^2$, ..., dans
les équations (34) de l'ellipsimbre d'une quadrispinale, on
trouve

$$(58)\quad\begin{cases}\dfrac{kx^2}{k'^2(a^2-b^2)}+\dfrac{k(1-k)y^2}{(k'-k)^2(a^2-b^2)}=1,\\[2ex]\dfrac{kx^2}{k'^2(a^2-c^2)}-\dfrac{(1-k)z^2}{(1-k'^2)(a^2-c^2)}=1.\end{cases}$$

Pour qu'une ellipsimbre d'une quadrispinale soit une
ligne de courbure de la surface du second ordre, il faut
que les courbes respectivement représentées par les équations (57) et (58) se confondent. De là résultent trois
équations de condition :

$$(59)\quad\begin{cases}a^2-m^2=\dfrac{k'^2(a^2-b^2)(a^2-c^2)}{ka^2},\\[2ex]b^2-m^2=\dfrac{(k'-k)^2(a^2-b^2)(b^2-c^2)}{k(1-k)b^2},\\[2ex]c^2-m^2=\dfrac{(1-k')^2(a^2-c^2)(b^2-c^2)}{(1-k)c^2}.\end{cases}$$

On peut aisément reconnaître que les trois équations précédentes n'en forment que deux distinctes, comme cela doit être d'après le théorème du n° 65.

98. Les équations qui précèdent permettent de déterminer les systèmes de valeurs de $k$ et de $k'$ qui correspondent à une ligne de courbure donnée. La première et la troisième donnent

$$k'^2 = \frac{ka^2(a^2 - m^2)}{(a^2 - b^2)(a^2 - c^2)}, \qquad (1 - k')^2 = \frac{(1 - k)c^2(c^2 - m^2)}{(a^2 - c^2)(b^2 - c^2)}.$$

Il est facile d'éliminer $k'$; on a d'abord, par une simple soustraction,

$$2k' - 1 = \frac{ka^2(a^2 - m^2)}{(a^2 - b^2)(a^2 - c^2)} - \frac{(1 - k)c^2(c^2 - m^2)}{(a^2 - c^2)(b^2 - c^2)}.$$

Nous posons

$$(60) \quad \begin{cases} A = \dfrac{a^2(a^2 - m^2)}{(a^2 - b^2)(a^2 - c^2)} + \dfrac{c^2(c^2 - m^2)}{(a^2 - c^2)(b^2 - c^2)}, \\[2mm] B = \dfrac{a^2(b^2 - c^2) - c^2(b^2 - m^2)}{(a^2 - c^2)(b^2 - c^2)}. \end{cases}$$

L'équation précédente devient

$$2k' = Ak + B.$$

Élevant au carré, et introduisant la valeur ci-dessus de $k'^2$, on obtient

$$(61) \qquad (Ak + B)^2 - 4\frac{a^2(a^2 - m^2)}{(a^2 - b^2)(a^2 - c^2)}\, k = 0.$$

Les deux valeurs de $k$ données par cette équation déterminent les deux quadrispinales qui passent par la ligne de courbure considérée sur la surface du second ordre.

99. Si dans l'équation (61) nous supposons $k$ égal à l'unité,

nous aurons la valeur de $m^2$ qui correspond à la ligne de courbure située sur la première quadrispinale limite. On trouve, après quelques réductions faciles,

$$(62) \qquad m^2 = b^2 + c^2 - \frac{b^2 c^2}{a^2}.$$

En introduisant la valeur (63) de $m^2$ d'abord dans les fonctions (60), puis dans l'équation (61), on obtient

$$[(a^2 b^2 - a^2 c^2 - b^2 c^2)\, k$$
$$+ (a^2 b^2 + b^2 c^2 - a^2 c^2)]^2 - 4 a^4 (b^2 - c^2)^2\, k = 0.$$

L'une des valeurs de $k$ est égale à l'unité ; on trouve pour l'autre

$$k = \left[ \frac{a^2 (b^2 - c^2) + b^2 c^2}{a^2 (b^2 - c^2) - b^2 c^2} \right]^2.$$

Cette formule permet de déterminer, dans le système que nous considérons, la seconde quadrispinale qui passe par une ellipsimbre donnée sur une quadrispinale limite. Nous avons vu, au n° 88, que la formule (36) était illusoire lorsque le coefficient $k$ est égal à l'unité.

Quand les trois demi-diamètres $a$, $b$, $c$ sont liés par la relation

$$a^2 (b^2 - c^2) - b^2 c^2 = 0,$$

la seconde valeur de $k$ est infinie, et les deux quadrispinales limites se croisent le long de la même ligne de courbure de la surface du second ordre considérée.

On reconnaît aisément que cette circonstance se présente toujours pour deux surfaces homofocales du système.

# CHAPITRE III.

## PROPRIÉTÉS DE LA QUADRICUSPIDALE OBTENUES PAR L'APPLICATION DU PRINCIPE DE LA DUALITÉ.

### DÉFINITION DE LA QUADRICUSPIDALE.

100. Nous appelons *quadricuspidale* la surface corrélative de la quadrispinale. Nous énoncerons, dans ce chapitre, les propositions obtenues pour la quadricuspidale par l'application du principe de la dualité aux principaux théorèmes des deux premiers chapitres. Ce travail facile est nécessaire pour la suite de nos recherches.

### GÉNÉRATION DE LA QUADRICUSPIDALE. — CÔNES DOUBLEMENT CIRCONSCRITS. — QUADRICUSPIDALE DÉVELOPPABLE.

101. *Considérons deux cônes du second ordre et d'ailleurs quelconques $\gamma$, $\gamma'$; appelons $P''$ et $P'''$ les plans qui passent par leurs sommets et qui sont conjugués par rapport à l'un et à l'autre de ces cônes; déterminons les plans polaires ou conjugués $P'$ et $P$ de la droite $P''P'''$ par rapport à $\gamma$ et à $\gamma'$; concevons deux faisceaux homographiques de plans ayant la droite $P''P'''$ pour arête commune, et tels que les plans $P''$ et $P'''$ en soient les plans doubles; prenons respectivement les traces des plans des deux faisceaux sur les plans $P'$ et $P$; menons par un rayon sur le plan $P'$ des plans tangents au*

*cône γ, et par le rayon homologue sur le plan P des plans tangents au cône γ' : le lieu des intersections de ces plans est une quadricuspidale à laquelle les cônes γ et γ' sont doublement circonscrits, et dont les génératrices sont tangentes à deux autres cônes du second ordre γ″, γ‴. Les sommets de ces nouveaux cônes sont aux points PP′P‴, PP′P″ (1, 34).*

Nous dirons que le tétraèdre PP′P″P‴ est le *tétraèdre de symétrie* de la quadricuspidale. On a facilement compris que nous employions pour désigner ses sommets et ses arêtes les notations adoptées pour le tétraèdre de symétrie de la quadrispinale (2).

*Toute quadricuspidale peut être obtenue par le mode de génération que nous venons d'expliquer.*

*La quadricuspidale est une surface du huitième ordre (34).*

102. *Il y a un parallélisme complet entre les propriétés des quatre cônes γ, γ′, γ″, γ‴. Trois quelconques des plans P, P′, P″, P‴ sont conjugués par rapport au cône qui a son sommet à leur point d'intersection (35, 36).*

*Si l'on considère les trois couples de faisceaux homographiques qui peuvent servir à la génération de la surface, et qui ont pour arêtes trois arêtes du tétraèdre passant à un même sommet, les trois rapports anharmoniques de deux plans homologues et des plans du tétraèdre ont entre eux les mêmes relations que les trois rapports anharmoniques de quatre plans contenant une droite. Les rapports pour deux arêtes opposées sont égaux (37).*

103. *Les plans tangents menés à trois des cônes du sommet du quatrième se coupent trois par trois suivant quatre droites qui sont des génératrices de la quadricuspidale. Chaque sommet du tétraèdre est par conséquent un point quadruple de cette surface (38).*

La quadricuspidale possède ainsi quatre points qui sont pour elle de véritables sommets. Cette circonstance justifie le nom par lequel nous la désignons.

*Soit D une des quatre génératrices qui passent par le sommet A : l'un des plans tangents que l'on peut mener au cône $\gamma$ par D touche la quadricuspidale en trois points : deux d'entre eux appartiennent au cône $\gamma$, le troisième est sur le plan P. Le second des plans tangents menés à $\gamma$ par D touche la quadricuspidale tout le long de cette droite. La génératrice infiniment voisine de D coupe celle-ci en un point situé sur le plan P, et par suite la quadricuspidale admet en ce point une infinité de plans tangents.*

*Les deux plans tangents menés à $\gamma$ par la droite D touchent la développable doublement circonscrite à la quadricuspidale, l'un suivant deux droites, l'autre suivant une seule (30).*

**104.** *Les faisceaux homographiques qui ont la droite $P''P'''$ pour arête commune présentent une indétermination. Si nous les faisons varier en conservant les cônes circonscrits $\gamma$, $\gamma'$, les deux autres cônes se modifieront en ayant toujours leurs sommets aux points $A''$, $A'''$ et touchant deux plans fixes qui contiennent la droite $A''A'''$.*

*Les quadricuspidales que l'on obtient de cette manière ont deux à deux les quatre mêmes cônes doublement circonscrits. Chacune d'elles se trouve ainsi associée à une autre quadricuspidale (41).*

**105.** *Quand les rayons homologues des faisceaux sur les plans P et P' sont, par rapport aux cônes $\gamma'$ et $\gamma$, les polaires d'un même plan contenant la droite $P''P'''$, la quadricuspidale devient développable et se confond avec la surface qui lui est associée. Les quatre cônes doublement circonscrits se coupent alors suivant une ellipsimbre qui est l'arête de rebroussement* *de la développable. Les quatre génératrices qui passent à un sommet du tétraèdre (103) appartiennent au cône doublement circonscrit qui y a son sommet. Ce cône touche la quadricuspidale suivant ces quatre droites, et doit de plus lui être considéré comme tangent aux divers points de son arête de rebroussement (42).*

*La développable osculatrice d'une ellipsimbre est une quadricuspidale.*

*La développable corrélative d'une ellipsimbre est une quadrispinale.*

106. *L'ensemble de deux quadricuspidales associées forme le lieu de toutes les droites assujetties à toucher trois quelconques de leurs quatre cônes doublement circonscrits.*

*Pour que l'on puisse circonscrire une quadricuspidale à trois cônes du second ordre, il faut :*

1° *Que les polaires, par rapport à ces cônes, du plan qui contient leurs sommets passent par un même point;*

2° *Que les trois plans déterminés par ces polaires soient conjugués deux à deux par rapport aux trois cônes;*

3° *Que les six plans tangents aux cônes menés du point de rencontre des polaires se coupent trois à trois suivant quatre droites (43).*

DÉVELOPPABLE DOUBLEMENT CIRCONSCRITE

A LA QUADRICUSPIDALE.

107. *La développable doublement circonscrite à une quadricuspidale (déduction faite des quatre cônes du second ordre) est de la douzième classe. Elle a seize plans doublement tangents qui touchent quatre par quatre les cônes* $\gamma$, $\gamma'$, $\gamma''$, $\gamma'''$.

*Quand les tangences de ces plans sont réelles pour une quadri-
cuspidale, elles sont idéales pour la surface compagne.*

*La quadricuspidale développable est de la douzième classe;
elle possède une inflexion le long de chacune des génératrices
suivant lesquelles elle touche un cône du second ordre passant
par son arête de rebroussement* (44, 105).

**108.** *Les quatre plans tangents à la développable doublement circonscrite et à un même cône sont tels, que les trois plans
déterminés par leurs intersections considérées deux à deux se
confondent avec les plans du tétraèdre qui passent par le sommet du cône* (45).

*La développable doublement circonscrite à une quadricus-
pidale est coupée par les plans des faces du tétraèdre suivant
des courbes de la sixième classe* (46).

SURFACES DU SECOND ORDRE CONJUGUÉES A UNE
QUADRICUSPIDALE.

**109.** *Les génératrices rectilignes d'une quadricuspidale
appartiennent huit par huit à des hyperboloïdes par rapport
auxquels chaque sommet du tétraèdre de symétrie est le pôle du
plan de la face opposée.* Nous dirons que cet hyperboloïde
est *conjugué* à la quadricuspidale.

*Les génératrices situées sur un même hyperboloïde conjugué
dépendent en nombre égal des deux systèmes de génération de
cette surface : elles sont deux à deux dans des plans tangents
aux cônes doublement circonscrits.*

*Les quatre plans tangents à un cône qui contiennent les huit
génératrices communes à la quadricuspidale et à un hyperboloïde sont tels, que les trois plans déterminés par leurs intersections considérées deux à deux se confondent avec les plans du
tétraèdre qui passent par le sommet du cône.*

*Deux génératrices de la quadricuspidale ne sont sur un plan tangent à un cône doublement circonscrit que quand elles appartiennent à un même hyperboloïde conjugué (49).*

**110.** *Lorsque des hyperboloïdes sont conjugués à une quadricuspidale, ils sont également conjugués à une infinité d'autres surfaces du même genre telles, que les cônes qui leur sont doublement circonscrits aient leurs sommets en quatre points fixes. On a ainsi un système formé de deux séries conjuguées, l'une d'hyperboloïdes, l'autre de quadricuspidales; une de ces dernières surfaces est développable. Les quatre cônes du second ordre qui contiennent son arête de rebroussement (105) appartiennent à la série des hyperboloïdes (60). Nous appellerons ces derniers cônes $\Gamma$, $\Gamma'$, $\Gamma''$, $\Gamma'''$.*

*Les quatre génératrices d'une quadricuspidale qui passent par le sommet A du tétraèdre (103) sont situées sur le cône $\Gamma$. Les plans tangents au cône $\Gamma$ le long de ces lignes sont également tangents au cône $\gamma$ (54).*

**111.** *Les quadricuspidales d'une série ont une ligne nodale commune qui est une ellipsimbre générale. Tous les hyperboloïdes conjugués passent par cette courbe.*

*Réciproquement, tout hyperboloïde qui passe par la ligne nodale d'une quadricuspidale lui est conjugué.*

*La quadricuspidale développable qui fait partie du système a pour arête de rebroussement la ligne nodale commune (75, 70).*

*L'intersection d'une quadricuspidale et d'un hyperboloïde conjugué se compose de huit droites (109) et de l'ellipsimbre nodale.*

QUADRISPINALES DÉVELOPPABLES CIRCONSCRITES A DES QUADRICUSPIDALES ET A DES HYPERBOLOÏDES CONJUGUÉS.

**112.** Les propositions établies dans le chapitre II sur les ellipsimbres qui appartiennent à des quadrispinales et à des hyperboloïdes d'un même système conduisent à de nombreux théorèmes sur les quadrispinales développables circonscrites à des quadricuspidales et à des hyperboloïdes conjugués. Nous en énoncerons seulement trois qui peuvent être considérés comme les plus importants.

*On peut circonscrire à une quadricuspidale une infinité de quadrispinales développables. Les coniques doubles de ces surfaces sont sur les plans des faces du tétraèdre de symétrie de la quadricuspidale. Quatre des quadrispinales développables se réduisent aux cônes $\gamma$, $\gamma'$, $\gamma''$, $\gamma'''$.*

*Les génératrices de la quadricuspidale sont divisées homographiquement par les courbes de contact.*

*Les quatre plans qui passent par une génératrice d'une quadricuspidale, et respectivement par les quatre sommets de son tétraèdre de symétrie, ont un rapport anharmonique constant* (39).

# CHAPITRE IV.

### ÉTUDE DIRECTE DE LA QUADRICUSPIDALE.

#### CONSIDÉRATIONS GÉNÉRALES.

**113.** Nous allons maintenant établir les formules relatives à la quadricuspidale, en supposant d'ailleurs qu'un des plans du tétraèdre soit à l'infini. On peut déduire quelques-unes d'entre elles des équations qui ont été trouvées pour la quadrispinale, mais cette méthode ne peut pas nous donner directement des résultats nouveaux. Nous préférons abandonner les considérations de dualité et prendre pour point de départ la définition du n° 101.

#### CÔNES DOUBLEMENT CIRCONSCRITS A LA QUADRICUSPIDALE.

**114.** Considérons les cônes $\gamma$, $\gamma'$ et le tétraèdre $P\,P'\,P''\,P'''$ (101) : nous changeons les cônes en cylindres par une transformation homographique qui éloigne le plan $P'''$ à l'infini. Prenant alors les plans $P$, $P'$ et $P''$ pour plans coordonnés, nous pouvons représenter les cylindres $\gamma$ et $\gamma'$ par les équations

$$(63) \qquad \frac{x^2}{u_1^2} + \frac{y^2}{v_2^2} = 1, \quad \frac{x^2}{u_2^2} + \frac{z^2}{w'_1^2} = 1.$$

Nous désignons par $\gamma$ et $\gamma'$ les coniques déterminées par ces équations sur les plans des $xy$ et des $xz$ ; nous avons ainsi les cylindres $\gamma$, $\gamma'$ et les coniques $\gamma$, $\gamma'$, qui sont les traces des cylindres.

115. Les plans des faisceaux homographiques sont parallèles au plan des $yz$, et les divisions qu'ils forment sur l'axe des abscisses sont semblables (101). Nous prenons sur cet axe deux points homologues : l'abscisse du premier étant $\xi$, celle du second pourra être représentée par $k\xi$, $k$ étant un coefficient constant. Nous menons de ces points des plans respectivement tangents aux cylindres $\gamma'$ et $\gamma$ : leur intersection est la génératrice générale de la quadricuspidale.

Les équations des deux plans tangents ou de la génératrice sont

$$(64) \qquad \begin{cases} x + \dfrac{y}{v_2}\sqrt{k^2\xi^2 - u_1^2} = k\xi, \\[2ex] x + \dfrac{z}{w_1}\sqrt{\xi^2 - u_2^2} = \xi. \end{cases}$$

Nous écrirons plus simplement

$$(64 \ bis) \qquad \frac{x}{k\xi} + \frac{y n}{v_2^2} = 1, \qquad \frac{x}{\xi} + \frac{z\zeta}{w_1^2} = 1,$$

en posant

$$(65) \qquad n = v_2\sqrt{1 - \frac{u_1^2}{k^2\xi^2}}, \qquad \zeta = w_1\sqrt{1 - \frac{u_2^2}{\xi^2}}.$$

$n$ et $\zeta$ sont les ordonnées respectives des points de contact de la génératrice avec les cylindres $\gamma$ et $\gamma'$.

L'élimination de $x$ entre les équations (64) et entre les équations (64 $bis$) donne, sous deux formes différentes, l'équation de la projection de la génératrice sur le plan des $yz$ :

$$(66) \qquad \frac{y}{v_2}\sqrt{k^2\xi^2 - u_1^2} - \frac{z}{w_1}\sqrt{\xi^2 - u_2^2} = -(1 - k)\xi,$$

$$(66 \ bis) \qquad \frac{k n y}{v_2^2} - \frac{\zeta z}{w_1^2} = -(1 - k).$$

Nous allons chercher l'enveloppe de cette projection.

6.

**116.** Pour rendre rationnelle l'équation (66 *bis*), il faut la modifier de manière que les fonctions $\eta$ et $\zeta$, qui contiennent des radicaux, n'y entrent qu'au carré. On a successivement

$$\frac{k^2 \eta^2 y^2}{v_2^4} + \frac{\zeta^2 z^2}{w_1^4} - (1 - k)^2 = \frac{2 k \eta \zeta y z}{v_2^2 w_1^2},$$

$$\left( \frac{k^2 \eta^2 y^2}{v_2^4} - \frac{\zeta^2 z^2}{w_1^4} \right)^2 - 2 (1 - k)^2 \left( \frac{k^2 \eta^2 y^2}{v_2^4} + \frac{\zeta^2 z^2}{w_1^4} \right) + (1 - k)^4 = 0.$$

En introduisant les valeurs (65) de $\eta$ et de $\zeta$, on obtient

$$(a) \quad \begin{cases} \left[ \left( k^2 \frac{y^2}{v_2^2} - \frac{z^2}{w_1^2} \right) \xi^2 - \left( \frac{u_1^2}{v_2^2} y^2 - \frac{u_2^2}{w_1^2} z^2 \right) \right]^2 \\[2ex] \quad - 2 (1 - k)^2 \left[ \left( k^2 \frac{y^2}{v_2^2} + \frac{z^2}{w_1^2} \right) \xi^2 \right. \\[2ex] \quad \left. - \left( \frac{u_1^2}{v_2^2} y^2 + \frac{u_2^2}{w_1^2} z^2 \right) \right] \xi^2 + (1 - k)^4 \xi^4 = 0. \end{cases}$$

Nous posons

$$(b) \quad \begin{cases} m = k^2 \dfrac{y^2}{v_2^2} - \dfrac{z^2}{w_1^2}, \quad p = \dfrac{u_1^2}{v_2^2} y^2 - \dfrac{u_2^2}{w_1^2} z^2, \\[2ex] n = k^2 \dfrac{y^2}{v_2^2} + \dfrac{z^2}{w_1^2}, \quad q = \dfrac{u_1^2}{v_2^2} y^2 + \dfrac{u_2^2}{w_1^2} z^2. \end{cases}$$

Eu égard à ces notations, l'équation $(a)$, ordonnée par rapport à $\xi$, devient

$$\left[ m^2 - 2 (1 - k)^2 n + (1 - k)^4 \right] \xi^4 \\ - 2 \left[ m p - q (1 - k)^2 \right] \xi^2 + p^2 = 0.$$

$\xi$ est la constante qui particularise chaque génératrice. L'équation de l'enveloppe des projections des génératrices est donc

$$\left[ m p - q (1 - k)^2 \right]^2 - p^2 \left[ m^2 - 2 (1 - k)^2 n + (1 - k)^4 \right] = 0.$$

Développant et réduisant, on trouve

$$(c) \quad 2 p (m q - n p) - (q^2 - p^2)(1 - k)^2 = 0.$$

On déduit des relations $(b)$

$$mq - np = 2\,\frac{k^2 u_2^2 - u_1^2}{v_2^2\,w_1^2}\,y^2 z^2,$$

$$q^2 - p^2 = 4\,\frac{u_1^2 u_2^2}{v_2^2\,w_1^2}\,y^2 z^2.$$

En introduisant ces valeurs et celle de $p$ dans l'équation $(c)$, on obtient

$$(67) \qquad \frac{k^2 u_2^2 - u_1^2}{(1 - k)^2 u_1^2 u_2^2}\left[\frac{u_1^2}{v_2^2}\,y^2 - \frac{u_2^2}{w_1^2}\,z^2\right] = 1.$$

Nous voyons que l'enveloppe des projections des génératrices sur le plan des $yz$ est une conique pour laquelle les axes des $y$ et des $z$ sont deux droites diamétrales conjuguées. *Les génératrices sont*, par suite, *tangentes à un troisième cylindre du second ordre. Les trois cylindres ont un système de droites diamétrales conjuguées communes, et chacune de ces lignes est l'axe de l'un d'eux.*

Eu égard aux symétries évidentes de la surface, *chaque cylindre est doublement circonscrit.*

117. Nous appelons $\gamma''$ le nouveau cylindre et son intersection avec le plan des $yz$. Nous désignons par $v_1$ et $w_2$ les longueurs des demi-diamètres de la conique $\gamma''$ dirigés sur les axes des $y$ et des $z$. Nous avons, en vertu de l'équation $(67)$,

$$(68) \qquad v_1^2 = \frac{(1 - k)^2 u_2^2 v_2^2}{k^2 u_2^2 - u_1^2}, \qquad w_2^2 = -\frac{(1 - k)^2 u_1^2 w_1^2}{k^2 u_2^2 - u_1^2}.$$

On obtient, en divisant ces équations l'une par l'autre,

$$(69) \qquad u_1^2 v_1^2 w_1^2 = -u_2^2 v_2^2 w_2^2.$$

En rapprochant l'équation $(69)$ des résultats obtenus au n° 21, on voit que *le lieu des droites qui rencontrent les coni-*

ques $\gamma$, $\gamma'$, $\gamma''$ *se compose de deux quadrispinales compagnes ayant une conique double à l'infini.*

**118.** Si nous avions éloigné à l'infini le plan $P''$ et pris $A''$ pour origine des coordonnées, nous aurions obtenu des résultats semblables à ceux que nous avons trouvés. Il résulte de là que *les génératrices de la surface touchent un cône du second ordre ayant son sommet à l'origine $A'''$ et pour lequel les trois axes coordonnés sont trois droites diamétrales conjuguées.* Nous pouvons facilement déterminer l'équation de ce cône, ce qui nous donnera une démonstration directe du théorème.

Un cône du second ordre, dont les axes coordonnés sont trois diamètres conjugués, a pour équation

$$(a) \qquad x^2 + A y^2 + B z^2 = 0.$$

L'élimination de $y$ et de $z$ entre cette équation et les équations ($64$ *bis*) donne

$$x^2 + A \frac{v_2^4}{\eta^2}\left(1 - \frac{x}{h\,\xi}\right)^2 + B \frac{w_1'^4}{\zeta^2}\left(1 - \frac{x}{\xi}\right)^2 = 0.$$

En ordonnant par rapport à $x$, on trouve

$$(h^2 \xi^2 \eta^2 \zeta^2 + A \zeta^2 v_2^4 + B h^2 \eta^2 w_1'^4)\, x^2 - 2 h \xi (A \zeta^2 v_2^4 + B h \eta^2 w_1'^4)\, x$$
$$+ h^2 \xi^2 (A \zeta^2 v_2^4 + B \eta^2 w_1'^4) = 0.$$

La génératrice devant être tangente au cône, les abscisses des points où elle rencontre cette surface sont égales, et nous avons

$$(A \zeta^2 v_2^4 + B h \eta^2 w_1'^4)^2 - (h^2 \xi^2 \eta^2 \zeta^2 + A \zeta^2 v_2^4 + B h^2 \eta^2 w_1'^4)$$
$$\times (A \zeta^2 v_2^4 + B \eta^2 w_1'^4) = 0.$$

Développant en réduisant, on obtient

$$AB (1 - h)^2 v_2^4 w_1'^4 + h^2 \xi^2 (A \zeta^2 v_2^4 + B \eta^2 w_1'^4) = 0.$$

Nous remplaçons $\eta$ et $\zeta$ par leurs valeurs (65)

$$AB(1 - k)^2 v_2^2 w_1^2 + A k^2 v_2^2 (\xi^2 - u_2^2) + B w_1^2 (k^2 \xi^2 - u_1^2) = 0.$$

Pour que les génératrices touchent le cône, il faut que cette équation soit satisfaite quel que soit $\xi$; elle se divise donc dans les deux suivantes :

$$AB(1 - k)^2 v_2^2 w_1^2 - A k^2 v_2^2 u_2^2 - B w_1^2 u_1^2 = 0,$$
$$A v_2^2 + B w_1^2 = 0.$$

Nous résolvons par rapport à A et à B, et nous portons les valeurs de ces coefficients dans l'équation $(a)$ :

$$A = - \frac{k^2 u_2^2 - u_1^2}{(1 - k)^2 v_2^2}, \qquad B = \frac{k^2 u_2^2 - u_1^2}{(1 - k)^2 w_1^2},$$

$$(70) \qquad x^2 - \frac{k^2 u_2^2 - u_1^2}{(1 - k)^2 v_2^2} y^2 + \frac{k^2 u_2^2 - u_1^2}{(1 - k)^2 w_1^2} z^2 = 0.$$

Eu égard aux relations (68), nous pouvons mettre l'équation (70) du cône sous la forme

$$(71) \qquad - x^2 + \frac{u_2^2}{v_1^2} y^2 + \frac{u_1^2}{w_2^2} z^2 = 0.$$

En nous reportant à la première des équations (9), nous voyons que *le cône du second ordre auquel les génératrices de la quadricuspidale sont tangentes est précisément le cône directeur de la quadrispinale à laquelle appartiennent les coniques $\gamma$, $\gamma'$, $\gamma''$* (117).

119. Les résultats nouveaux obtenus dans les numéros qui précèdent conduisent aux théorèmes suivants :

*Les traces des quatre cônes doublement circonscrits à une quadricuspidale, sur les plans des faces du tétraèdre respectivement opposées à leurs sommets, appartiennent, comme coniques doubles, à deux quadrispinales compagnes, de telle sorte que toute droite qui rencontre trois de ces courbes a un point sur la quatrième.*

*Réciproquement, les cônes qui ont pour directrices les quatre coniques doubles d'une quadrispinale, et dont les sommets se trouvent respectivement aux sommets opposés du tétraèdre de symétrie de cette surface, sont doublement circonscrits à deux quadricuspidales compagnes.*

**120.** Si nous désignons par $x_\gamma$, $x_{\gamma'}$ les abscisses des points de contact de la génératrice considérée avec les cylindres $\gamma$ et $\gamma'$, nous aurons

$$x_\gamma = \frac{u_1^2}{k\,\xi}, \quad x_{\gamma'} = \frac{u_2^2}{\xi},$$

d'où

$$(72) \qquad \frac{x_{\gamma'}}{x_\gamma} = k\,\frac{u_2^2}{u_1^2}.$$

Adoptant des notations analogues pour les coordonnées des points de contact de la génératrice avec les cylindres $\gamma'$ et $\gamma''$, et raisonnant de la même manière, on trouve, à l'aide des équations (64 *bis*) et (66 *bis*),

$$\frac{y_\gamma}{y_{\gamma''}} = -\,\frac{1-k}{k}\cdot\frac{v_2^2}{v_1^2}, \quad \frac{z_{\gamma''}}{z_{\gamma'}} = \frac{1}{1-k}\cdot\frac{w_2^2}{w_1^2}.$$

Les rapports $\dfrac{x_{\gamma'}}{x_\gamma}$, $\dfrac{y_\gamma}{y_{\gamma''}}$, $\dfrac{z_{\gamma''}}{z_{\gamma'}}$ sont constants, et par suite *on obtient une quadricuspidale en prenant le lieu des intersections des plans qui touchent les cônes $\gamma$, $\gamma'$ aux points où ils sont rencontrés par les rayons homologues des faisceaux situés sur les plans P et P' (101).*

*Dans ce mode de génération les trois rapports anharmoniques qui déterminent les divisions homographiques sur trois arêtes du tétraèdre concourantes en un sommet, n'ont pas entre eux les mêmes relations que les trois rapports anharmoniques de quatre points en ligne droite. Leur produit est égal à l'unité.*

### QUADRICUSPIDALE DÉVELOPPABLE.

**121.** Quand la quadricuspidale est développable, les trois cylindres $\gamma$, $\gamma'$, $\gamma''$ se coupent suivant son arête de rebroussement. L'équation (67) de $\gamma''$ peut alors être obtenue par l'élimination de $x$ entre les équations (63) de $\gamma$ et de $\gamma'$. On a ainsi

$$v_1^2 = \frac{v_2^2}{u_1^2}(u_1^2 - u_2^2), \quad w_2^2 = -\frac{w_1^2}{u_2^2}(u_1^2 - u_2^2).$$

Ces équations entraînent la relation (69), et par suite elles n'établissent qu'une nouvelle condition entre les six quantités $u_1^2$, $u_2^2$, $v_1^2$, $v_2^2$, $w_1^2$ et $w_2^2$. On peut les écrire sous les formes suivantes :

$$(73) \quad \frac{u_2^2}{u_1^2} + \frac{v_1^2}{v_2^2} = 1, \quad \frac{w_2^2}{w_1^2} + \frac{u_1^2}{u_2^2} = 1, \quad \frac{v_2^2}{v_1^2} + \frac{w_1^2}{w_2^2} = 1.$$

La quadricuspidale est développable toutes les fois qu'une des trois équations (73) est satisfaite.

**122.** Si nous considérons la quadricuspidale comme déterminée par le coefficient $k$ et par les deux cylindres $\gamma$ et $\gamma'$, la condition pour qu'elle soit développable sera obtenue en portant les valeurs (68) de $v_1^2$ et de $w_2^2$ dans une quelconque des équations (73).

En opérant sur la première, on a la relation

$$\frac{u_2^2}{u_1^2} + \frac{(1-k)^2 u_2^2}{k^2 u_2^2 - u_1^2} = 1,$$

qui se réduit à

$$(74) \qquad\qquad k u_2^2 - u_1^2 = 0.$$

## TRACES DE LA QUADRICUSPIDALE SUR LES FACES DE SON TÉTRAÈDRE DE SYMÉTRIE.

**123.** Les équations (64) de la génératrice étant dégagées de radicaux deviennent

$$(75) \quad \begin{cases} k^2 (v_2^2 - y^2)\xi^2 - 2kxv_2^2 \xi + (v_2^2 x^2 + u_1^2 y^2) = 0, \\ (w_1^2 - z^2)\xi^2 - 2xw_1^2 \xi + (w_1^2 x^2 + u_2^2 z^2) = 0. \end{cases}$$

L'élimination de $\xi$ donne pour la quadricuspidale une équation du huitième degré, ce qui doit être, puisque la quadrispidale est du huitième ordre, car, d'après un théorème de M. Salmon, deux surfaces réglées corrélatives sont d'un même ordre (*).

**124.** Pour avoir les traces $\varphi$, $\varphi'$, $\varphi''$ de la quadricuspidale sur les trois plans coordonnés, il faut faire successivement dans les équations (75) $z$, $y$ et $x$ nuls, puis éliminer $\xi$ entre elles deux. On trouve

$$(76) \quad \begin{cases} \varphi : \quad z = 0, \quad x^2 y^2 - \dfrac{u_1^2}{k^2} y^2 - \left( \dfrac{1-k}{k} \right)^2 v_2^2 x^2 = 0; \\[2ex] \varphi' : \quad y = 0, \quad z^2 x^2 - (1-k)^2 w_1^2 x^2 - k^2 u_2^2 z^2 = 0; \\[2ex] \varphi'' : \quad x = 0, \quad y^2 z^2 - \dfrac{k^2 u_2^2 v_2^2}{k^2 u_2^2 - u_1^2} z^2 + \dfrac{u_1^2 w_1^2}{k^2 u_2^2 - u_1^2} y^2 = 0. \end{cases}$$

*Les traces de la surface sur les plans coordonnés sont du quatrième ordre.* Les symétries de la quadricuspidale montrent d'ailleurs que *ces traces sont des lignes doubles.*

**125.** Pour déterminer le cône directeur, il faut éliminer $\xi$ entre les équations (64) de la génératrice après en

---

(*) *The Cambridge and Dublin mathematical Journal*, 1853.

avoir préalablement supprimé le terme constant. On trouve

$$(77) \qquad k^2 w_1^2 x^2 y^2 - v_2^2 x^2 z^2 + (k^2 u_2^2 - u_1^2) y^2 z^2 = 0.$$

Le cône est évidemment double.

Si l'on donne à l'une des coordonnées une grandeur constante, l'équation (77) se trouvera composée comme celles du n° 124. Nous concluons de là que *la section de la surface par le plan de l'infini est une courbe de la même nature que ses traces sur les plans coordonnés.* Nous appellerons $q'''$ cette quatrième ligne double plane.

Nous allons interrompre l'étude de la quadricuspidale pour examiner d'une manière générale et abstraite la courbe trace de cette surface sur l'un quelconque des plans de son tétraèdre de symétrie.

TRINODALE HARMONIQUE.

126. Nous considérons une courbe plane du quatrième ordre ayant trois points doubles réels $A'$, $A''$, $A'''$ : nous faisons une transformation homographique qui éloigne à l'infini la droite $A'A''$, et nous prenons pour axes coordonnés les droites $A'''A''$ et $A'''A'$.

Toute parallèle à l'un des axes rencontre la courbe en deux points à l'infini ; il en résulte que les variables n'entrent pas, dans l'équation de cette ligne du quatrième ordre, à un degré supérieur au second. L'origine étant un point double, tous les termes sont, au moins, du deuxième degré. L'équation de la courbe est donc de la forme

$$x^2 y^2 - 2mxy^2 - 2nyx^2 - p^2 y^2 - q^2 x^2 + 2r^2 xy = 0,$$

127. Les tangentes de la courbe aux trois points doubles ont pour équations

$$x = m \pm \sqrt{m^2 + p^2},$$
$$y = n \pm \sqrt{n^2 + q^2},$$
$$\frac{y}{x} = \frac{r^2 \pm \sqrt{r^4 - p^2 q^2}}{p^2},$$

Si $m$, $n$ et $r$ sont nuls, les équations de la courbe et de ses tangentes aux points doubles se réduisent à

$$(78) \qquad \frac{p^2}{x^2} + \frac{q^2}{y^2} = 1,$$

$$(79) \qquad x = \pm p, \quad y = \pm q, \quad \frac{y}{x} = \pm \frac{q}{p} \sqrt{-1}.$$

On voit d'abord que les deux asymptotes parallèles à un même axe sont situées de part et d'autre de cet axe à des distances égales; ensuite, que les tangentes à l'origine sont telles, qu'à deux points de ces lignes ayant une même abscisse correspondent des ordonnées égales et de signes contraires. On peut dire que *les tangentes de la courbe à l'un quelconque de ses trois points doubles sont conjuguées harmoniques des droites dirigées de ce point aux deux autres points doubles.*

Ainsi énoncée, la propriété s'applique à la courbe avant sa transformation; elle caractérise une variété de la ligne plane du quatrième ordre à trois points doubles. Nous appellerons cette variété *trinodale harmonique,* et nous dirons que le triangle qui a ses sommets aux points doubles est son *triangle de symétrie.*

On peut remarquer que les tangentes de la trinodale (78), à ses points doubles, touchent toutes les six la conique (*)

$$\frac{x^2}{p^2} + \frac{y^2}{q^2} = 1.$$

128. La trinodale représentée par l'équation (78) a un centre qui coïncide avec l'origine. Chacun des axes coordonnés est un diamètre pour les cordes parallèles à l'autre.

---

(*) Cette proposition est un simple corollaire d'un théorème donné par M. Cayley et applicable à toutes les courbes du quatrième ordre à trois points doubles (*the Cambridge and Dublin mathematical Journal,* t. V, p. 148).

*Si une droite passe par un point double d'une trinodale harmonique, ce point et celui où elle rencontre le côté opposé du triangle de symétrie sont conjugués harmoniques des deux points simples où elle coupe la courbe.*

129. Il résulte des symétries de la trinodale (78), par rapport aux axes coordonnés, que les tangentes en deux points ayant une même abscisse se coupent sur l'axe des $x$.

L'équation d'une tangente en un point $(x, y)$ est

$$\frac{p^2 x'}{x^3} + \frac{q^2 y'}{y^3} = 1.$$

En faisant $y'$ nul, on obtient l'expression de l'abscisse du point où la tangente rencontre l'axe des $x$,

$$(80) \qquad x' = \frac{x^3}{p^2}.$$

$x'$ est réel toutes les fois que l'abscisse $x$ du point de contact est réelle, même quand l'ordonnée correspondante serait imaginaire. A toute valeur de $x'$ correspondent trois valeurs de $x$, dont une seule est réelle.

*Les tangentes à la trinodale harmonique en deux points situés sur une même sécante passant par un point double, se coupent sur le côté du triangle de symétrie opposé à ce point.*

Nous dirons que le point de rencontre des tangentes est le *pôle* de la sécante, et que cette droite est la *polaire* du point. *Toute droite passant par un point double a un pôle réel. Tout point situé sur la droite qui joint deux points doubles a trois polaires dont une seule est réelle.*

130. Les axes coordonnés sont deux diamètres conjugués de la trinodale (78), et par suite chacune des deux branches qui passent à l'origine y a un point d'inflexion. Par le

même motif, chaque asymptote est d'un même côté des deux bras dont elle se rapproche indéfiniment : il résulte de là que les points à l'infini sont des points d'inflexion.

*Les deux branches d'une trinodale harmonique qui passent à un point double y ont une inflexion.*

131. L'étude des diverses formes de la trinodale harmonique ne rentre pas nécessairement dans notre sujet. Nous ne nous y arrêterons pas, et nous nous bornerons à faire remarquer que, d'après les équations (79), *un des points doubles d'une trinodale harmonique est un point isolé.*

### NOUVEAU MODE DE GÉNÉRATION DE LA QUADRICUSPIDALE.

132. Les équations du n° 124 sont exactement composées comme l'équation (78), bien qu'elles soient écrites sous une forme différente ; nous avons donc ce théorème :

*La quadricuspidale possède quatre trinodales harmoniques doubles ; elles sont situées sur les faces du tétraèdre de symétrie, et leurs points doubles coïncident avec les sommets de ces faces.*

133. Nous représentons par $x_p$, $y_p$, $x_{p'}$, $z_{p'}$, $y_{p''}$, $z_{p''}$ les coordonnées des traces de la génératrice de la quadricuspidale sur les trois plans de projection. On obtient facilement ces longueurs par les équations (64 *bis*), et on en déduit

$$(81) \qquad \frac{x_{p'}}{x_p} = k, \qquad \frac{y_p}{y_{p''}} = -\frac{1-k}{k}, \qquad \frac{z_{p''}}{z_{p'}} = \frac{1}{1-k}.$$

On voit que la quadricuspidale peut être déterminée par le coefficient $k$ et par les deux trinodales $\varphi$, $\varphi'$, qui, dans cette génération, jouent exactement le même rôle que les coniques $\partial$, $\partial'$ pour la quadrispinale.

*Considérons dans l'espace deux trinodales harmoniques telles, que deux points doubles de la première coïncident avec deux points doubles de la seconde; appelons $\varphi$ et $\varphi'$ ces courbes, $A''$ et $A'''$ les points doubles communs, $A'$ et $A$ le troisième point double de $\varphi$ et le troisième point double de $\varphi'$; formons sur la droite $A''A'''$ deux divisions homographiques sous la seule condition que les points $A''$ et $A'''$ en soient les points doubles; concevons des faisceaux ayant pour centres les points $A'$ et $A$, et dont les rayons passent respectivement par les points des deux divisions de $A''A'''$; joignons enfin par des droites les rencontres des rayons du faisceau $A'$ avec $\varphi$ aux points où les rayons homologues du faisceau $A$ coupent $\varphi'$ : le lieu de ces droites est une quadricuspidale dont le tétraèdre de symétrie a ses sommets aux points $A$, $A'$, $A''$, $A'''$.*

**134.** Nous avons trouvé que le rapport de $x_{p'}$ à $x_p$ est précisément égal à $k$, c'est-à-dire au rapport des abscisses de deux rayons homologues des faisceaux situés sur les plans P et P' (115, 101).

*Le rapport anharmonique qui détermine les faisceaux de plans passant par une arête (101) est égal au rapport anharmonique de points qui, sur la même droite, peut servir à la génération de la surface par le mode exposé au n° 133.*

**135.** *Deux quelconques des quatre trinodales harmoniques peuvent être prises pour directrices (133). Il existe ainsi sur chaque arête du tétraèdre deux divisions homographiques qui peuvent servir à la génération de la quadricuspidale. Ces six couples de divisions homographiques ont entre eux les relations qui ont été expliquées au n° 6.*

**136.** *Quand les rayons homologues des faisceaux sont les polaires d'un même point de la droite $A''A'''$ par rapport aux trinodales $\varphi$ et $\varphi'$, la quadricuspidale est développable. Il est* en effet évident que dans ce cas les tangentes des deux directrices aux points situés sur une même génératrice se coupent sur la droite $A''A'''$.

137. L'une des faces du tétraèdre étant supposée à l'infini, nous pouvons représenter les trois trinodales $\varphi$, $\varphi'$, $\varphi''$ par les équations

$$(82) \qquad \frac{p_1^2}{x^2} + \frac{q_2^2}{y^2} = 1, \quad \frac{r_1^2}{z^2} + \frac{p_2^2}{x^2} = 1, \quad \frac{q_1^2}{y^2} + \frac{r_2^2}{z^2} = 1.$$

Les paramètres $p_1$, $q_2$, ... ont des significations géométriques simples et précises (127).

138. La comparaison des équations (76) et (82) donne

$$(83) \quad \begin{cases} \varphi : & p_1^2 = \dfrac{u_1^2}{k^2}, & q_2^2 = \left(\dfrac{1-k}{k}\right)^2 v_2^2; \\[2ex] \varphi' : & r_1^2 = (1-k)^2 w_1^2, & p_2^2 = k^2 u_2^2; \\[2ex] \varphi'' : & q_1^2 = \dfrac{k^2 u_2^2 v_2^2}{k^2 u_2^2 - u_1^2}, & r_2^2 = -\dfrac{u_1^2 w_1^2}{k^2 u_2^2 - u_1^2}. \end{cases}$$

On déduit de ces équations

$$(84) \quad \begin{cases} p_1^2 q_1^2 r_1^2 = +\dfrac{(1-k)^2 u_1^2 u_2^2 w_1^2 v_2^2}{k^2 u_2^2 - u_1^2}, \\[2ex] p_2^2 q_2^2 r_2^2 = -\dfrac{(1-k)^2 u_1^2 u_2^2 w_1^2 v_2^2}{k^2 u_2^2 - u_1^2}; \end{cases}$$

$$(85) \qquad p_1^2 q_1^2 r_1^2 = -p_2^2 q_2^2 r_2^2.$$

Nous voyons que les six paramètres $p_1$, $q_2$, ... ne sont pas indépendants, ce qu'il était facile de prévoir. En se reportant à la troisième des équations (79), et raisonnant comme au n° 8, on trouve que la condition exprimée par l'équation (85) consiste en ce que, *à l'un quelconque des sommets du tétraèdre, les six tangentes des trois trinodales sont trois par trois dans quatre plans.* Ce sont les quatre plans tangents de la quadricuspidale au sommet considéré (103).

**139.** On déduit encore des équations (83), en ayant égard aux relations (68),

$$(86) \qquad p_1^2 p_2^2 = u_1^2 u_2^2, \quad q_1^2 q_2^2 = v_1^2 v_2^2, \quad r_1^2 r_2^2 = w_1^2 w_2^2.$$

$$(8_7) \qquad p_1^2 q_1^2 r_1^2 = u_1^2 v_1^2 w_1^2, \quad p_2^2 q_2^2 r_2^2 = u_2^2 v_2^2 w_2^2.$$

Les équations (86) indiquent des relations d'involution analogues à celles dont nous nous sommes occupé au n° 61.

En vertu des mêmes formules (83), l'équation ($7_7$) du cône directeur peut être mise sous la forme

$$(88) \qquad \frac{r_2^2}{p_1^2} x^2 y^2 + \frac{q_1^2}{p_2^2} x^2 z^2 - y^2 z^2 = 0.$$

**140.** Si une quadricuspidale est donnée par le coefficient $k$, et par les paramètres des trinodales $\varphi$ et $\varphi'$, on déterminera les demi-diamètres des coniques $\gamma$, $\gamma'$, $\gamma''$ par les équations suivantes déduites de (83) et de (68) :

$$(8_9) \quad \begin{cases} \gamma: \quad u_1^2 = k^2 p_1^2, \qquad\quad v_2^2 = \left(\dfrac{k}{1-k}\right)^2 q_2^2, \\[2ex] \gamma': \quad w_1^2 = \dfrac{r_1^2}{(1-k)^2}, \qquad u_2^2 = \dfrac{p_2^2}{k^2}, \\[2ex] \gamma'': \quad v_1^2 = \dfrac{p_2^2 q_2^2}{p_2^2 - k^2 p_1^2}, \quad w_2^2 = -\dfrac{k^2 p_1^2 r_1^2}{p_2^2 - k^2 p_1^2}. \end{cases}$$

On obtient les paramètres de $\varphi''$, en portant les valeurs qui précèdent dans les deux dernières équations (83) :

$$(9_0) \quad \begin{cases} q_1^2 = \dfrac{k^2 p_2^2 q_2^2}{(1-k)^2 (p_2^2 - k^2 p_1^2)}, \\[2ex] r_2^2 = \dfrac{-k^2 p_1^2 r_1^2}{(1-k)^2 (p_2^2 - k^2 p_1^2)}. \end{cases}$$

**141.** Les formules (83) montrent qu'une trinodale $\varphi$ ne dépend que de la conique $\gamma$ située sur le même plan qu'elle et du coefficient $k$. En éliminant $k$ entre les deux premières de ces équations, nous aurons la relation qui existe entre les paramètres d'une trinodale d'une quadricuspidale, et ceux de la conique trace, sur son plan, du cône doublement circonscrit dont le sommet coïncide avec le sommet opposé du tétraèdre.

On trouve

$$v_2 p_1 \pm u_1 q_2 \pm u_1 v_2 = 0.$$

Si la conique $\gamma$ est une ellipse, les longueurs $u_1$ et $v_2$ sont réelles, et l'équation exprime que les tangentes de la trinodale aux points doubles situés à l'infini sont réelles et se coupent deux à deux sur les côtés du parallélogramme dont les sommets se trouvent aux points où les axes coordonnés rencontrent la conique $\gamma$.

On étend facilement ce résultat à une quadricuspidale quelconque, en se rappelant que les trois sommets d'une face du tétraèdre étant conjugués par rapport à la conique située sur leur plan, l'un d'eux est à l'intérieur de cette courbe et les deux autres à l'extérieur.

*Les tangentes d'une trinodale $\varphi$ aux points doubles situés en dehors de la conique correspondante $\gamma$ sont réelles et se coupent deux à deux sur les côtés d'un quadrilatère dont les sommets coïncident avec les points où les côtés du triangle de symétrie qui se croisent au troisième point double rencontrent la conique $\gamma$.*

### TRINODALES HARMONIQUES D'UNE QUADRICUSPIDALE DÉVELOPPABLE.

**142.** Lorsque l'on porte les valeurs (83) de $u_1^2$ et de $u_2^2$ dans l'équation (74) qui donne la condition pour que la quadricuspidale soit développable, on trouve

$$(91) \qquad p_2^2 - k^3 p_1^2 = 0.$$

On arrive au même résultat en exprimant, à l'áide de l'équation (80), que les tangentes des trinodales $\varphi$ et $\varphi'$ en deux points situés sur une génératrice passent par un même point de l'axe des abscisses.

L'équation (91) donne pour $k$ trois valeurs dont deux sont imaginaires; par conséquent, *la développable circonscrite à deux trinodales harmoniques telles, que deux points doubles de la première coïncident avec deux points doubles de la seconde, se compose de trois quadricuspidales développables dont une seule peut être réelle.*

143. Il est intéressant de connaître la relation qui existe entre les paramètres des trois trinodales $\varphi$, $\varphi'$, $\varphi''$ quand la quadricuspidale est développable. On l'obtient en éliminant $k$ entre (91) et l'une des équations (90).

Nous avons

$$k = \left(\frac{p_2}{p_1}\right)^{\frac{2}{3}}.$$

En portant cette valeur dans la première des équations (90), on trouve, après quelques réductions qui se présentent spontanément, la première des équations suivantes :

$$(92) \qquad \begin{cases} \left(\dfrac{p_1}{p_2}\right)^{\frac{2}{3}} + \left(\dfrac{q_2}{q_1}\right)^{\frac{2}{3}} = 1, \\[2ex] \left(\dfrac{r_1}{r_2}\right)^{\frac{2}{3}} + \left(\dfrac{p_2}{p_1}\right)^{\frac{2}{3}} = 1, \\[2ex] \left(\dfrac{q_1}{q_2}\right)^{\frac{2}{3}} + \left(\dfrac{r_2}{r_1}\right)^{\frac{2}{3}} = 1. \end{cases}$$

Les deux dernières équations sont déduites de la première,

à l'aide de la formule (85) ou par de simples permutations de lettres.

### QRADRICUSPIDALES AYANT LES MÊMES TRINODALES HARMONIQUES.

**144.** L'une quelconque des équations (90) est la conséquence de l'autre et de la relation (85). **Si** l'on a trois trinodales appartenant à une quadricuspidale, les équations (90) donneront pour $k$ quatre valeurs dont une seule correspond à la surface donnée. Les autres déterminent trois quadricuspidales qui ont les mêmes trinodales que la première, y compris celle qui est à l'infini, car l'équation (88) montre que le cône directeur dépend seulement des courbes $\varphi$, $\varphi'$, $\varphi''$.

*Pour que trois trinodales harmoniques appartiennent à une quadricuspidale, il faut :* $1°$ *que chacune d'elles ait un point double au point d'intersection de leurs plans ;* $2°$ *que leurs autres points doubles coïncident deux à deux ;* $3°$ *que leurs six tangentes au premier point soient trois par trois dans quatre plans* (138).

*Quand ces conditions sont satisfaites, les trois courbes sont sur quatre quadricuspidales qui ont en commun une quatrième trinodale.*

*Toute quadricuspidale se trouve ainsi associée à trois autres surfaces de même génération, dont une au moins est réelle.*

**145.** Nous allons rechercher si les quatre quadricuspidales forment le lieu de toutes les droites qui rencontrent $\varphi$, $\varphi'$ et $\varphi''$.

Prenons un point M sur $\varphi'$ et considérons-le comme le sommet de deux cônes ayant respectivement pour directrices $\varphi$ et $\varphi''$ : ces deux cônes étant du quatrième ordre se couperont suivant seize génératrices. Mais $\varphi$ et $\varphi''$ ont deux points doubles communs A″ et A‴ (133). Les droites qui vont du point M à ces points comptent chacune pour quatre génératrices communes ; leur lieu, lorsque le point M se meut sur $\varphi'$, forme le plan de cette courbe et le cône dont elle est la directrice et qui a son sommet en A′. Déduction faite du plan et du cône, la surface réglée déterminée par les directrices $\varphi$, $\varphi'$, $\varphi''$ a huit génératrices passant par le point M. Les trinodales $\varphi$, $\varphi'$, $\varphi''$ sont donc des lignes octuples de cette surface ; elles sont aussi octuples dans le système des quatre quadricuspidales. Nous voyons ainsi que ces surfaces composent le lieu complet de toutes les droites qui rencontrent les courbes $\varphi$, $\varphi'$, $\varphi''$.

146. Deux quadricuspidales qui se confondent sont associées pour les cônes circonscrits et pour les trinodales. D'après cela, une quadricuspidale développable représente deux surfaces ayant les mêmes trinodales harmoniques. En établissant directement ce théorème, nous obtiendrons une vérification de nos formules, et nous trouverons quelques résultats nouveaux.

Soit $k_1$ la valeur de $k$ pour une quadricuspidale ayant les mêmes trinodales que celles que nous considérons. Nous avons, en vertu de la première des équations (90),

$$\frac{k^2}{(1-k)^2(p_2^2 - k^2 p_1^2)} = \frac{k_1^2}{(1-k_1)^2(p_2^2 - k_1^2 p_1^2)}.$$

Ordonnant par rapport à $k_1$, on obtient

$$k^2 p_1^2 k_1^4 - 2 k^2 p_1^2 k_1^3 + \left[(2-k)k^3 p_1^2 + (1-2k)p_2^2\right]k_1^2 + 2 k^2 p_2^2 k_1 - k^2 p_2^2 = 0.$$

Une des quatre valeurs de $k_1$ est nécessairement égale à $k$. En divisant par $(k_1 - k)$, on obtient

$$(93) \quad k^2 p_1^2 k_1^3 - (2-k) k^2 p_1^2 k_1^2 + (1-2k)p_2^2 k_1 + k p_2^2 = 0.$$

Pour qu'une des quadricuspidales associées à la première se confonde avec elle, il faut qu'une nouvelle valeur de $k_1$ soit égale à $k$, et, par suite, que l'on ait

$$k^4 p_1^2 - (2 - k) p_1^2 k^3 + (1 - 2k) p_2^2 + p_2^2 = 0.$$

Cette équation se réduit à

$$(1 - k)(p_2^2 - k^3 p_1^2) = 0;$$

d'où l'on tire

$$k = 1, \quad p_2^2 - k^3 p_1^2 = 0.$$

**147.** La première solution correspond au résultat signalé au n° **27** pour la quadrispinale.

*Quand le coefficient $k$ est égal à l'unité, la quadricuspidale se confond avec une des quadricuspidales qui lui sont associées pour les trinodales.* Elle ne cesse pas d'ailleurs d'être gauche, car elle possède alors une directrice rectiligne.

Pour connaître les deux autres surfaces associées à la quadricuspidale, il faut faire $k$ égal à l'unité dans l'équation (93), diviser par $(k_1 - 1)$, et résoudre par rapport à $k_1$. On trouve

$$k_1 = \pm \frac{p_2}{p_1}.$$

**148.** La seconde des valeurs de $k$ obtenues au n° **146** est précisément celle que donne la formule (91), et qui détermine la quadricuspidale développable. Pour trouver les valeurs de $k_1$ qui correspondent aux deux quadricuspidales associées à cette surface, nous remplaçons, dans l'équation (93), $p_2^2$ par $k^3 p_1^2$, et nous divisons ensuite par $(k_1 - k)$; il vient

$$(94) \qquad k_1^2 - 2(1 - k) k_1 - k = 0.$$

Aucune grandeur réelle de $k$ ne peut rendre égales les racines de cette équation. Il en résulte que *deux quadricuspidales développables ne peuvent pas avoir les mêmes trinodales harmoniques.*

On peut remarquer que les valeurs de $k_1$ données par l'équation (94) sont toujours réelles.

## COURBES DE CONTACT DE LA QUADRICUSPIDALE AVEC LES CÔNES DOUBLEMENT CIRCONSCRITS.

149. $\xi$ ayant la signification indiquée au n° 115, si l'on désigne par $x$ l'abscisse du point de contact de la génératrice considérée avec le cylindre $\gamma$, on aura

$$k\,\xi\,x = u_1^2.$$

Éliminant $\xi$ entre cette relation et les équations (64) de la génératrice, on a les équations de la courbe de contact de la quadrispinale avec le cylindre $\gamma$. La première est précisément l'équation de $\gamma$; on trouve, pour la seconde,

$$(95) \qquad w_1^2(kx^2 - u_1^2)^2 + z^2(k^2 u_2^2 x^2 - u_1^4) = 0.$$

Quand on donne à $z$ une valeur constante, on a deux valeurs pour $x^2$; quatre points de la courbe de contact correspondent à chacune d'elles. *Cette courbe est donc du huitième ordre.*

Lorsque $z$ est nul, les valeurs de $x^2$ sont égales. Il résulte de là que *la courbe de contact d'une quadricuspidale avec un de ses cônes doublement circonscrits possède quatre points doubles situés sur la face du tétraèdre de symétrie qui est opposée au sommet du cône.*

La trinodale $\varphi$ passe évidemment par ces points et y touche la conique $\gamma$, car les surfaces auxquelles ces lignes appartiennent respectivement sont l'une inscrite et l'autre circonscrite. Il est d'ailleurs facile de vérifier que les courbes $\varphi$ et $\gamma$ se touchent aux deux points dont les abscisses sont données par l'équation précédente, lorsque l'on suppose $z$ nul.

*Les quatre points doubles que la ligne de contact possède sur la face du tétraèdre opposée au sommet du cône appartiennent à la trinodale trace de la surface et sont les sommets d'un quadrilatère qui a les points de concours de ses côtés opposés, et le point d'intersection de ses diagonales aux trois points doubles de la trinodale.*

**150.** Quand la quadricuspidale est développable, $u_1^2$ est égal à $ku_2^2$ (122), et l'équation (95) se divise dans les suivantes :

$$x = \pm u_2, \quad \frac{x^2}{u_2^2} + \frac{z^2}{w_1^2} = 1.$$

Ces équations, combinées avec celle de la conique $\gamma$, donnent, la première quatre génératrices, la seconde l'ellipsimbre de rebroussement (105).

SURFACES DU SECOND ORDRE CONJUGUÉES<br>A UNE QUADRICUSPIDALE.

**151.** En appliquant aux trinodales $\varphi$, $\varphi'$, $\varphi''$ les raisonnements que nous avons faits au n° 49 sur les coniques $\delta$, $\delta'$, $\delta''$, on trouve que les génératrices rectilignes d'une quadricuspidale appartiennent huit par huit à des hyperboloïdes par rapport auxquels chaque sommet du tétraèdre de symétrie est le pôle du plan de la face opposée. Ce théorème a déjà été obtenu au n° 109 par des considérations de dualité.

Représentons un hyperboloïde conjugué par l'équation

$$M x^2 + N y^2 + P z^2 = 1.$$

En exprimant que les traces de la génératrice (64 *bis*) sur les trois plans coordonnés appartiennent à cette surface, nous avons

$$M \xi^2 + N \left( \frac{1 - k}{k} \right) \frac{v_2^4}{\eta^2} = 1,$$

$$M k^2 \xi^2 + P (1 - k)^2 \frac{w_1^4}{\zeta^2} = 1,$$

$$N \frac{v_2^4}{\eta^2} + P \frac{w_1^4}{\zeta^2} = 1.$$

On déduit de ces équations

$$M = \frac{1}{k\,\xi^2}, \quad N = -\frac{k}{1-k}\cdot\frac{\eta^2}{v_2^4}, \quad P = \frac{1}{1-k}\cdot\frac{\zeta^2}{w_1^4}.$$

En conséquence, et eu égard aux valeurs (65) de $\eta$ et de $\zeta$, l'équation de l'hyperboloïde conjugué est

$$\frac{x^2}{h\,\xi^2} - \frac{k^2\xi^2 - u_1^2}{(1-k)\,k\,\xi^2}\cdot\frac{y^2}{v_2^2} + \frac{\xi^2 - u_2^2}{(1-k)\,\xi^2}\cdot\frac{z^2}{w_1^2} = 1.$$

Nous posons

$$(96) \qquad\qquad k\,\xi^2 = a^2,$$

et l'équation de l'hyperboloïde devient

$$(97) \qquad \frac{x^2}{a^8} - \frac{ka^2 - u_1^2}{(1-k)\,a^2}\cdot\frac{y^2}{v_2^2} + \frac{a^2 - ku_2^2}{(1-k)\,a^2}\cdot\frac{z^2}{w_1^2} = 1.$$

152. En faisant passer $a^2$ par toutes les valeurs positives et négatives, on obtient la série de tous les hyperboloïdes conjugués. Les surfaces de transition sont trois cylindres et un cône comme il suit :

$$(98)\ \ \left\{ \begin{aligned} &a^2 = ku_2^2: & &\frac{x^2}{ku_2^2} - \frac{ku_2^2 - u_1^2}{(1-k)\,ku_2^2}\cdot\frac{y^2}{v_2^2} = 1;\\[2mm] &a^2 = \frac{u_1^2}{k}: & &-\frac{k^2u_2^2 - u_1^2}{(1-k)\,u_1^2}\cdot\frac{z^2}{w_1^2} + \frac{kx^2}{u_1^2} = 1;\\[2mm] &a^2 = \infty: & &-\frac{k}{1-k}\cdot\frac{y^2}{v_2^2} + \frac{1}{1-k}\cdot\frac{z^2}{w_1^2} = 1; \end{aligned}\right.$$

$$(99) \qquad a^2 = 0: \quad x^2 + \frac{u_1^2}{1-k}\cdot\frac{y^2}{v_2^2} - \frac{k\,u_2^2}{1-k}\cdot\frac{z^2}{w_1^2} = 0.$$

On peut démontrer par ces équations que les hyperboloïdes conjugués contiennent tous une même ellipsimbre. Il suffit d'établir que la surface (97) est identique avec la surface générale du second ordre qui passe par l'intersection de deux quelconques des cylindres (98). Nous ne nous arrêterons pas à cette vérification facile d'un théorème déjà démontré.

153. Nous appelons $\Gamma$, $\Gamma'$, $\Gamma''$ les cylindres représentés par les équations (98) et les coniques qui sont leurs traces sur les trois plans coordonnés. En désignant par $U_1$ et $V_2$, $W_1$ et $U_2$, $V_1$ et $W_2$ les moitiés des diamètres interceptés sur les axes par les coniques $\Gamma$, $\Gamma'$, $\Gamma''$, nous avons

$$(100)\quad\begin{cases} \Gamma: & U_1^2 = ku_2^2, & V_2^2 = -\dfrac{(1-k)ku_2^2 v_2^2}{k^2 u_2^2 - u_1^2}, \\[2mm] \Gamma': & W_1^2 = -\dfrac{(1-k)u_1^2 w_1^2}{k^2 u_2^2 - u_1^2}, & U_2^2 = \dfrac{u_1^2}{k}, \\[2mm] \Gamma'': & V_1^2 = -\dfrac{1-k}{k}v_2^2; & W_2^2 = (1-k)w_1^2. \end{cases}$$

On déduit des équations qui précèdent, en ayant égard aux relations (68) et (69),

$$(101)\qquad U_1^2 V_1^2 W_1^2 = u_1^2 v_1^2 w_1^2, \quad U_2^2 V_2^2 W_2^2 = u_2^2 v_2^2 w_2^2,$$

$$(102)\qquad\qquad U_1^2 V_1^2 W_1^2 = - U_2^2 V_2^2 W_2^2,$$

$$(103)\qquad \frac{U_2^2}{U_1^2} + \frac{V_1^2}{V_2^2} = 1, \quad \frac{V_2^2}{V_1^2} + \frac{W_1^2}{W_2^2} = 1, \quad \frac{W_2^2}{W_1^2} + \frac{U_1^2}{U_2^2} = 1.$$

Les équations (101) montrent que le produit $u_1^2 v_1^2 w_1^2$ ne dépend que de l'ellipsimbre nodale. Les quatre équations (102) et (103) indiquent seulement que les trois cylindres $\Gamma$, $\Gamma'$, $\Gamma''$ se coupent suivant une même ellipsimbre. Deux quelconques d'entre elles entraînent les deux autres. On ne peut donc se donner arbitrairement que quatre demi-diamètres $U_1$, $U_2$, $V_1$ et $W_2$.

154. Les paramètres $u_1$, $u_2$, $v_2$ et $w_1$ des quadricuspidales qui ont l'ellipsimbre (98) pour courbe nodale sont

donnés en fonctions du coefficient $k$ et des demi-diamètres $U_1$, $U_2$, $V_1$ et $W_2$ par les équations suivantes déduites des relations (100) :

$$(104) \quad \begin{cases} u_1^2 = k U_2^2, \qquad u_2^2 = \dfrac{U_1^2}{k}, \\[2mm] w_1^2 = \dfrac{W_2^2}{1-k}, \quad v_2^2 = -\dfrac{k}{1-k} V_1^2. \end{cases}$$

L'équation (97) de l'hyperboloïde général du système devient, quand on y introduit ces valeurs,

$$(105) \qquad \frac{x^2}{a^2} + \frac{a^2 - U_2^2}{a^4} \cdot \frac{y^2}{V_1^2} + \frac{a^2 - U_1^2}{a^2} \cdot \frac{z^2}{W_2^2} = 1.$$

On vérifie aisément à l'aide des équations (104) et (105) que *la trace d'une surface conjuguée du second ordre sur le plan d'une face du tétraèdre coïncide avec la trace d'un cône doublement circonscrit à une quadricuspidale du système.*

155. Les équations (83) et (104) permettent de déterminer les valeurs des paramètres des trinodales des quadricuspidales du système, en fonction du coefficient $k$ et des demi-diamètres $U_1$, $U_2$, $V_2$ et $W_1$. On trouve

$$(106) \quad \begin{cases} \varphi: \quad p_1^2 = \dfrac{U_2^2}{k}, \qquad\qquad q_2^2 = -\dfrac{1-k}{k} V_1^2; \\[2mm] \varphi': \quad r_1^2 = (1-k) W_2^2, \qquad p_2^2 = k U_1^2; \\[2mm] \varphi'': \quad q_1^2 = \dfrac{k U_1^2 V_1^2}{(1-k)(U_2^2 - U_1^2)}, \quad r_2^2 = \dfrac{U_2^2 W_2^2}{(1-k)(U_2^2 - U_1^2)}. \end{cases}$$

L'équation de la trinodale $\varphi$ d'une quadricuspidale du système est donc

$$\frac{U_2^2}{k x^2} - \frac{1-k}{k} \cdot \frac{V_1^2}{y^2} = 1.$$

*On reconnaît, à l'aide de cette équation, d'abord que les*

*trinodales situées sur un plan du tétraèdre passent toutes par les traces de l'ellipsimbre nodale, ensuite que toute trinodale qui passe par ces points, et dont les points doubles coïncident avec les sommets du triangle de symétrie, appartient à une quadricuspidale du système.*

156. On déduit de la formule (74) et des équations (104) que la valeur de $k$ qui caractérise la développable est $\dfrac{U_1^2}{U_2^2}$.

En remplaçant $k$ par ce rapport dans les équations (104), on obtiendrait les paramètres des trinodales de la quadricuspidale développable du système.

### CÔNE TRINODAL HARMONIQUE.

157. Avant d'exposer de nouvelles propriétés de la quadricuspidale, nous devons donner quelques détails d'abord sur un cône et ensuite sur une courbe gauche dont la considération nous sera d'une grande utilité.

Nous appelons *cône trinodal harmonique* le cône qui a pour directrice une trinodale harmonique. Les plans menés par le sommet et par les côtés du triangle de symétrie de la directrice forment la *pyramide de symétrie* du cône.

Les propriétés caractéristiques de la trinodale harmonique sont projectives, et par suite, *en coupant par un plan quelconque un cône trinodal harmonique et sa pyramide de symétrie, on obtient une trinodale harmonique et son triangle de symétrie.*

Les propriétés du cône trinodal harmonique se déduisent immédiatement de celles que nous avons établies pour la trinodale harmonique. Nous croyons utile de les énoncer.

158. *Le cône trinodal harmonique a trois génératrices doubles qui sont les arêtes de sa pyramide de symétrie. Les plans*

*tangents du cône le long d'une de ces droites sont conjugués harmoniques des plans de la pyramide de symétrie dont elle est l'intersection* (127).

159. *Si un plan passe par une arête double d'un cône tri- nodal harmonique, cette droite et celle suivant laquelle le plan coupe la face opposée de la pyramide de symétrie sont conju- guées harmoniques des deux génératrices simples contenues dans le plan sécant* (128).

160. *Les plans tangents du cône trinodal harmonique le long des deux génératrices simples contenues dans un plan pas- sant par une arête de la pyramide de symétrie, se coupent suivant une droite située sur la face de la pyramide opposée à cette arête.* Nous dirons que la droite d'intersection est la *polaire* ou *conjuguée* du plan sécant par rapport au cône, et que le plan est *polaire* ou *conjugué* de la droite. *Tout plan contenant une génératrice double a une polaire réelle. Toute droite passant par le sommet du cône et située sur une face de la pyramide a trois plans polaires dont un seul est réel* (129).

161. *Les deux nappes d'un cône trinodal harmonique qui se coupent le long d'une génératrice double y ont une in- flexion* (130).

162. *Une des trois génératrices doubles d'un cône trinodal harmonique est une droite isolée* (131).

### COURBE GAUCHE TÉTRAÉDRALE SYMÉTRIQUE.

163. Pour un motif que l'on verra dans le numéro sui- vant, nous appelons *courbe gauche tétraédrale symétrique* (*)

---

(*) Nous donnerons plus loin à cette expression une signification plus étendue, et la ligne que nous considérons actuellement deviendra la *courbe gauche tétraédrale symétrique d'exposant* — 2.

la ligne d'intersection de deux cônes trinodaux harmoniques
dont les pyramides de symétrie ont deux plans communs.
L'arête suivant laquelle ces plans se coupent est une génératrice double de chaque cône; elle compte pour quatre
droites dans leur intersection complète du seizième ordre,
et par suite *la courbe gauche tétraédrale symétrique est une
ligne du douzième ordre.*

164. Considérons le tétraèdre formé par les plans $P''$
et $P'''$ communs aux pyramides de symétrie des deux cônes,
et par leurs plans non communs $P$ et $P'$; faisons une
transformation homologique qui éloigne $P'''$ à l'infini, et
prenons $P$, $P'$, $P''$ pour plans coordonnés : les cônes trinodaux deviennent des cylindres et nous pouvons les représenter par les équations

$$(a) \qquad \frac{p^2}{x^2} + \frac{q^2}{y^2} = 1, \quad \frac{r^2}{z^2} + \frac{p'^2}{x^2} = 1.$$

L'élimination de $x$ entre ces équations donne

$$(b) \qquad \frac{q^2 p'^2}{(p'^2 - p^2) y^2} - \frac{r^2 p^2}{(p'^2 - p^2) z^2} = 1.$$

La projection de la courbe sur le plan des $yz$ est, comme
on le voit, une trinodale harmonique; comme d'ailleurs
nous pouvons éloigner $P''$ à l'infini, et prendre $P'''$ pour
troisième plan coordonné, nous avons ce théorème : *La
courbe gauche tétraédrale symétrique appartient à quatre
cônes trinodaux harmoniques tels, que les génératrices doubles
de l'un quelconque d'entre eux passent respectivement par les
sommets des trois autres.* Les douze plans des quatre pyramides de symétrie coïncident ainsi trois par trois, et forment un tétraèdre $PP'P''P'''$ par rapport aux sommets
duquel la courbe jouit de propriétés symétriques, et que
nous appellerons en conséquence *tétraèdre de symétrie.*

On peut démontrer que la courbe appartient à un quatrième cône trinodal, en remarquant que si l'on retranche la seconde équation $(a)$ de la première, on obtient l'équation d'un cône trinodal ayant son sommet à l'origine.

165. Les paramètres des courbes représentées par les équations $(a)$ et $(b)$ satisfont à la relation $(85)$; il en résulte que *les trinodales suivant lesquelles les quatre cônes trinodaux harmoniques qui passent par une courbe gauche tétraédrale symétrique coupent les faces du tétraèdre respectivement opposées à leurs sommets, sont les lignes doubles d'une quadricuspidale.*

166. L'origine est un point double de chacune des trinodales représentées par les équations $(a)$; elle est donc un point quadruple de la tétraédrale. Comme d'ailleurs les autres sommets jouissent de la même propriété, on voit que *la courbe tétraédrale a quatre points quadruples.*

Les trinodales $(a)$ et $(b)$ ne coupent les axes qu'à l'origine et à l'infini. La courbe tétraédrale ne rencontre donc un plan du tétraèdre qu'aux sommets. Chacun de ces points étant quadruple, nous voyons d'une nouvelle manière que la courbe est du douzième ordre.

On peut aussi le reconnaître en remarquant qu'un plan contenant une arête du tétraèdre, et d'ailleurs quelconque, coupe chacun des deux cônes trinodaux qui ont leur sommet sur l'arête suivant deux droites. Les intersections de ces lignes donnent quatre points simples, et comme la courbe a deux points quadruples sur l'arête on trouve qu'elle rencontre le plan en douze points.

### COURBES GAUCHES TÉTRAÉDRALES SYMÉTRIQUES TRACÉES SUR UNE QUADRICUSPIDALE.

167. On peut considérer la quadricuspidale comme donnée par les trinodales $\varphi$ et $\varphi'$ et par le coefficient $k$; alors,

en appelant $\lambda$ l'abscisse du point où une génératrice rencontre $\varphi$, on trouve que les équations de cette droite sont

$$(107)\quad\begin{cases} x = (1 - k)\dfrac{y}{q_2}\sqrt{\lambda^2 - p_1^2} + k\lambda, \\[2mm] x = (1 - k)\dfrac{z}{kr_1}\sqrt{k^2\lambda^2 - p_2^2} + \lambda. \end{cases}$$

**168.** En opérant comme nous l'avons fait au n° 13, nous déterminerons le lieu des points qui divisent dans un rapport donné les segments des génératrices compris entre les trinodales directrices $\varphi$ et $\varphi'$.

Nous posons

$$\lambda = \frac{x}{k'},$$

et portant cette valeur de $\lambda$ dans les équations (107) de la génératrice, nous avons

$$(108)\quad\begin{cases} \dfrac{k'^2 p_1^2}{x^2} + \dfrac{(k' - k)^2 q_2^2}{(1 - k)^2 y^2} = 1, \\[2mm] \dfrac{k'^2 p_2^2}{k^2 x^2} + \dfrac{(1 - k')^2 r_1^2}{(1 - k)^2 z^2} = 1. \end{cases}$$

Ces équations sont de la forme de celles que nous avons considérées au n° 164 ; le lieu cherché est donc une courbe gauche tétraédrale symétrique.

Si l'on fait $k'$ égal à l'unité, on a

$$\frac{p_1^2}{x^2} + \frac{q_2^2}{y^2} = 0, \quad z^2(p_2^2 - k^2 x^2) = 0.$$

Ces équations représentent la trinodale $\varphi$ et les quatre génératrices qui passent par le sommet A. On trouve de la même manière que les valeurs $k$, o et $\infty$ de $k$ donnent respectivement les trinodales $\varphi'$, $\varphi''$, $\varphi'''$, et, avec chacune d'elles, les quatre génératrices qui passent par le sommet opposé.

**169.** En généralisant les résultats du numéro précédent, on obtient les théorèmes suivants :

*On peut tracer sur une quadricuspidale, et par chacun de ses points, une courbe tétraédrale gauche ayant le même tétraèdre de symétrie que la quadricuspidale.*

*Les génératrices sont divisées homographiquement par les courbes tétraédrales gauches, et par suite les points où une génératrice rencontre les quatre faces du tétraèdre sont dans un rapport anharmonique constant.*

**170.** *Tous les résultats obtenus aux numéros de 16 à 18 pour les ellipsimbres des quadrispinales et les coniques suivant lesquelles ces lignes se projettent, sont applicables aux courbes tétraédrales des quadricuspidales et à leurs projections sur les plans du tétraèdre :* il n'y a aucune modification à faire aux calculs.

TÉTRAÉDRALES GAUCHES COMMUNES A PLUSIEURS QUADRICUS-
PIDALES AYANT UNE MÊME ELLIPSIMBRE NODALE.

**171.** En portant dans les équations (108) les valeurs (106) de $p_1^2$, $p_2^2$, $q_2^2$ et $r_1^2$, on obtient les équations d'une courbe tétraédrale de la quadricuspidale, en fonction des paramètres $U_1$, $U_2$, $V_1$ et $W_2$ du système

$$(109)\quad \begin{cases} \dfrac{k'^2 U_2^2}{kx^2} - \dfrac{(k'-k)^2 V_1^2}{k(1-k)y^2} = 1, \\[2ex] \dfrac{k'^2 U_1^2}{kx^2} + \dfrac{(1-k')^2 W_2^2}{(1-k)z^2} = 1. \end{cases}$$

Les coefficients $k$ et $k'$ particularisent, l'un la quadricuspidale, l'autre la tétraédrale gauche individuelle considérée sur cette surface.

8

Si la courbe tétraédrale représentée par les équations (109) appartient à une seconde quadricuspidale de la même série, en appelant $k_1$ et $k'_1$ les nouvelles valeurs de $k$ et de $k'$, ces quantités devront satisfaire à trois équations qui se trouvent être identiques avec celles qui ont été obtenues au n° 62.

En conséquence, et sans avoir à faire de nouveaux raisonnements, nous pouvons écrire les théorèmes suivants :

*Par toute courbe tétraédrale tracée sur une quadricuspidale, il passe une seconde quadricuspidale de la même série* (62).

*L'intersection de deux quadricuspidales d'une même série comprend quatre courbes tétraédrales symétriques* (64).

SURFACES LIMITES D'UNE SÉRIE DE QUADRICUSPIDALES AYANT UNE MÊME LIGNE NODALE GAUCHE.

172. On peut établir la théorie des surfaces limites d'une série de quadricuspidales par la méthode qui a été suivie pour la question analogue relative aux séries de quadrispinales (n°ˢ 79-89).

Les équations (106) montrent que les carrés des paramètres des trinodales changent de signe quand $k$ passe par l'une des valeurs $0$, $1$ et $\infty$. Il existe ainsi trois surfaces limites. Nous n'examinerons que la seconde.

173. En introduisant les valeurs (106) des paramètres $p_1$, $p_2$, $q_2$ et $r_1$ dans les équations (107) de la génératrice, on obtient

$$x = \frac{y}{V_1} \sqrt{(1 - k)(U_2^2 - k\lambda^2)} + k\lambda,$$

$$x = \frac{z}{W_2} \sqrt{\frac{1 - k}{k}(k\lambda^2 - U_1^2)} + \lambda.$$

Nous retranchons la seconde équation de la première,

et nous divisons par $\sqrt{1-k}$ :

$$\frac{y}{V_1}\sqrt{U_2^2 - k\lambda^2} - \frac{z}{W_2}\sqrt{\frac{k\lambda^2 - U_1^2}{k}} - \lambda\sqrt{1-k} = 0.$$

Lorsque $k$ est égal à l'unité, la génératrice devient parallèle au plan des $yz$, et la longueur $\lambda$ est l'abscisse $x$ de l'un quelconque de ses points. On a alors

$$(110) \qquad \frac{y^2}{V_1^2(x^2 - U_1^2)} + \frac{z^2}{W_2^2(x^2 - U_2^2)} = 0.$$

Telle est l'équation de la surface limite. En la comparant à l'équation (44), n° **81**, on voit que les séries de quadrispinales et les séries de quadricuspidales ont des surfaces limites de même définition, et placées de la même manière par rapport au tétraèdre de symétrie.

**174.** La surface limite doit couper un quelconque des hyperboloïdes conjugués suivant la courbe nodale commune des surfaces du système, et huit génératrices rectilignes. L'équation que l'on obtient par l'élimination de $x^2$ entre les équations (105) et (110) se divise, en effet, dans les deux suivantes :

$$\frac{y^2}{V_1^2} + \frac{z^2}{W_2^2} = 1, \quad (a^2 - U_2^2)\,W_2^2\,y^2 + (a^2 - U_1^2)\,V_1^2 z^2 = 0.$$

Elles représentent, la première la ligne nodale, la seconde les génératrices de l'hyperboloïde (105) situées dans les plans tangents $x = \pm a$.

<hr>

# CHAPITRE V.

## NOUVELLES PROPRIÉTÉS DE LA QUADRISPINALE.

### CONSIDÉRATIONS GÉNÉRALES. — CÔNES DOUBLEMENT CIRCONSCRITS.

**175.** Nous avons établi pour la quadricuspidale plusieurs théorèmes qui conduisent corrélativement à des propriétés nouvelles pour la quadrispinale. Ainsi la première de ces surfaces ayant sur les faces du tétraèdre de symétrie quatre lignes doubles qui sont des trinodales harmoniques, la seconde est doublement inscrite dans quatre cônes dont les sommets coïncident avec ceux du tétraèdre, et dont les propriétés peuvent être déduites de celles des trinodales. Ces cônes ont une grande importance dans la théorie de la quadrispinale. Nous étudierons d'abord leur directrice plane, c'est-à-dire la courbe que l'on obtient quand on les coupe par un plan.

Nous ne nous arrêterons pas à la génération corrélative de celle qui a été exposée au n° **120** pour la quadricuspidale. Il est évident que *les tangentes des directrices $\delta$, $\delta'$ (1) aux points situés sur une génératrice, coupent la droite $A''A'''$ en des points qui forment deux divisions homographiques dont $A''$ et $A'''$ sont les points doubles.*

### TRILATÉRALE HARMONIQUE.

**176.** Nous appelons *trilatérale harmonique* la courbe corrélative de la *trinodale harmonique*.

Considérons la trinodale

$$(78) \qquad \frac{p^2}{x^2} + \frac{q^2}{y^2} = 1 :$$

nous lui faisons éprouver une transformation polaire, en prenant pour conique directrice l'ellipse

$$x^2 + y^2 = R^2.$$

La tangente à la trinodale a pour équation

$$\frac{p^2 x'}{x^3} + \frac{q^2 y'}{y^3} = 1.$$

Les coordonnées $x'$ et $y'$ du pôle de cette droite sont

$$x' = \frac{R^2 p^2}{x^3}, \quad y' = \frac{R^2 q^2}{y^3},$$

En portant dans l'équation (78) les valeurs de $x$ et de $y$ déduites des relations qui précèdent, on a

$$\frac{p^{\frac{2}{3}}}{R^{\frac{4}{3}}} x'^{\frac{2}{3}} + \frac{q^{\frac{2}{3}}}{R^{\frac{4}{3}}} y'^{\frac{2}{3}} = 1.$$

Pour faire disparaître les paramètres de la trinodale et ceux de la conique directrice, nous posons

$$(111) \qquad f^2 = \frac{R^4}{p^2}, \quad g^2 = \frac{R^4}{q^2}.$$

L'équation de la trilatérale devient alors

$$(112) \qquad \left(\frac{x}{f}\right)^{\frac{2}{3}} + \left(\frac{y}{g}\right)^{\frac{2}{3}} = 1.$$

La trilatérale harmonique a trois tangentes doubles qui correspondent aux points doubles de la trinodale. Nous appellerons *triangle de symétrie* le triangle formé par ces droites. Eu égard à la position de la trinodale considérée et de la conique directrice, un des côtés du triangle est à l'infini, et les deux autres coïncident avec les axes coordonnés. Nous pouvons néanmoins, en admettant les transformations homologiques, considérer la relation (112) comme l'équation générale de la trilatérale harmonique ayant trois tangentes doubles réelles. Si nous rendions cette formule homogène par rapport aux variables, nous aurions l'équation de la courbe en coordonnées trilinéaires.

177. En résolvant l'équation (112) par rapport à $y$, on obtient

$$(113) \qquad \frac{y}{g} = \left(1 - \frac{x^{\frac{2}{3}}}{f^{\frac{2}{3}}}\right)^{\frac{3}{2}}.$$

A chaque grandeur de $x$ correspondent trois valeurs pour $x^{\frac{2}{3}}$ et six valeurs pour $y$. Toute parallèle à l'axe des $y$ coupe donc la courbe en six points.

*La trilatérale harmonique est une courbe du sixième ordre.* Ce résultat s'accorde avec l'ordre de la trinodale et le nombre de ses points doubles.

178. Lorsque l'on fait $x$ nul, les trois valeurs de la parenthèse de l'équation (113) sont égales à l'unité; $y$ a donc trois valeurs égales à $g$ et trois égales à $-g$. Il suit de là que les six points que la trilatérale a sur l'axe des $y$ sont réunis trois par trois en deux points. La courbe possède d'ailleurs à chacun de ces points un rebroussement et non une inflexion, car elle est symétrique par rapport à l'axe.

Les mêmes circonstances se présentent sur l'axe des abscisses.

Le parallélisme de propriétés de la trinodale, et par suite de la trilatérale, par rapport aux côtés du triangle de symétric, montre que la courbe représentée par l'équation (112) a deux autres rebroussements dont la tangente est la droite de l'infini. Il est d'ailleurs facile de le reconnaître directement.

En mettant l'équation (112) sous la forme

$$\left(\frac{y}{x}\right)^{\frac{2}{3}} = \left(\frac{g}{x}\right)^{\frac{2}{3}} - \left(\frac{g}{f}\right)^{\frac{2}{3}},$$

on voit que les droites qui passent par l'origine et qui rencontrent la trilatérale à l'infini ont pour équation

$$\left(\frac{y}{x}\right)^{\frac{2}{3}} = - \left(\frac{g}{f}\right)^{\frac{2}{3}}.$$

Les six points que la courbe possède sur la droite de l'infini sont donc réunis trois par trois sur les droites

$$\frac{y}{x} = \pm \frac{g}{f} \sqrt{-1}.$$

Pour montrer que la courbe possède un rebroussement et non une inflexion à chacun des deux points distincts où elle rencontre la droite de l'infini, il suffit de considérer ses intersections avec une sécante passant par l'origine. Si l'on fait varier $\frac{y}{x}$, lorsque la puissance $\frac{2}{3}$ de cette quantité franchira la grandeur $- \left(\frac{g}{f}\right)^{\frac{2}{3}}$ le terme $\left(\frac{g}{x}\right)^{\frac{2}{3}}$ changera de signe, et par suite, dans une position, la sécante coupera la courbe en deux points réels, dans l'autre elle ne la rencontrera pas.

*La trilatérale harmonique possède un rebroussement à chacun des six points où elle touche un des côtés de son triangle de symétric. Les deux points de rebroussement situés sur un*

*même côté du triangle divisent harmoniquement les segments
faits sur cette droite par les deux autres côtés* (*).

Ces résultats concordent parfaitement avec les propositions des n$^{os}$ 127 et 130.


179. En ayant égard à l'ordre de la trilatérale et à ses
six points de rebroussement, on trouve que cette courbe
devrait être de la douzième classe, mais nous savons que sa
corrélative n'est que du quatrième ordre. Il y a donc des
causes d'abaissement qui nous sont encore inconnues. Pour
les découvrir, nous allons chercher si la trilatérale n'aurait
pas des points multiples autres que ses points de rebroussement.

A. Lorsque l'on attribue à $x$ et à $y$ des grandeurs réelles,
chacune des quantités $\left(\dfrac{x}{f}\right)^{\frac{2}{3}}$, $\left(\dfrac{y}{g}\right)^{\frac{2}{3}}$ a une valeur réelle, et
leurs autres valeurs sont données en fonction de celles-là
par les expressions

$$\left(\frac{x}{f}\right)^{\frac{2}{3}}\left(\cos\frac{4\,\varepsilon\pi}{3}+i\sin\frac{4\,\varepsilon\pi}{3}\right),$$

$$\left(\frac{y}{g}\right)^{\frac{2}{3}}\left(\cos\frac{4\,\varepsilon'\pi}{3}+i\sin\frac{4\,\varepsilon'\pi}{3}\right),$$

$\varepsilon$ et $\varepsilon'$ étant des nombres entiers et positifs plus petits que 3.

Si $x$ et $y$ sont les coordonnées d'un point de la courbe,
ces expressions satisferont à l'équation (112), et l'on aura

---

(*) Quand les axes sont rectangulaires, et que les paramètres $g$ et $f$ sont
égaux, la trilatérale (112) a, comme les ovales de Descartes, un rebroussement à chacun des deux points où la droite de l'infini rencontre les
cercles du plan (*voir* SALMON, *Higher plane curves*, p. 125). De là résultent
diverses propriétés que nous ne nous arrêterons pas à développer.

simultanément

$$(114)\quad\begin{cases}\left(\dfrac{x}{f}\right)^{\frac{2}{3}}\cos\dfrac{4\,\varepsilon\pi}{3}+\left(\dfrac{y}{g}\right)^{\frac{2}{3}}\cos\dfrac{4\,\varepsilon'\pi}{3}=1,\\[2ex]\left(\dfrac{x}{f}\right)^{\frac{2}{3}}\sin\dfrac{4\,\varepsilon\pi}{3}+\left(\dfrac{y}{g}\right)^{\frac{2}{3}}\sin\dfrac{4\,\varepsilon'\pi}{3}=0.\end{cases}$$

Quand on suppose $\varepsilon$ et $\varepsilon'$ nuls, la seconde équation se réduit à une identité, et il suffit que les variables satisfassent à la première, qui ne diffère alors de l'équation $(112)$ qu'en ce que $\left(\dfrac{x}{f}\right)^{\frac{2}{3}}$ et $\left(\dfrac{y}{g}\right)^{\frac{2}{3}}$ y représentent essentiellement des quantités réelles.

Si l'on donne à $\varepsilon$ et $\varepsilon'$ des valeurs autres que zéro, les variables devront satisfaire à deux équations, et par suite elles ne pourront déterminer que des points isolés. Nous voyons ainsi que l'*on obtient tout l'arc réel et continu de la courbe, en considérant dans l'équation $(112)$ les valeurs réelles de chaque terme.*

B. Résolvant les équations $(114)$ par rapport à $\left(\dfrac{x}{f}\right)^{\frac{2}{3}}$ et $\left(\dfrac{y}{g}\right)^{\frac{2}{3}}$, on a

$$(115)\quad\begin{cases}\left(\dfrac{x}{f}\right)^{\frac{2}{3}}\sin\dfrac{4\,(\varepsilon'-\varepsilon)\,\pi}{3}-\sin\dfrac{4\,\varepsilon'\pi}{3}=0,\\[2ex]\left(\dfrac{y}{g}\right)^{\frac{2}{3}}\sin\dfrac{4\,(\varepsilon-\varepsilon')\,\pi}{3}-\sin\dfrac{4\,\varepsilon\pi}{3}=0.\end{cases}$$

Nous devons attribuer aux quantités $\varepsilon$ et $\varepsilon'$ les deux systèmes de valeurs

$$\begin{cases}\varepsilon=1,\\\varepsilon'=2;\end{cases}\qquad\begin{cases}\varepsilon=2,\\\varepsilon'=1.\end{cases}$$

Par suite de l'introduction des valeurs du premier système, les équations (115) deviennent

$$\left(\frac{x}{f}\right)^{\frac{2}{3}} = -1, \quad \left(\frac{y}{g}\right)^{\frac{2}{3}} = -1;$$

d'où

$$(116) \qquad x = \pm f\sqrt{-1}, \quad y = \pm g\sqrt{-1}.$$

Ces équations sont symétriques, et par suite le second système de valeurs de $\varepsilon$ et de $\varepsilon'$ ne nous donnerait aucune nouvelle solution.

C. Nous voyons qu'il y a quatre points isolés qui sont réels ou imaginaires suivant le signe des quantités $f^2$ et $g^2$. Pour trouver ces points, nous avons supposé que leurs coordonnées étaient réelles, mais les raisonnements s'appliquent aussi bien au cas où elles ont des expressions imaginaires sans partie réelle.

La concordance est maintenant établie entre les points singuliers d'une part, l'ordre et la classe de la courbe de l'autre.

*La trilatérale harmonique possède quatre points isolés. Le quadrilatère dont ils sont les sommets a les points de concours de ses côtés opposés, et le point d'intersection de ses diagonales aux sommets du triangle de symétrie de la trilatérale. Les deux côtés du quadrilatère et les deux côtés du triangle qui passent par un même point forment un faisceau harmonique (*).*

D. Si l'on suppose successivement $\varepsilon = 0$, $\varepsilon' = 0$ et $\varepsilon = \varepsilon'$ dans les équations (115), on trouve les points de rebroussement de la trilatérale.

---

(*) On peut parvenir à ces divers résultats en partant de l'équation de la trilatérale mise sous forme entière, mais les calculs ne sont pas plus simples, et d'ailleurs, pour des motifs que l'on verra dans le second Mémoire, nous nous sommes assujetti à établir la théorie de la trilatérale d'après son équation trinôme.

180. Les points isolés de la trilatérale conduisent corrélativement au théorème suivant :

*La trinodale harmonique a quatre tangentes doubles qui sont réelles et idéales ou imaginaires. Ces droites se coupent deux à deux sur les côtés du triangle de symétrie. Les deux points de croisement qui sont sur un même côté divisent en parties harmoniques le segment compris entre les deux autres côtés du triangle.*

181. *Les deux tangentes simples que l'on peut mener à une trilatérale harmonique d'un point pris sur un côté de son triangle de symétrie forment un faisceau harmonique avec ce côté et la droite qui joint le point considéré au sommet opposé du triangle.*

Ce théorème est corrélatif de la proposition (128). On peut d'ailleurs le supposer obtenu par une transformation homologique, car il est évident pour la trilatérale (112).

182. *Quand deux tangentes se coupent sur un côté du triangle de symétrie, la droite qui joint les points de contact passe par le sommet opposé du triangle.* Nous dirons que le point considéré est le *pôle* de cette droite et qu'elle est la *polaire* du point. *Tout point situé sur un côté du triangle de symétrie a une polaire réelle. Toute droite passant par un des sommets du triangle a trois pôles dont un seul est réel* (129).

183. L'équation de la tangente à la trilatérale est

$$\frac{x'}{f^{\frac{2}{3}} x^{\frac{1}{3}}} + \frac{y'}{g^{\frac{2}{3}} y^{\frac{1}{3}}} = 1.$$

En faisant $y'$ nul, nous obtenons la relation suivante entre les abscisses $x$ et $x'$ du point de contact et de celui où la tangente coupe l'axe PP',

$$(117) \qquad\qquad x'^3 = f^2 x.$$

**184.** *Lorsque les trois côtés du triangle de symétrie d'une trilatérale harmonique sont réels, les tangences de l'un d'eux avec la courbe sont idéales* (131).

### DIGRESSION SUR LA DÉVELOPPÉE DE LA CONIQUE.

**185.** Nous posons

$$(118) \qquad a = \frac{fg^2}{g^2 - f^2}, \quad b = \frac{gf^2}{g^2 - f^2};$$

il en résulte

$$(119) \qquad f = \frac{a^2 - b^2}{a}, \quad g = \frac{a^2 - b^2}{b},$$

et l'équation (112) devient

$$(120) \qquad a^{\frac{2}{3}} x^{\frac{2}{3}} + b^{\frac{2}{3}} y^{\frac{2}{3}} = (a^2 - b^2)^{\frac{2}{3}}.$$

*Une trilatérale harmonique est la développée d'une conique quand son triangle de symétrie est rectangle et a pour hypoténuse la droite de l'infini.* Il faut excepter le cas où les paramètres $f$ et $g$ sont égaux, car alors les axes de la conique sont infinis.

Réciproquement, *la développée d'une conique à centre est une trilatérale harmonique dont les tangentes doubles sont deux droites rectangulaires et la droite de l'infini.*

*La développée d'une conique réelle a quatre points isolés imaginaires; celle d'une ellipse imaginaire est formée de quatre points isolés réels.*

### CÔNE TRILATÉRAL HARMONIQUE.

**186.** Nous appelons *cône trilatéral harmonique* le cône qui a pour directrice une trilatérale harmonique, et *pyra-*

mide *de symétrie* de ce cône, la pyramide triangulaire dont les plans passent par son sommet, et respectivement par les côtés du triangle de symétrie de la trilatérale.

Les propriétés caractéristiques de la trilatérale harmonique sont projectives, et par suite, en coupant par un plan quelconque un cône trilatéral harmonique et sa pyramide de symétrie, on obtient une trilatérale harmonique et son triangle de symétrie.

Le cône trilatéral harmonique est corrélatif, dans l'espace, de la trinodale harmonique.

Les propriétés du cône trilatéral harmonique se déduisent immédiatement de celles que nous avons établies pour la trilatérale harmonique. Nous croyons utile de les énoncer.

187. *Le cône trilatéral harmonique est du sixième ordre et de la quatrième classe; il possède six arêtes de rebroussement situées sur les faces de sa pyramide de symétrie. Les plans de ces faces sont les plans de rebroussement. Deux arêtes de la pyramide, et les génératrices de rebroussement situées dans leur plan, forment un faisceau harmonique* (177, 178).

188. *Le cône trilatéral harmonique possède quatre génératrices isolées. Par une arête quelconque de la pyramide de symétrie, on peut mener deux plans contenant chacun deux de ces génératrices; ils forment un faisceau harmonique avec les plans de la pyramide qui passent par l'arête considérée* (179).

189. *On peut mener au cône trilatéral deux plans tangents simples, par une droite passant par le sommet du cône, et située sur l'une des faces de sa pyramide de symétrie. Ces plans sont conjugués harmoniques de celui de la face de la pyramide, et de celui qui contient l'arête opposée et la droite considérée* (181).

190. *Quand l'intersection de deux plans tangents est sur une face de la pyramide de symétrie, le plan qui contient les génératrices de contact passe par l'arête opposée de la pyramide.* Nous dirons que l'intersection des plans tangents est *la polaire* du plan des génératrices de contact et que ce plan est *polaire* de la droite d'intersection. *Toute droite passant par le sommet du cône et située sur une face de la pyramide a un plan polaire réel. Tout plan qui contient une arête de la pyramide a trois polaires dont une seule est réelle* (182).

NOUVEAU MODE DE GÉNÉRATION DE LA QUADRISPINALE.

191. *Considérons deux cônes trilatéraux harmoniques* $\psi$ *et* $\psi'$ *placés de manière que leurs pyramides de symétrie aient deux plans communs* $P''$ *et* $P'''$ ; *appelons* $P'$ *et* $P$ *les troisièmes plans de ces pyramides ; concevons deux faisceaux homographiques de plans ayant la droite* $P''P'''$ *pour arête commune, et tels, que* $P''$ *et* $P'''$ *en soient les plans doubles ; prenons les traces des plans des deux faisceaux sur les plans* $P'$ *et* $P$ ; *menons par un rayon sur le plan* $P'$ *des plans tangents au cône* $\psi$, *et par le rayon homologue sur le plan* $P$ *des plans tangents au cône* $\psi'$ : *le lieu des intersections de ces plans est une quadrispinale doublement circonscrite aux cônes* $\psi$, $\psi'$ *et à deux autres cônes* $\psi''$ *et* $\psi'''$ *dont les sommets sont aux points* $PP'P''$ *et* $PP'P'''$. *Les sommets du tétraèdre de symétrie de la surface coïncident avec ceux des quatre cônes* (133).

192. *Toute quadrispinale est doublement inscrite dans quatre cônes trilatéraux harmoniques, et peut être engendrée comme il vient d'être expliqué, à l'aide de deux quelconques de ces cônes. Il existe ainsi pour chaque arête du tétraèdre de symétrie deux faisceaux homographiques de plans qui peuvent*

*servir à la génération de la surface. Ces couples de faisceaux ont entre eux les relations qui ont été exposées au n° 6.*

**193.** L'une des faces du tétraèdre de la quadrispinale étant supposée à l'infini, trois des cônes $\psi$, $\psi'$, $\psi''$ deviennent des cylindres, et leurs traces $\psi$, $\psi'$, $\psi''$ sur les plans qui sont respectivement opposés à leurs sommets peuvent être représentées par les équations

$$(121) \quad \begin{cases} \psi : & \left(\dfrac{x}{f_1}\right)^{\frac{2}{3}} + \left(\dfrac{y}{g_2}\right)^{\frac{2}{3}} = 1, \\[2em] \psi' : & \left(\dfrac{z}{h_1}\right)^{\frac{2}{3}} + \left(\dfrac{x}{f_2}\right)^{\frac{2}{3}} = 1, \\[2em] \psi'' : & \left(\dfrac{y}{g_1}\right)^{\frac{2}{3}} + \left(\dfrac{z}{h_2}\right)^{\frac{2}{3}} = 1. \end{cases}$$

Nous allons rechercher les valeurs des paramètres des trilatérales, en fonction de ceux des coniques $\delta$, $\delta'$ et du coefficient $k$.

**194.** Nous faisons subir à la quadrispinale une transformation polaire en prenant pour surface auxiliaire l'ellipsoïde

$$x^2 + y^2 + z^2 = \mathrm{R}^2.$$

Nous avons alors, en employant les notations des n° 4 et 114, et en ayant égard aux équations (5),

$$\gamma : \qquad u_1^2 = \frac{\mathrm{R}^4}{x_1^2}, \qquad\qquad v_2^2 = \frac{\mathrm{R}^4}{y_2^2},$$

$$\gamma' : \qquad w_1^2 = \frac{\mathrm{R}^4}{z_1^2}, \qquad\qquad u_2^2 = \frac{\mathrm{R}^4}{x_2^2},$$

$$\gamma'' : \qquad v_1^2 = \frac{\mathrm{R}^4(1-k)^2 x_1^2}{(k^2 x_1^2 - x_2^2) y_2^2}, \qquad w_2^2 = -\frac{\mathrm{R}^4(1-k)^2 x_2^2}{(k^2 x_1^2 - x_2^2) z_1^2}.$$

Eu égard aux définitions que nous avons données du coefficient $k$ pour la quadrispinale au n° 4, et pour la quadricuspidale au n° 115, cette quantité ne change pas de valeur dans la transformation que nous opérons.

D'après cela, en introduisant les valeurs précédentes de $u_1^2$, $u_2^2$, ..., dans les équations (83) du n° 138, nous avons pour déterminer les paramètres des trinodales de la quadricuspidale, les équations suivantes :

$$\varphi : \quad p_1^2 = \frac{R^4}{k^2 x_1^2}, \qquad q_2^2 = \left(\frac{1-k}{k}\right)^2 \frac{R^4}{y_2^2},$$

$$\varphi' : \quad r_1^2 = (1-k)^2 \frac{R^4}{z_1^2}, \qquad p_2^2 = \frac{k^2 R^4}{x_2^2},$$

$$\varphi'' : \quad q_1^2 = \frac{k^2 R^4 x_1^2}{(k^2 x_1^2 - x_2^2) y_2^2}, \qquad r_2^2 = -\frac{R^4 x_2^2}{(k^2 x_1^2 - x_2^2) z_1^2}.$$

Les formules (111) du n° 176 nous permettent maintenant d'obtenir les paramètres des trilatérales de la quadrispinale

$$(122) \quad \begin{cases} \psi : \quad f_1^2 = k^2 x_1^2, \qquad g_2^2 = \left(\frac{k}{1-k}\right)^2 y_2^2, \\[2mm] \psi' : \quad h_1^2 = \frac{z_1^2}{(1-k)^2}, \qquad f_2^2 = \frac{x_2^2}{k^2}, \\[2mm] \psi'' : \quad g_1^2 = \frac{(k^2 x_1^2 - x_2^2) y_2^2}{k^2 x_1^2}, \qquad h_2^2 = -\frac{(k^2 x_1^2 - x_2^2) z_1^2}{x_2^2}. \end{cases}$$

On peut considérer la surface comme déterminée par les trilatérales $\psi$, $\psi'$ et le coefficient $k$. On obtient alors les paramètres de $\psi''$ par les deux dernières équations (122) desquelles on fait disparaître $x_1$, $x_2$, $y_2$ et $z_1$ à l'aide des premières

$$(123) \quad \begin{cases} g_1^2 = \left(\frac{1-k}{k}\right)^2 \frac{f_1^2 - k^2 f_2^2}{f_1^2} g_2^2, \\[2mm] h_2^2 = -\left(\frac{1-k}{k}\right)^2 \frac{f_1^2 - k^2 f_2^2}{f_2^2} h_1^2. \end{cases}$$

**195.** On parvient aux formules (122) par des considérations directes très-simples.

La trilatérale $\psi$ est l'enveloppe des projections des génératrices de la quadrispinale sur le plan des $yz$ ; or, quand la génératrice $DD''$ (*fig.* 2, p. 16) se déplace, le point D s'avançant sur $\delta$ d'un côté ou de l'autre, la projection $DA'''$ pivote autour de L ; l'enveloppe des projections des génératrices a donc en ce point un rebroussement ; l'abscisse $A'''L$ est le paramètre $f_1$, et on a $f_1 = kx_1$.

En appliquant les mêmes considérations aux autres points de rebroussement, et faisant intervenir les coefficients déterminés au n° **6**, on obtient les autres formules (122).

**196.** On déduit des équations (122), en ayant d'ailleurs égard aux relations (5) et (7),

$$(124) \qquad f_1^2 g_1^2 h_1^2 = x_1^2 y_1^2 z_1^2, \quad f_2^2 g_2^2 h_2^2 = x_2^2 y_2^2 z_2^2,$$

$$(125) \qquad\qquad f_1^2 g_1^2 h_1^2 = -f_2^2 g_2^2 h_2^2;$$

$$(126) \quad f_1^2 f_2^2 = x_1^2 x_2^2, \quad g_1^2 g_2^2 = y_1^2 y_2^2, \quad h_1^2 h_2^2 = z_1^2 z_2^2.$$

En raisonnant comme au n° **8**, on reconnaît que la condition exprimée par l'équation (125) consiste en ce que *les six génératrices de rebroussement, le long desquelles trois cônes sont touchés par le plan du tétraèdre qui contient leurs sommets, coupent les arêtes respectivement opposées à ces sommets en six points situés trois à trois sur quatre droites. Ajoutons que les six génératrices de rebroussement qui appartiennent à une même face du tétraèdre se coupent trois par trois en quatre points qui sont ceux où leur plan touche la quadrispinale* (29). Cette dernière proposition est corrélative de celle que nous avons établie au n° **138**.

**197.** L'équation (125) est la seule relation nécessaire

entre les paramètres des trilatérales $\psi$, $\psi'$, $\psi''$; par conséquent, *quand les pyramides de symétrie de trois cônes trilaté-*
*raux harmoniques appartiennent à un même tétraèdre, pour*
*que ces cônes soient doublement circonscrits à une quadrispi-*
*nale, il suffit que les six droites suivant lesquelles ils touchent*
*le plan qui contient leurs sommets se coupent trois par trois*
*en quatre points.*

*Quand ces conditions sont satisfaites, les trois cônes ont*
*toutes leurs génératrices doublement tangentes à quatre qua-*
*drispinales qui sont doublement inscrites dans un quatrième*
*cône trilatéral harmonique.*

*Toute quadrispinale est ainsi associée à trois autres surfaces*
*du même genre dont une au moins est réelle (144).*

**198.** Les équations $(122)$ montrent que les longueurs $f_1^2$
et $x_1^2$, $g_2^2$ et $y_2^2$ sont de même signe. Il en résulte que *la tri-*
*latérale $\psi$ a des rebroussements réels sur les côtés du triangle*
*de symétrie qui rencontrent la conique $\delta$, et des rebroussements*
*imaginaires sur celui qui ne la coupe pas.*

L'élimination de $k$ entre les deux premières équations $(122)$ donne

$$g_2 x_1 \pm f_1 y_2 \pm f_1 g_2 = 0.$$

Si $\delta$ est une ellipse, la trilatérale a sur les axes coordonnés des rebroussements réels, et l'équation que nous
venons de trouver exprime que le parallélogramme circonscrit à $\delta$, et dont les côtés sont deux à deux parallèles aux
axes, a chacun de ses sommets sur une droite passant par
deux points de rebroussement de la trilatérale.

Généralisant ce résultat, nous avons le théorème suivant :

*Les tangentes de la conique $\delta$ aux points où elle est rencon-*
*trée par les côtés du triangle de symétrie qui se croisent dans*
*son intérieur, forment un quadrilatère dont chaque sommet*

*est en ligne droite avec deux points de rebroussement de la trilatérale* $\psi$.

### COURBE GAUCHE TÉTRAÉDRALE SYMÉTRIQUE D'EXPOSANT $\frac{2}{3}$.

**199.** Considérons deux cônes trilatéraux harmoniques tels, que leurs pyramides de symétrie aient deux plans communs $P''$, $P'''$; appelons $P$, $P'$ leurs plans non communs; faisons une transformation homologique qui éloigne $P'''$ à l'infini, et prenons $P$, $P'$, $P''$ pour plans coordonnés : les cônes trilatéraux deviennent des cylindres, et nous pouvons les représenter par les équations

$$(a) \qquad \left(\frac{x}{f}\right)^{\frac{2}{3}} + \left(\frac{y}{g}\right)^{\frac{2}{3}} = 1, \quad \left(\frac{z}{h}\right)^{\frac{2}{3}} + \left(\frac{x}{f'}\right)^{\frac{2}{3}} = 1.$$

L'élimination de $x$ donne

$$(b) \qquad \left(\frac{y}{g}\right)^{\frac{2}{3}} - \left(\frac{f'z}{fh}\right)^{\frac{2}{3}} = 1 - \left(\frac{f'}{f}\right)^{\frac{2}{3}}.$$

Cette équation représente sur le plan des $yz$ trois trilatérales, car la quantité constante qui forme le second membre a trois valeurs différentes. L'intersection des deux cônes se divise ainsi en trois courbes distinctes. Chacune d'elles appartient à un troisième cône trilatéral harmonique, et par suite à un quatrième (164).

*Lorsque les pyramides de symétrie de trois cônes trilatéraux harmoniques ont deux plans communs, l'intersection des cônes se compose de trois courbes dont chacune appartient à deux autres cônes trilatéraux harmoniques. Les quatre cônes qui se coupent suivant une même courbe sont tels, que les arêtes de la pyramide de symétrie de l'un quelconque d'entre eux passent respectivement par les sommets des trois autres. Les douze plans des quatre pyramides de symétrie coïncident ainsi* trois à trois, et forment pour chacun des cônes un *tétraèdre de symétrie*.

Il existe une grande analogie entre la ligne que nous venons de considérer et celle que nous avons étudiée aux n$^{os}$ 163-166. Nous l'appellerons, comme celle-ci, *courbe gauche tétraédrale symétrique*, et nous la distinguerons par l'exposant des variables dans son équation. Nous dirons en conséquence qu'elle a pour *exposant* $\frac{2}{3}$, et que l'exposant de la première est — 2.

Deux des valeurs du second membre de l'équation $(b)$ sont essentiellement imaginaires, et par suite deux des courbes d'intersection sont imaginaires. La troisième peut être réelle; c'est de celle-là que nous nous occuperons spécialement.

200. Deux cônes trilatéraux harmoniques, dont les pyramides de symétrie ont deux plans communs, sont corrélatifs de deux trinodales harmoniques telles, que deux points doubles de la première coïncident avec deux points doubles de la seconde. Les trois courbes qui forment l'intersection des cônes sont corrélatives des trois quadricuspidales dans lesquelles se décompose la développable circonscrite à deux trinodales (142). Les deux cônes étant du sixième ordre, leur intersection est du trente-sixième, et chacune des trois courbes tétraédrales du douzième. Nous voyons ainsi que *la courbe gauche tétraédrale symétrique d'exposant* $\frac{2}{3}$ *est une ligne du douzième ordre corrélative de la quadricuspidale développable, et par conséquent arête de rebroussement de la quadrispinale développable* (*).

---

(*) Nous avons déjà dit (n° 31) que l'arête de rebroussement de la quadispinale développable était une courbe du douzième ordre.

## CÔNES TRILATÉRAUX HARMONIQUES DE LA QUADRISPINALE DÉVELOPPABLE.

**201.** *Quand les rayons homologues des faisceaux sur les plans* P′ *et* P (191) *sont les polaires d'un même plan passant par la droite* P″P‴, *par rapport aux cônes* $\psi$ *et* $\psi'$ (190), *la quadrispinale devient développable; elle se confond alors avec une des trois quadrispinales qui lui sont associées* (197).

En portant dans l'équation (21) du n° 25 les valeurs de $x_1^2$ et de $x_2^2$ déduites des relations (122), on trouve que la condition pour qu'une quadrispinale soit développable peut être exprimée par l'équation

$$(127) \qquad\qquad f_1^2 - k^3 f_2^2 = 0.$$

Les trois valeurs de $k$ données par cette équation correspondent aux trois quadrispinales développables dont les arêtes de rebroussement sont les courbes gauches tétraédrales symétriques d'exposant $\frac{2}{3}$ qui composent l'intersection complète des cônes $\psi$ et $\psi'$ (200).

**202.** Si l'on élimine $k$ entre l'équation précédente et l'une des équations (123), on obtient une relation à laquelle doivent satisfaire les paramètres des trilatérales $\psi$, $\psi'$, $\psi''$ d'une quadrispinale développable. Le calcul se conduit comme celui du n° 143; on trouve :

$$(128) \qquad \begin{cases} \left(\dfrac{f_2}{f_1}\right)^{\frac{2}{3}} + \left(\dfrac{g_1}{g_2}\right)^{\frac{2}{3}} = 1, \\[2ex] \left(\dfrac{h_2}{h_1}\right)^{\frac{2}{3}} + \left(\dfrac{f_1}{f_2}\right)^{\frac{2}{3}} = 1, \\[2ex] \left(\dfrac{g_2}{g_1}\right)^{\frac{2}{3}} + \left(\dfrac{h_1}{h_2}\right)^{\frac{2}{3}} = 1. \end{cases}$$

Deux quelconques de ces équations sont la conséquence de la troisième et de la formule (125). On peut les déduire toutes les trois des équations (92) par les relations (111).

On parvient directement aux équations (128) en exprimant que les trois cylindres (121) passent par une même courbe.

Les relations (128) étant satisfaites, les équations (121) représentent l'arête de rebroussement de la quadrispinale développable.

Pour avoir les équations de cette arête, en fonction des paramètres des coniques $\eth$, $\eth'$, il faut donner à $f_1$, $h_1$,... les valeurs (122) après y avoir remplacé $k$ par $\dfrac{x_2^2}{x_1^2}$ (25). On trouve

$$(129)\quad \begin{cases} \left(\dfrac{x_1\,x}{x_2^2}\right)^{\frac{2}{3}} + \left(\dfrac{x_1^2 - x_2^2}{x_2^2}\cdot\dfrac{y}{y_2}\right)^{\frac{2}{3}} = 1, \\[2em] \left(\dfrac{x_2^2 - x_1^2}{x_1^2}\cdot\dfrac{z}{z_1}\right)^{\frac{2}{3}} + \left(\dfrac{x_2\,x}{x_1^2}\right)^{\frac{2}{3}} = 1. \end{cases}$$

**203.** *La développable doublement circonscrite à une quadrispinale comprend quatre cônes trilatéraux harmoniques* $\psi$, $\psi'$, $\psi''$, $\psi'''$ *et une quadrispinale développable* (132, 75).

### DÉVELOPPABLE CIRCONSCRITE À UNE QUADRISPINALE LE LONG D'UNE CONIQUE DOUBLE.

**204.** *La développable circonscrite à une quadrispinale gauche le long d'une conique double est de la huitième classe; elle a quatre plans doublement tangents qui passent par le sommet du tétraèdre opposé à la face sur laquelle est la conique. Ces plans touchent le cône trilatéral qui a son sommet à leur point d'intersection; ils se coupent deux à deux sur les faces de la pyramide de symétrie du cône* (149).

Une partie de ce théorème peut être établie par des considérations très-simples. La tangente à $\delta$, au point dont l'abscisse est $\lambda$, coupe l'axe des $x$ à une distance de l'origine égale à $\dfrac{x_1^2}{\lambda}$, de sorte que si l'on a $\dfrac{x_1^2}{\lambda} = k\lambda$, les deux génératrices qui passent par le point considéré de la courbe seront projetées sur la tangente, et le plan projetant sera doublement tangent à la développable circonscrite. L'équation précédente détermine d'ailleurs deux valeurs de $\lambda$ et quatre points sur $\delta$.

## NOUVELLES PROPRIÉTÉS DES QUADRISPINALES CONJUGUÉES A UNE SÉRIE DE SURFACES DU SECOND ORDRE HOMOFOCALES.

205. Quand les axes des $x$ et des $y$ se coupent à angle droit, la trilatérale $\psi$ est la développée d'une conique. Il est intéressant de rechercher si elle peut être la développée de $\delta$.

Lorsqu'on remplace dans les équations (118) $a$, $b$ par $x_1$, $y_2$ et $f$, $g$ par les valeurs (122) de $f_1$ et de $g_2$, elles donnent l'une et l'autre

$$(130) \qquad k = \frac{x_1^2 - y_2^2}{x_1^2}.$$

Quand cette relation est satisfaite, et que les axes sont rectangulaires, les projections des génératrices de la quadrispinale sont normales à la conique $\delta$.

On peut arriver à ce résultat d'une manière directe et facile. Si nous appelons $x'$ la distance à l'origine du point où l'axe des $x$ est rencontré par la normale de $\delta$ au point dont l'abscisse est $x$, nous aurons

$$\frac{x'}{x} = \frac{x_1^2 - y_2^2}{x_1^2}.$$

Lorsque $\frac{x'}{x}$ est égal à $k$, les normales sont les projections des génératrices, et si les plans coordonnés sont rectangulaires, les génératrices seront elles-mêmes normales à la conique $\partial$.

*Quand les coniques $\partial$ et $\partial'$ sont concentriques, que leurs plans sont rectangulaires, et que l'intersection PP' est un axe de chacune d'elles, si la génératrice est normale à $\partial$ en un autre point qu'en l'un de ses sommets, toutes les génératrices seront normales à cette courbe.*

*Lorsque $\partial$ et $\partial'$ ont les situations relatives qui viennent d'être indiquées, si une droite se meut de manière à les rencontrer toutes les deux, et de plus à être normale à l'une d'elles, elle engendrera une quadrispinale.*

206. D'après la formule (130), et eu égard aux coefficients déterminés au n° 6, la condition pour que les génératrices soient normales à $\partial'$ est

$$(131) \qquad \frac{1}{1-k} = \frac{z_1^2 - x_2^2}{z_1^2}.$$

Lorsque les cinq quantités $x_1^2$, $x_2^2$, $y_2^2$, $z_1^2$ et $k$, qui déterminent la quadrispinale, satisfont aux équations (130) et (131), les génératrices sont normales à $\partial$ et à $\partial'$ : nous allons démontrer qu'elles coupent alors normalement toutes les ellipsimbres de la surface.

207. Considérons une génératrice G, et menons par ses différents points des droites tangentes à la surface et perpendiculaires à G : elles formeront un paraboloïde de raccordement. Deux d'entre elles seront tangentes, l'une à $\partial$, l'autre à $\partial'$. Nous rappelons que ces deux coniques doivent être regardées comme représentant des ellipsimbres (15).

La génératrice G', infiniment voisine de G, appartient

comme celle-ci au paraboloïde. En conséquence et d'après les propriétés de cette surface et de la quadrispinale, les droites G et G′ sont divisées en parties proportionnelles par les ellipsimbres et par les génératrices du second système du paraboloïde; mais nous avons vu que deux de ces génératrices touchent respectivement $\delta$ et $\delta'$; elles sont donc toutes tangentes aux ellipsimbres, et la génératrice considérée qui leur est perpendiculaire à toutes coupe normalement ces courbes.

208. On peut dire d'une manière générale que *quand les génératrices d'une quadrispinale ayant une conique double à l'infini sont normales à deux des ellipsimbres de cette surface, elle sont normales à toutes.* Les quatre génératrices situées dans le plan P sont alors normales à $\delta'$, mais il en passe deux par chaque trace de $\delta'$ sur P. Ce plan coupe donc normalement $\delta'$. On voit ainsi que *dans la supposition que nous venons de faire les plans des trois coniques concentriques sont rectangulaires.*

209. Quand les génératrices d'une quadrispinale sont normales aux ellipsimbres, la considération du paraboloïde de raccordement défini au n° 207 montre que ces courbes divisent les génératrices en parties proportionnelles. L'un des plans du tétraèdre de symétrie est donc à l'infini (39).

Il résulte de ce qui précède que *la quadrispinale déterminée par deux coniques concentriques, situées dans des plans rectangulaires, ayant un axe commun en direction et dont les paramètres satisfont aux équations* (130) *et* (131), *a toutes ses génératrices normales aux ellipsimbres, et qu'aucune autre quadrispinale ne jouit de la même propriété.*

210. Pour déterminer la quadrispinale développable doublement circonscrite à la quadrispinale que nous considérons, il faut prendre les valeurs de $x_1^2$, $x_2^2$, $y_2^2$ et $z_1^2$

dans les équations (28) du n° 56, et les porter dans les formules (131) et (132).

On trouve

$$\mathrm{X}_2^2 + \mathrm{Y}_1^2 = 0, \quad \mathrm{X}_1^2 + \mathrm{Z}_2^2 = 0.$$

Cette quadrispinale développable est par conséquent circonscrite à une série de surfaces homofocales du second ordre (90).

*Dans les quadrispinales conjuguées à une série de surfaces du second ordre homofocales, les génératrices rectilignes sont normales aux ellipsimbres* (*).

*Toute quadrispinale dans laquelle les ellipsimbres sont les trajectoires orthogonales des génératrices est conjuguée à une série de surfaces homofocales du second ordre.*

211. Nous avons vu au n° 95 que deux quadrispinales ayant les mêmes coniques doubles ne peuvent pas être l'une et l'autre conjuguées à des surfaces homofocales du second ordre : ce résultat devient évident quand on considère les projections des génératrices sur l'un des plans coordonnés, car les tangentes à la développée d'une conique ne sont normales à cette courbe qu'en un point.

---

(*) On peut déduire de ce théorème la proposition suivante, énoncée par M. Moutard dans les *Nouvelles Annales de Mathématiques*, 1864 :

*L'arête de rebroussement de la surface développable circonscrite à deux surfaces homofocales du second ordre a pour projections, sur les trois plans principaux des deux surfaces, les développées des courbes focales.*

# CHAPITRE VI.

### PRINCIPALES VARIÉTÉS DE LA QUADRISPINALE ET DE LA QUADRICUSPIDALE.

---

### § I.

#### QUADRISPINALE AYANT UNE DIRECTRICE RECTILIGNE QUADRUPLE.

212. La première variété de la quadrispinale que nous examinerons est celle que l'on obtient lorsque le coefficient $k$ est égal à l'unité.

Presque toutes les formules que nous avons obtenues contiennent le binôme $(1 - k)$ en facteur dans plusieurs de leurs termes. Quand ce binôme s'anéantit, elles sont, en général, profondément modifiées, et même quelques-unes d'entre elles deviennent inapplicables, ainsi que nous en avons déjà fait la remarque (19).

La surface que nous allons considérer est plus générale que la quadrispinale limite précédemment étudiée (79-89), parce que dans cette dernière les directrices $\delta$ et $\delta'$ sont confondues en un segment de droite, tandis que nous supposerons que ces lignes restent de véritables coniques.

213. *Directrice rectiligne quadruple.* — Lorsqu'une quadrispinale a une conique à l'infini, son cône directeur est double (10); le plan dans lequel il se change, quand le coefficient $k$ devient égal à l'unité, est par conséquent quadruple.

On arrive au même résultat en remarquant que deux plans parallèles au plan des $yz$, et situés à une égale distance de l'origine, d'un côté et de l'autre, contiennent huit génératrices qui sont parallèles quatre à quatre.

*Dans le mode de génération de la quadrispinale exposé au n° 1, quand les divisions homographiques faites sur la droite A″A‴ se confondent, l'arête AA′ du tétraèdre de symétrie est une directrice quadruple qui représente les coniques δ″ et δ‴.*

214. La directrice rectiligne passe par les pôles A′ et A par rapport aux coniques δ et δ′ de la droite PP′ suivant laquelle se coupent les plans de ces courbes. La quadrispinale qui a une directrice quadruple n'est donc pas la surface réglée générale ayant pour directrices deux coniques et une droite.

Les quatre points cuspidaux ou sommets que la quadrispinale a généralement sur chacune des coniques δ″ et δ‴ (30) sont réunis deux par deux sur la directrice quadruple.

*Il existe sur la directrice quadruple quatre sommets qui sont deux à deux conjugués harmoniques des points A et A′. Par chaque sommet de l'un de ces deux couples passent deux génératrices situées sur le plan P″, par chaque sommet de l'autre deux génératrices sur le plan P‴.*

215. *Génératrices doubles de contact.* — Les deux droites qui sont parallèles à l'axe des $z$, et qui passent par les points où l'axe des abscisses coupe δ, appartiennent à la surface. Ce sont des génératrices doubles ou isolées, suivant que leurs points de rencontre avec δ′ sont réels ou imaginaires.

Le plan de δ contient également deux génératrices doubles.

Eu égard aux symétries de la surface, chacune des deux nappes auxquelles appartient une génératrice double admet le long de cette droite un plan tangent parallèle au plan des $yz$. Les deux nappes se touchent donc aux divers points de chaque génératrice double.

*Dans la variété que nous examinons, les rayons des faisceaux A et A′ (1) qui rencontrent respectivement $\delta$ et $\delta'$ sont des génératrices doubles de la surface. Deux nappes se touchent le long de chacune de ces droites.*

**216.** *Ellipsimbres.* — Suivant une remarque que nous avons présentée au n° 19, le coefficient $k'$ ne peut plus servir pour déterminer les différentes ellipsimbres. En portant dans les équations (11) la valeur (10) de $k'$, on obtient

$$\frac{x^2}{[1 - \varepsilon(1 - k)]^2 x_1^2} + \frac{y^2}{(1 - \varepsilon)^2 y_2^2} = 1,$$

$$\frac{k^2 x^2}{[1 - \varepsilon(1 - k)]^2 x_2^2} + \frac{z^2}{\varepsilon^2 z_1^2} = 1.$$

Faisant $k$ égal à $1$, on a

$$(132) \qquad \begin{cases} \dfrac{x^2}{x_1^2} + \dfrac{y^2}{(1 - \varepsilon)^2 y_2^2} = 1, \\[2ex] \dfrac{x^2}{x_2^2} + \dfrac{z^2}{\varepsilon^2 z_1^2} = 1. \end{cases}$$

Ces équations considérées isolément représentent des coniques respectivement tangentes à $\delta$ et à $\delta'$ aux points de ces courbes situés sur l'axe des abscisses. Nous voyons ainsi que chaque cylindre projetant d'une ellipsimbre est tangent à la surface le long de deux des quatre génératrices doubles (215).

Les équations (132) ne sont pas modifiées, la première quand on remplace $\varepsilon$ par $(2 - \varepsilon)$, la seconde quand on change le signe de $\varepsilon$. Il résulte de là que les ellipsimbres se projettent deux à deux suivant les mêmes coniques sur le plan de $\partial$ et sur celui de $\partial'$, mais que pour les deux projections les couples sont formés d'une manière différente.

*Les cônes du second ordre qui ont leur sommet au point A où au point A' (214), et qui touchent la surface le long de deux génératrices doubles, la coupent suivant deux ellipsimbres générales.*

**217. *Cônes trilatéraux harmoniques.*** — Lorsque l'on fait $k$ égal à l'unité dans les équations (122), le paramètre $g_2$ de la trilatérale $\psi$ devient infini, et cette courbe se réduit à deux droites parallèles à l'axe des $y$ et tangentes à $\partial$. Le cône doublement circonscrit $\psi$ est par conséquent remplacé par deux plans tangents à la surface le long des génératrices doubles qui passent par le point A (215). Il importe de remarquer que les droites dans lesquelles se décompose la trilatérale $\psi$ doivent être considérées comme triples, et que par conséquent les deux plans qui se substituent au cône sont également triples. Cette circonstance est facile à expliquer : une ligne située dans un des plans touche deux nappes de la surface en un même point d'une génératrice double, et a par suite avec la surface quatre points communs confondus en un seul. Il est d'ailleurs évident que ces points peuvent être pris deux à deux de trois manières différentes.

Les équations (122) montrent que $\psi'$ est décomposé comme $\psi$, mais que $\psi''$ est conservé ; il en est de même de $\psi'''$, car ce cône et $\psi''$ jouissent de propriétés symétriques.

**218.** On peut obtenir la surface par le mode de génération exposé au n° 191, en l'appliquant aux cônes $\psi''$ et $\psi'''$. Le coefficient $k$ étant égal à l'unité, on détermine les génératrices en prenant les intersections mutuelles des plans tangents menés aux cônes $\psi''$ et $\psi'''$ d'un même point de

P″P‴. Quatre génératrices passent ainsi par chaque point
de cette droite, ainsi que nous savons que cela doit être.

**219.** *Équation de la surface.* — On trouve l'équation de
la surface en éliminant entre les deux équations (132) la
constante $\varepsilon$ qui particularise l'ellipsimbre générale. Le calcul ne présente aucune difficulté. On obtient

$$(133)\begin{cases} \left(\dfrac{x^2}{x_1^2}+\dfrac{y^2}{y_2^2}-1\right)^2\left(\dfrac{x^2}{x_2^2}-1\right)^2 + \left(\dfrac{x^2}{x_2^2}+\dfrac{z^2}{z_1^2}-1\right)^2\left(\dfrac{x^2}{x_1^2}-1\right)^2 \\ -\left(\dfrac{x^2}{x_2^2}-1\right)^2\left(\dfrac{x^2}{x_1^2}-1\right)^2 - 2\left(\dfrac{x^2}{x_2^2}-1\right)\left(\dfrac{x^2}{x_1^2}-1\right)\dfrac{y^2 z^2}{y_2^2 z_1^2}=0. \end{cases}$$

Quand les courbes $\delta$ et $\delta'$ se coupent, $x_2$ est égal à $x_1$, et
l'équation (133) devient

$$(134)\qquad \left[\dfrac{x^2}{x_1^2}+\left(\dfrac{z_1 y \pm y_2 z}{y_2 z_1}\right)^2 - 1\right]\left(\dfrac{x^2}{x_1^2}-1\right)^2 = 0;$$

elle représente deux cylindres du second ordre et deux plans
que l'on doit considérer comme doubles.

Il serait facile de calculer l'équation de la quadrispinale
ayant une directrice quadruple, en fonction des paramètres
des cylindres trilatéraux. Nous ne nous arrêterons pas à
cette question.

## § II.

### QUADRICUSPIDALE AYANT UNE DIRECTRICE RECTILIGNE QUADRUPLE.

**220.** La surface corrélative de celle que nous venons
d'étudier est une quadricuspidale ayant une directrice rectiligne quadruple. Nous allons donner sur cette surface
plusieurs théorèmes obtenus par le principe de la dualité,
et nous établirons ensuite quelques propositions nouvelles.

*Dans le mode de génération exposé au* nº **101,** *quand*

*les faisceaux homographiques de plans se confondent, la droite PP′ est une directrice quadruple qui représente les cônes γ″ et γ‴ (213).*

*La quadricuspidale possède alors deux génératrices doubles de contact dans chacun des plans P et P′. Ces droites et la directrice quadruple représentent les trinodales φ et φ′ (215).*

*Les deux autres trinodales ne sont pas décomposées (217); elles peuvent servir à la génération de la surface par le mode exposé au n° 133. Pour cela les divisions homographiques faites sur l'intersection de leurs plans doivent être coïncidentes.*

**221.** *Deux plans passant par la directrice quadruple PP′ sont tangents à la surface chacun le long de deux génératrices qui se croisent au point A″. Ces plans sont conjugués harmoniques de P et de P′. Les génératrices de contact traversent la trinodale φ″ aux points limites de ses arcs utiles. Des circonstances analogues se présentent pour des génératrices passant au point A‴. La trinodale qu'elles rencontrent à ses points limites est φ‴ (214).*

*Toute conique située dans le plan P ou dans le plan P′ et qui touche γ ou γ′ aux points où ces courbes coupent l'arête PP′ est une ligne double de deux quadrispinales développables circonscrites à la quadricuspidale (216).*

**222.** Pour avoir l'équation des courbes gauches tétraédrales symétriques d'exposant — 2 tracées sur la surface (169), il faut la considérer comme déterminée par ses deux trinodales et prendre leurs plans pour plans des $xy$ et des $yz$. Ces directrices ne sont plus alors φ″ et φ‴, mais φ et φ′.

Nous posons, comme au n° 13,

$$k' = 1 - \varepsilon(1 - k);$$

nous portons cette valeur de $k'$ dans les équations (108),

et nous faisons ensuite $k$ égal à 1 ; on trouve

$$\frac{p_1^2}{x^2} + \frac{(1-\varepsilon)^2\, q_2^2}{y^2} = 1,$$

$$\frac{p_2^2}{x^2} + \frac{\varepsilon^2\, r_1^2}{z^2} = 1.$$

Ces équations considérées isolément représentent des trinodales harmoniques qui ont respectivement les mêmes asymptotes parallèles à l'axe des $y$ et à l'axe des $z$ que $\varphi$ et $\varphi'$. Les tétraédrales gauches sont donc asymptotes des génératrices projetées sur ces lignes. Plus généralement, *les quatre génératrices qui passent à un sommet du tétraèdre situé sur la directrice quadruple sont tangentes en ce point à toutes les courbes gauches tétraédrales symétriques d'exposant — 2 tracées sur la surface.*

**223.** En raisonnant comme à la fin du n° 216, on voit que *la quadricuspidale qui a une directrice quadruple est coupée suivant deux courbes gauches tétraédrales symétriques par une infinité de cônes trinodaux harmoniques. Ces cônes ont tous leur sommet à l'un ou à l'autre des sommets du tétraèdre situés sur la directrice quadruple.*

## § III.

### DÉCOMPOSITION DE LA QUADRISPINALE EN DEUX SURFACES DU QUATRIÈME ORDRE.

*Généralités. — Directrices rectilignes. — Génératrices doubles. — Coniques. — Cônes trilatéraux harmoniques.*

**224.** Si, conservant les coniques directrices $\partial$ et $\partial'$, on fait varier le coefficient $k$, la conique $\partial''$ se modifiera : l'équation (3) qui la représente montre qu'elle sera toujours concentrique et homothétique à elle-même. Elle se réduit à deux droites lorsque le coefficient $k$ a l'une des valeurs $+\dfrac{x_2}{x_1}$ et $-\dfrac{x_2}{x_1}$. On a aussi deux surfaces compagnes d'un genre particulier. Il nous suffira d'examiner l'une d'elles, celle qui correspond à la valeur $\dfrac{x_2}{x_1}$ de $k$,

$$(135) \qquad k = \frac{x_2}{x_1}.$$

Cette surface se décompose en deux autres du quatrième ordre ayant pour directrices $\partial$, $\partial'$ et respectivement les deux droites dont l'ensemble remplace $\partial''$. L'axe des abscisses est une génératrice double de chacune des deux surfaces, car les points où il rencontre les directrices $\partial$ et $\partial'$ sont deux à deux sur la même génératrice. Tout plan passant par cet axe coupe chaque surface du quatrième ordre suivant une conique.

225. Il est facile de vérifier par l'analyse les résultats que nous venons d'obtenir.

En introduisant dans les équations (11) et (12) des ellipsimbres la valeur (135) de $k$, on trouve

$$(136) \quad \begin{cases} \dfrac{x^2}{k^2 x_1^2} + \left( \dfrac{x_1 - x_2}{k' x_1 - x_2} \right)^2 \dfrac{y^2}{y_2^2} = 1, \\[2ex] \dfrac{x^2}{k'^2 x_1^2} + \left( \dfrac{x_1 - x_2}{1 - k'} \right)^2 \dfrac{z^2}{x_1^2 z_1^2} = 1, \\[2ex] \dfrac{y}{y_2} \pm \dfrac{(k' x_1 - x_2) z}{(1 - k') x_1 z_1} = 0. \end{cases}$$

Si l'on élimine $k'$ entre la troisième des équations qui précèdent et l'une des deux premières, on trouve que la surface lieu des ellipsimbres est représentée par deux équations du quatrième degré,

$$(137) \quad \begin{cases} [z_1^2 y_2^2 x^2 + (x_1 z_1 y \mp x_2 y_2 z)^2](z_1 y \mp y_2 z)^2 \\ \qquad = z_1^2 y_2^2 (x_1 z_1 y \mp x_2 y_2 z)^2. \end{cases}$$

Pour accommoder ces diverses équations au cas où le coefficient $k$ a la valeur $-\dfrac{x_2}{x_1}$, il suffit de changer le signe de l'une des deux quantités $x_2$ et $x_1$.

226. Quand $x$ est nul, l'équation (137) se subdivise en deux,

$$(137) \qquad (x_1 z_1 y \mp x_2 y_2 z)^2 = 0,$$
$$(z_1 y \mp y_2 z)^2 - z_1^2 y_2^2 = 0.$$

La seconde représente quatre génératrices qui appartiennent deux à deux aux deux surfaces; la première est celle de la directrice rectiligne. Nous aurions pu la déduire de l'équation (3), mais nous n'aurions pas été assuré de la concordance des signes.

227. Quand on attribue une valeur constante au binôme $(z_1 y \mp y_2 z)$, l'équation (137) se divise en deux autres du premier degré. Il résulte de là que les génératrices des deux surfaces sont respectivement parallèles aux plans représentés par les équations

$$(139) \qquad z_1 y \mp y_2 z = 0.$$

On arrive au même résultat en portant la valeur (135) de $k$ dans l'équation (8) du cône directeur.

Nous voyons que les surfaces du quatrième ordre, dans lesquelles se décompose la quadrispinale transformée, sont des conoïdes obliques circonscrits à une conique. Les courbes du second ordre suivant lesquelles un conoïde est coupé par un plan contenant l'axe des abscisses représentent des ellipsimbres, et divisent par conséquent les génératrices en parties proportionnelles (14); deux quelconques d'entre elles peuvent être prises, au lieu de $\delta$ et $\delta'$, pour directrices de la surface considérée isolément.

228. *Dans le mode de génération exposé au* $n^o$ **1,** *quand les*

points D, D, et D', D',, où les coniques $\delta$ et $\delta'$ rencontrent la droite PP', sont homologues dans les divisions homographiques formées sur cette ligne, les coniques $\delta''$ et $\delta'''$ se décomposent chacune en deux droites, et la quadrispinale en deux surfaces gauches du quatrième ordre auxquelles ces droites appartiennent respectivement comme directrices rectilignes doubles.

La droite PP' est une génératrice double pour chacune des deux surfaces du quatrième ordre. Tout plan qui la contient coupe leur système suivant deux coniques pour lesquelles les points A'' et A''', où les directrices rectilignes rencontrent la droite PP', sont deux points conjugués.

Deux quelconques des coniques ainsi obtenues dans une des surfaces peuvent être prises pour directrices de cette surface considérée isolément.

Le lieu des pôles de la génératrice double, par rapport à toutes les coniques d'une même surface, est une droite AA' qui rencontre les deux directrices rectilignes.

229. Les équations (122) montrent que les trilatérales $\psi$ et $\psi'$ sont conservées; il résulte de là que *tout point de la droite lieu des pôles des coniques* (228) *est le sommet d'un cône trilatéral harmonique circonscrit à la surface.* Si l'on considérait les deux surfaces du quatrième ordre qui forment la quadrispinale, le cône serait doublement circonscrit.

L'un des plans de la pyramide de symétrie d'un cône trilatéral est celui qui contient son sommet et la génératrice double; les deux autres sont P'' et P'''.

On peut considérer la surface comme engendrée par une droite assujettie à toucher un cône trilatéral harmonique et à rencontrer deux droites respectivement situées dans deux plans de la pyramide de symétrie de ce cône.

230. La surface a trois droites doubles, une génératrice et deux directrices. Il résulte de là que sa section par un plan quelconque est une courbe du quatrième ordre à trois

points doubles. Il existe une série de plans dont les sections sont des trinodales harmoniques. Pour démontrer ce théorème nous rapporterons la surface à de nouveaux axes.

Nous conservons celui des abscisses, et nous prenons pour axes des $y$ et des $z$ la directrice rectiligne qui passe par l'origine, et l'intersection du plan directeur par le plan des $yz$. Nous supposons, d'ailleurs, pour simplifier les calculs et le résultat, que les premiers axes sont rectangulaires, ce qui ne diminue en rien la généralité de la surface, puisque nous admettons les transformations homographiques.

On trouve que la nouvelle équation de la surface est

$$\frac{x_1^2 z_1^2 + x_2^2 y_2^2}{(x_1 - x_2)^2 z'^2} - \frac{x^2(y_2^2 + z_1^2)}{(x_1 - x_2)^2 y'^2} = 1.$$

Les coordonnées variables sont $x$, $y'$ et $z'$.

Si dans cette équation on attribue à $x$ une valeur constante, on a une trinodale harmonique.

*Tout plan passant par la ligne des pôles par rapport aux coniques (228) coupe la surface suivant une trinodale harmonique.*

On voit enfin que *la surface peut être engendrée par une droite assujettie à rencontrer une trinodale harmonique et deux directrices rectilignes qui passent respectivement par les points doubles de la trinodale.*

Ce théorème, rapproché de celui que nous avons établi au numéro précédent, montre que *la surface du quatrième ordre que nous étudions a pour corrélative une surface de même définition.*

*Séries conjuguées de couples de surfaces réglées du quatrième ordre et de surfaces du second ordre.*

231. Une série de quadrispinales est déterminée par les quatre quantités $X_1^2$, $X_2^2$, $Y_1^2$ et $Z_2^2$ (56); quand les deux

premières sont égales, les équations (28) qui donnent les paramètres des quadrispinales deviennent

$$(140) \quad \begin{cases} \delta : & x_1^2 = \dfrac{X_1^2}{k}, \qquad y_2^2 = -\dfrac{1-k}{k} Y_1^2, \\[2mm] \delta' : & z_1^2 = (1-k) Z_2^2, \quad x_2^2 = k X_1^2. \end{cases}$$

Le rapport de $x_2$ à $x_1$ est égal à $\pm k$, et par suite chaque quadrispinale se décompose en deux conoïdes du quatrième ordre.

L'équation (138) des deux droites qui remplacent $\delta''$ devient

$$\delta'' : \qquad Z_2^2 y^2 + k Y_1^2 z^2 = 0.$$

Si l'on a deux conoïdes représentant une quadrispinale, on obtiendra les paramètres $X_1$, $X_2$,..., en portant la valeur (135) de $k$ dans les équations (25); on trouve

$$(141) \quad \begin{cases} \Delta : & X_1^2 = x_1 x_2, \qquad\qquad Y_2^2 = 0, \\[2mm] \Delta' : & Z_1^2 = 0, \qquad\qquad X_2^2 = x_1 x_2, \\[2mm] \delta'' : & Y_1^2 = -\dfrac{x_2}{x_1 - x_2} y_2^2, \quad Z_2^2 = \dfrac{x_1}{x_1 - x_2} z_1^2. \end{cases}$$

Les coniques $\Delta$, $\Delta'$ se réduisent à un même segment de l'axe des abscisses.

232. La développable qui fait partie du système est circonscrite à $\Delta$ et à $\Delta''$, c'est-à-dire à un segment de l'axe des abscisses et à une conique dont le centre est à l'origine; elle se compose donc : $1^o$ de deux cônes ayant leurs sommets aux extrémités du segment et $\Delta''$ pour directrice; $2^o$ des plans passant respectivement par les asymptotes de $\Delta''$ et par l'axe des abscisses. Chaque plan doit être pris deux fois, car l'axe est une ligne double, parce qu'il représente une conique aplatie.

233. Les plans que nous venons de définir doivent être

considérés comme tangents à tous les conoïdes, parce qu'ils contiennent l'axe des abscisses qui est une ligne double de chacun d'eux. Ils appartiennent d'ailleurs à la série des conoïdes et représentent une surface limite (80), car lorsque $k$ est égal à l'unité, les abscisses $x_1$ et $x_2$ sont égales et les équations (138) et (139) deviennent identiques : les directrices rectilignes des deux surfaces sont alors respectivement dans les plans directeurs, et ces plans résument en eux les surfaces.

L'équation (44) détermine les deux plans lorsque l'on y suppose $X_1$ égal à $X_2$.

Les génératrices des cônes (232) sont tangentes aux coniques, parce qu'elles remplacent les ellipsimbres (75). Il serait facile d'établir directement ce théorème.

234. Les conoïdes étant du quatrième ordre sont de la quatrième classe, et le cône circonscrit à l'un d'eux est en général de la quatrième classe, mais il s'abaisse à la troisième quand son sommet est sur une génératrice ordinaire, et à la seconde quand ce point appartient à la génératrice double.

Il suit de là que tout point situé sur l'axe des abscisses est le sommet d'une infinité de cônes du second ordre respectivement circonscrits aux conoïdes du système. Les points dont l'abscisse est $+X_1$ et $-X_1$ ont cela de remarquable que les cônes circonscrits, dont chacun d'eux est le sommet, se confondent en un seul, de sorte que tous les conoïdes sont inscrits dans deux mêmes cônes.

235. La conique $\Delta''$, trace commune des deux cônes sur le plan des $yz$, doit être l'enveloppe des coniques aplaties que représentent les segments utiles et doubles des directrices rectilignes des conoïdes. Il est intéressant de vérifier cette proposition.

Si pour une quelconque des coniques nous appelons $y$ et $z$ les coordonnées de l'extrémité du diamètre situé dans le plan des $yz$, nous aurons, en vertu des équations (136) et (140),

$$y^2 = -\frac{(k'-k)^2}{k(1-k)}\, Y_1^2, \quad z^2 = \frac{(1-k')^2}{(1-k)}\, Z_2^2.$$

Pour que la conique se réduise à une droite située dans le plan des $yz$, il faut que $k'$ soit nul. On a alors

$$y^2 = -\frac{k}{1-k}\, Y_1^2, \quad z^2 = \frac{Z_2^2}{1-k},$$

L'élimination de $k$ donne le lieu des extrémités des segments utiles des directrices : on trouve l'équation de $\Delta''$

$$\frac{y^2}{Y_1^2} + \frac{z^2}{Z_2^2} = 1.$$

236. L'intersection de chaque hyperboloïde conjugué avec un conoïde se compose de deux coniques et de quatre génératrices. Si l'on considère simultanément les deux conoïdes dont les directrices rectilignes sont données par une même équation (138), leur ensemble sera coupé par un hyperboloïde suivant quatre coniques représentant deux ellipsimbres, et huit droites qui se rencontrent deux à deux en des points des directrices rectilignes et des coniques $\partial$, $\partial'$ communes aux deux conoïdes.

237. $X_1^2$ et $X_2^2$ étant égaux (233), l'équation (33) des hyperboloïdes conjugués devient

$$(142) \qquad \frac{x^2}{a^2} + \frac{X_1^2}{X_1^2-a^2}\left(\frac{y^2}{Y_1^2} + \frac{z^2}{Z_2^2}\right) = 1,$$

ou bien, en ordonnant par rapport à $a^2$,

$$a^4 + \left[\left(\frac{y^2}{Y_1^2} + \frac{z^2}{Z_2^2}\right)X_1^2 - X_1^2 - x^2\right]a^2 + X_1^2 x^2 = 0.$$

L'équation de l'enveloppe des surfaces du second ordre est par conséquent

$$\left[\left(\frac{y^2}{Y_1^2} + \frac{z^2}{Z_2^2}\right) X_1^2 - X_1^2 - x^2\right]^2 - 4\,X_1^2\,x^2 = 0.$$

Réduisant, on trouve

$$\left(\frac{x}{X_1} \pm 1\right)^2 = \frac{y^2}{Y_1^2} + \frac{z^2}{Z_2^2}.$$

Ce sont encore nos deux cônes (**232**).

*Les hyperboloïdes et les conoïdes sont inscrits dans deux mêmes cônes du second ordre homothétiques.*

L'équation (142) montre que les sections des hyperboloïdes conjugués, par des plans parallèles à celui de la conique $\Delta''$ commune aux deux cônes, sont homothétiques entre elles et avec cette courbe.

**238.** On voit par les équations (136) que les coniques d'un même conoïde sont toutes du même genre, et que, quand ce sont des hyperboles, l'axe des abscisses est transverse ou non transverse pour toutes. Si ces conditions n'étaient pas remplies pour les coniques $\delta$ et $\delta'$, la surface serait imaginaire. On peut le reconnaître par l'équation (137).

Quand l'axe des abscisses ne rencontre pas les coniques directrices, il est une génératrice isolée de chaque conoïde.

En général, dans nos équations, les demi-diamètres portent le double signe, mais il y a exception dans ce paragraphe pour les longueurs $x_1$ et $x_2$ parce qu'elles existent au premier degré dans l'équation (135). $x_1$ et $x_2$ sont les abscisses de deux points homologues dans les divisions proportionnelles faites sur l'axe des $x$.

Quand $x_1$ et $x_2$ sont réels et de signes contraires, $X_1$ est imaginaire et les cônes n'existent plus. Ainsi, la quadrispinale se décompose en deux conoïdes lorsque $k$ est égal à $+\dfrac{x_2}{x_1}$ ou à $-\dfrac{x_2}{x_1}$. Les cônes sont réels dans un cas et imaginaires dans l'autre.

239. Nous devons maintenant généraliser les résultats que nous avons obtenus depuis le n° 231. Nous conservons les notations des n°ˢ 1, 2 et 228.

*Les deux surfaces du quatrième ordre ayant deux directrices rectilignes, dans lesquelles une quadrispinale peut se décomposer, sont coupées suivant quatre coniques et huit génératrices par une infinité de surfaces du second ordre inscrites dans deux cônes du même ordre dont les sommets sont les points qui divisent harmoniquement les segments $DD'$ et $D_1 D'_1$.*

*Une infinité de surfaces gauches du quatrième ordre de même définition que les premières sont inscrites dans les deux cônes. Ces surfaces ont toutes leur génératrice double confondue avec la droite $PP'$; leurs deux directrices rectilignes sont respectivement situées sur les plans $P''$, $P'''$ et passent respectivement par les points $A'''$, $A''$. Les surfaces conjuguées du second ordre coupent chacune de ces surfaces du quatrième ordre suivant deux coniques et quatre droites.*

*L'intersection des deux cônes se compose de deux coniques respectivement situées sur les plans $P''$ et $P'''$. Chacune de ces deux courbes est le lieu des extrémités des segments utiles des directrices rectilignes qui sont sur son plan.*

*Les cônes ont deux points de contact sur la droite $AA'$. Toutes les surfaces du second ordre du système leur sont tangentes en ces points.*

*Les droites qui vont du sommet $A''$ ou du sommet $A'''$ aux points de contact des cônes sont conjuguées harmoniques des droites $A''A$ et $A''A'$ ou $A'''A$ et $A'''A'$.*

*Les surfaces du quatrième ordre n'existent réellement que quand les rencontres des coniques directrices avec la droite d'intersection de leurs plans, et avec l'une quelconque des faces P″, P‴ du tétraèdre, sont réelles pour les deux ou imaginaires pour les deux.*

*Quand les points homologues D et D′ d'une part, $D_1$ et $D_1′$ de l'autre, ne sont pas situés sur le même segment de la droite PP′ par rapport aux sommets A″ et A‴, les cônes circonscrits sont imaginaires.*

## § IV.

### DÉCOMPOSITION DE LA QUADRICUSPIDALE EN DEUX SURFACES RÉGLÉES DU QUATRIÈME ORDRE.

**240.** Les principes de la dualité montrent que la quadricuspidale peut se décomposer en deux surfaces du quatrième ordre. Chacune d'elles, considérée isolément, est identique avec celle que nous venons d'étudier et qui résulte de la décomposition de la quadrispinale (230).

Nous nous bornerons, pour ce qui concerne l'ensemble des deux surfaces, à présenter quelques observations sur les quadricuspidales associées.

La quadrispinale se décompose en deux surfaces du quatrième ordre, lorsque l'on a $kx_1 = \pm x_2$; mais alors, d'après les équations du n° 194, on a

$$k = \pm \frac{p_2}{p_1}.$$

Eu égard aux résultats obtenus au n° 147, les deux quadricuspidales déterminées par ces valeurs de $k$ ont les mêmes trinodales harmoniques directrices, et les deux surfaces qui leur sont associées ont l'unité pour coefficient de génération. Ces surfaces sont, par conséquent, réunies en une seule quadricuspidale ayant une directrice rectiligne quadruple (213).

## § V.

### INDICATION SOMMAIRE DE QUELQUES VARIÉTÉS DE LA QUADRISPINALE.

**241. QUADRISPINALE N'AYANT QUE DEUX CONIQUES DOUBLES RÉELLES.** — *Lorsque les coniques $\delta$, $\delta'$ coupent la droite PP' en des points réels et alternes, les points A'', A''' deviennent imaginaires, les plans P'', P''' n'ont de réel que leur intersection AA', et deux des quatre coniques doubles de la quadrispinale sont imaginaires.*

*Toutes les quadrispinales conjuguées n'ont également que deux coniques doubles réelles.*

**242. QUADRISPINALE IMAGINAIRE.** — *Quand les rayons du faisceau A' qui rencontrent $\delta$ en des points réels ont pour homologues, dans le faisceau A, des rayons qui ne coupent pas $\delta'$, la quadrispinale est imaginaire.* Nous avons vu, au n° 89, qu'une partie des quadrispinales d'un système étaient, en général, imaginaires.

**243. DÉCOMPOSITION DE LA QUADRISPINALE EN UNE SURFACE DU SIXIÈME ORDRE ET UN PLAN DOUBLE.** — Lorsque la conique $\delta'$ est tangente au plan P, le point de contact est à la fois un point double A'' des divisions homographiques faites sur PP' et le pôle A de cette droite par rapport à $\delta'$. Il appartient à tous les rayons du faisceau A, et les droites qui le joignent aux différents points de $\delta$ sont des génératrices. Comme d'ailleurs une droite située dans le plan P rencontre deux fois $\delta$, nous voyons que la quadrispinale se décompose en une surface du sixième ordre et deux fois le plan P.

Le rayon du faisceau A' homologue au rayon du faisceau A, qui se confond avec PP', coupe $\delta$ en deux points lesquels, joints au point de contact A, donnent deux génératrices de la surface du sixième ordre. Le plan P touche la surface le long de ces droites, car la génératrice reste dans ce plan quand elle passe de l'une des deux positions que nous considérons à la position suivante.

La section de la surface du sixième ordre par le plan P comprend ainsi la conique $\delta$ et quatre génératrices qui se confondent deux à deux.

La surface du sixième ordre possède deux coniques doubles : l'une est $\delta'$ ; l'autre $\delta''$ se trouve dans le plan déterminé par le point A' et par la polaire, par rapport à $\delta'$, du second point double A''' de la division homographique faite sur PP'.

La surface peut être déterminée par les coniques $\delta$ et $\delta'''$ ; cette dernière est donc comme $\delta'$ tangente au plan P, et par suite à la droite AA'. Il est d'ailleurs facile de voir que son point de contact est en A, car les points A, A', A''' sont conjugués par rapport à $\delta$. Quand la conique $\delta''$ remplace $\delta'$ comme directrice, la droite AA' joue le rôle qu'avait précédemment A''A''', le point A''' devient le centre du faisceau tracé sur le plan P, mais le point A'' ne change pas.

La surface peut aussi être déterminée par les coniques $\delta'$ et $\delta''$. Cela prouve que, dans le mode de génération exposé au n° 1, si les coniques se rencontrent en un point, la quadrispinale est décomposée en une surface du sixième ordre et deux fois le plan qui touche les directrices à leur point de rencontre.

**244.** DÉCOMPOSITION DE LA QUADRISPINALE EN UNE SURFACE DU QUATRIÈME ORDRE ET DEUX PLANS DOUBLES. — On trouve, par des raisonnements analogues à ceux du numéro précédent, que lorsque les coniques directrices $\delta$ et $\delta'$ sont tangentes à une même droite, la quadrispinale se décompose en une surface du quatrième ordre et deux fois le plan de chaque conique. La surface du quatrième ordre est touchée le long d'une génératrice par le plan de chaque conique.

Il y aurait encore d'autres cas à examiner, mais nous ne voulons pas, quant à présent, nous arrêter à ces détails.

## § VI.

### INDICATION SOMMAIRE DE QUELQUES VARIÉTÉS DE LA QUADRICUSPIDALE.

**245.** QUADRICUSPIDALE N'AYANT QUE DEUX TRINODALES DOUBLES RÉELLES. — *Dans le mode de génération exposé au n° 101, lorsque les plans doubles $P''$ et $P'''$ sont imaginaires, les cônes $\gamma''$, $\gamma'''$ et les trinodales $\varphi''$, $\varphi'''$ n'existent plus. Les trinodales $\varphi$, $\varphi'$ ont chacune deux points doubles imaginaires.*

*Toutes les quadricuspidales conjuguées à la première ont ces mêmes dispositions générales.*

En définissant la trinodale harmonique (126), nous avons supposé que les points doubles étaient réels. Nous voyons que les paramètres de la surface peuvent se modifier de manière que deux d'entre eux deviennent imaginaires.

**246.** On voit, par les principes de la dualité, que la quadrispinale peut être entièrement imaginaire. Elle se décompose aussi quelquefois, soit en une surface du sixième ordre et un plan double, soit en une surface du quatrième ordre et deux plans doubles (1, 101, 242-244).

# CHAPITRE VII.

## QUADRISPINALE LIEU DE NORMALES A UNE SURFACE DU SECOND ORDRE.

### OBSERVATIONS PRÉLIMINAIRES.

247. Nous étudierons dans ce chapitre la surface lieu des normales à une surface du second ordre aux divers points d'une ellipsimbre droite; mais nous devons tout d'abord exposer quelques théorèmes sur cette courbe gauche.

Nous rappelons que nous appelons spécialement *ellipsimbre* (14) l'intersection de deux surfaces du second ordre concentriques. Trois des cônes du second ordre que l'on peut faire passer par cette courbe sont des cylindres. Le quatrième a son sommet au centre commun des surfaces : nous l'appellerons *cône central*.

L'ellipsimbre est droite ou oblique, suivant que les deux surfaces du second ordre dont elle est l'intersection ont, ou non, les mêmes plans principaux.

Les trois cylindres du second ordre et le cône central seront désignés par les lettres $C$, $C'$, $C''$, $C'''$. La lettre $C_1$ indiquera l'ellipsimbre elle-même.

### FORMULES GÉNÉRALES SUR L'ELLIPSIMBRE DROITE (*).

248. Les axes des trois cylindres étant pris pour axes

---

(*) On remarquera que quelques-unes de ces formules sont applicables à l'ellipsimbre oblique.

coordonnés, l'ellipsimbre droite peut être représentée par
les équations

$$(143)\quad\begin{cases} C: & \dfrac{x^2}{\alpha_1^2} + \dfrac{y^2}{\beta_2^2} = 1, \\[2ex] C': & \dfrac{z^2}{\gamma_1^2} + \dfrac{x^2}{\alpha_2^2} = 1, \\[2ex] C'': & \dfrac{y^2}{\beta_1^2} + \dfrac{z^2}{\gamma_2^2} = 1. \end{cases}$$

Les six paramètres sont liés par les quatre équations

$$(144)\quad \frac{\alpha_2^2}{\alpha_1^2} + \frac{\beta_1^2}{\beta_2^2} = 1, \quad \frac{\beta_2^2}{\beta_1^2} + \frac{\gamma_1^2}{\gamma_2^2} = 1, \quad \frac{\gamma_2^2}{\gamma_1^2} + \frac{\alpha_1^2}{\alpha_2^2} = 1,$$

$$(145)\quad \alpha_1^2\,\beta_1^2\,\gamma_1^2 = -\,\alpha_2^2\,\beta_2^2\,\gamma_2^2,$$

qui n'en forment que deux distinctes. Nous avons déjà
obtenu ces équations au n° 16.

En général, nous ne considérerons que les quatre paramètres $\alpha_1$, $\alpha_2$, $\beta_2$ et $\gamma_1$; ils sont entièrement indépendants
les uns des autres. Nous introduirons les deux derniers $\beta_1$
et $\gamma_2$ dans quelques circonstances particulières pour donner
de la symétrie aux formules.

Nous nommons comme précédemment les plans coordonnés P, P', P''.

249. En désignant par $\lambda$ un coefficient arbitraire, la surface générale du second ordre qui passe par l'ellipsimbre
est représentée par l'équation

$$(146)\quad \left(\frac{1}{\alpha_1^2} + \frac{\lambda}{\alpha_2^2}\right) x^2 + \frac{y^2}{\beta_2^2} + \lambda\,\frac{z^2}{\gamma_1^2} = 1 + \lambda.$$

Les demi-axes $a$, $b$, $c$ de cette surface sont

$$(147)\quad a^2 = \frac{1+\lambda}{\alpha_2^2 + \lambda\alpha_1^2}\,\alpha_1^2\,\alpha_2^2, \quad b^2 = (1+\lambda)\,\beta_2^2, \quad c^2 = \frac{1+\lambda}{\lambda}\,\gamma_1^2.$$

Nous supposerons toujours que l'ellipsimbre considérée

est réelle ; alors chaque valeur réelle de $\lambda$ détermine une surface réelle. Comme d'ailleurs les équations (147) sont du premier degré en $\lambda$, nous voyons qu'à toute valeur réelle de l'une des quantités $a^2$, $b^2$, $c^2$ correspond une surface réelle et une seule. Si cependant $\alpha_1^2$ et $\alpha_2^2$ étaient égaux, $a^2$ serait égal à ces quantités quel que fût $\lambda$.

250. Quand $\alpha_1^2$ est égal à $\alpha_2^2$, les cylindres C et C′ ont deux plans tangents communs, et leur intersection est le système de deux coniques égales dont les plans ont pour équation

$$\frac{y}{z} = \pm \frac{\beta_2}{\gamma_1}.$$

Les demi-axes de ces courbes sont

$$\alpha_1, \quad \sqrt{\beta_2^2 + \gamma_1^2}.$$

Si $\beta_2^2$ et $\gamma_1^2$ sont de signes contraires, les cylindres C et C′ se touchent sans se couper, et les coniques sont imaginaires.

*Le système de deux coniques égales, ayant un axe commun et non situées dans un même plan, peut être considéré comme représentant une ellipsimbre droite.*

251. Lorsque l'on a

$$(148) \qquad \alpha_1^2 \gamma_1^2 + \alpha_2^2 \beta_2^2 - \alpha_1^2 \alpha_2^2 = 0,$$

l'une des surfaces du faisceau, celle qui correspond à la valeur

$$\lambda = \frac{\gamma_1^2}{\beta_2^2},$$

est une sphère. Comme d'ailleurs le cône C‴ a son sommet au centre commun des surfaces du second ordre, l'ellipsimbre devient une conique sphérique. $r$ étant le rayon de la sphère, on a

$$r^2 = \beta_2^2 + \gamma_1^2.$$

11

La condition exprimée par l'équation (148) peut être mise sous l'une quelconque des formes suivantes :

$$(149) \qquad \frac{\gamma_1^2}{\alpha_2^2} + \frac{\beta_2^2}{\alpha_1^2} = 1, \quad \frac{\alpha_1^2}{\beta_2^2} + \frac{\gamma_2^2}{\beta_1^2} = 1, \quad \frac{\beta_1^2}{\gamma_2^2} + \frac{\alpha_2^2}{\gamma_1^2} = 1.$$

La première de ces équations est déduite de (148) ; on obtient les deux autres en la combinant avec les relations (144).

Le trinôme qui forme le premier membre de l'équation (148) se présentera souvent dans la suite de cette étude. Nous le désignerons par T,

$$(150) \qquad T = \alpha_1^2 \gamma_1^2 + \alpha_2^2 \beta_2^2 - \alpha_1^2 \alpha_2^2.$$

### RECHERCHE DES SURFACES DU SECOND ORDRE SUR LESQUELLES UNE ELLIPSIMBRE DROITE DONNÉE EST UNE LIGNE DE COURBURE.

**252.** $a$, $b$, $c$ étant les demi-axes d'une surface du second ordre, les équations données par Monge pour la ligne de courbure de cette surface sont

$$(57) \qquad \begin{cases} \dfrac{a^2 - c^2}{a^2 - m^2} \cdot \dfrac{x^2}{a^2} + \dfrac{b^2 - c^2}{b^2 - m^2} \cdot \dfrac{y^2}{b^2} = 1, \\[2mm] \dfrac{c^2 - b^2}{c^2 - m^2} \cdot \dfrac{z^2}{c^2} + \dfrac{a^2 - b^2}{a^2 - m^3} \cdot \dfrac{x^2}{a^2} = 1. \end{cases}$$

$m$ est un paramètre arbitraire.

Pour que cette ligne se confonde avec l'ellipsimbre représentée par les équations (143), il faut que l'on ait

$$(151) \qquad \begin{cases} \dfrac{a^2 - m^2}{a^2 - c^2}\, a^2 = \alpha_1^2, \quad \dfrac{b^2 - m^2}{b^2 - c^2}\, b^2 = \beta_2^2, \\[2mm] \dfrac{c^2 - m^2}{c^2 - b^2}\, c^2 = \gamma_1^2, \quad \dfrac{a^2 - m^2}{a^2 - b^2}\, a^2 = \alpha_2^2. \end{cases}$$

Ces équations permettent de déterminer $a^2$, $b^2$, $c^2$ et $m^2$.

**253.** Nous portons, dans les seconde et troisième équations, les valeurs de $b^2$ et de $c^2$ prises dans les deux autres,

$$(152) \quad \begin{cases} (a^2 - \alpha_1^2)(a^2 - m^2 - \alpha_1^2) = \dfrac{\alpha_1^2 \gamma_1^2}{\alpha_2^2}(\alpha_1^2 - \alpha_2^2), \\[2ex] (a^2 - \alpha_2^2)(a^2 - m^2 - \alpha_2^2) = \dfrac{\alpha_2^2 \beta_2^2}{\alpha_1^2}(\alpha_2^2 - \alpha_1^2). \end{cases}$$

L'élimination de $m^2$ donne

$$(153) \quad \begin{cases} \alpha_1^2 \alpha_2^2 a^4 + (\alpha_1^4 \gamma_1^2 + \alpha_2^4 \beta_2^2 - \alpha_1^2 \alpha_2^4 - \alpha_1^4 \alpha_2^2) a^2 \\[1ex] \qquad - \alpha_1^2 \alpha_2^2 (\alpha_1^2 \gamma_1^2 + \alpha_2^2 \beta_2^2 - \alpha_1^2 \alpha_2^2) = 0. \end{cases}$$

Nous trouvons deux valeurs pour $a^2$; on voit d'ailleurs, par les équations précédentes, qu'il ne correspond à chacune d'elles qu'un seul système de valeurs pour $m^2$, $b^2$ et $c^2$. Il existe donc deux surfaces (et deux seulement) pour lesquelles l'ellipsimbre donnée est une ligne de courbure.

Les équations (152) ne sont pas modifiées lorsque l'on y remplace $a^2$ par $(a^2 - m^2)$ et $m^2$ par $- m^2$. Le système géométrique considéré jouit d'ailleurs de propriétés symétriques par rapport aux axes coordonnés. Il résulte de là que, si l'on représente par $a'^2$, $b'^2$, $c'^2$, $m'^2$ les valeurs de $a^2$, $b^2$, $c^2$, $m^2$ pour la seconde surface, on aura

$$(154) \quad a'^2 = a^2 - m^2, \quad b'^2 = b^2 - m^2, \quad c'^2 = c^2 - m^2, \quad m'^2 = - m^2.$$

*Toute ellipsimbre droite est la ligne de courbure de deux surfaces du second ordre. Ces surfaces sont homofocales.*

*Par une ellipsimbre droite, on ne peut faire passer qu'un système de deux surfaces homofocales* (*).

**254.** Pour reconnaître si les surfaces sont réelles, il est commode de raisonner sur l'équation en $\lambda$.

En remplaçant dans l'équation (153) $a^2$ par sa va-

---

(*) Ces propositions complètent sous un certain point de vue le théorème de M. Ch. Dupin sur les lignes de courbure des surfaces du second ordre.

leur (147), on obtient, après quelques réductions faciles,

$$(155) \quad \alpha_1^2 \alpha_2^2 \beta_2^2 \lambda^2 + (\alpha_1^4 \alpha_2^2 - \alpha_1^2 \alpha_2^6 - \alpha_1^4 \gamma_1^2 + \alpha_2^4 \beta_2^2)\lambda - \alpha_1^2 \alpha_2^2 \gamma_1^2 = 0.$$

Pour que les valeurs de $\lambda$, et par suite les surfaces sur lesquelles l'ellipsimbre considérée est une ligne de courbure soient réelles, il faut que l'on ait

$$(156) \quad (\alpha_1^4 \alpha_2^2 - \alpha_1^2 \alpha_2^4 - \alpha_1^4 \gamma_1^2 + \alpha_2^4 \beta_2^2)^2 + 4\alpha_1^4 \alpha_2^4 \beta_2^2 \gamma_1^2 > 0.$$

Lorsque $\beta_2^2$ et $\gamma_1^2$ sont de mêmes signes, l'inégalité est évidemment satisfaite ; si ces quantités sont de signes contraires, nous pouvons supposer $\beta_2^2$ positif et $\gamma_1^2$ négatif ; alors $\alpha_2^2$ sera positif, car la projection $C'$ de l'ellipsimbre est réelle comme cette courbe. $\alpha_1^2$ doit d'ailleurs être négatif ou plus grand que $\alpha_2^2$, parce que sans cela les cylindres projetants $C$ et $C'$ ne se rencontreraient pas.

Nous n'avons donc à examiner que deux cas :

$$1^\circ \qquad \beta_2^2 > 0; \quad \gamma_1^2 < 0, \quad \alpha_2^2 > 0, \quad \alpha_1^2 < 0;$$
$$2^\circ \qquad \beta_2^2 > 0, \quad \gamma_1^2 < 0, \quad \alpha_2^2 > 0, \quad \alpha_1^2 > \alpha_2^2.$$

Le polynôme qui forme le premier membre de l'inégalité (156) peut être mis sous la forme

$$(\gamma_1^2 \alpha_1^4 + \beta_2^2 \alpha_2^4)^2 + (\alpha_1^4 \alpha_2^2 - \alpha_1^2 \alpha_2^4)^2$$
$$+ 2(\alpha_2^4 \beta_2^2 - \gamma_1^2 \alpha_1^4)(\alpha_1^4 \alpha_2^2 - \alpha_1^2 \alpha_2^4).$$

On voit immédiatement que chacun des trois termes est positif dans les deux suppositions que nous avons à faire sur les grandeurs des paramètres.

*Les deux surfaces du second ordre sur lesquelles une ellipsimbre droite donnée est une ligne de courbure sont toujours réelles.*

Ce résultat peut être obtenu sans calcul, car les deux surfaces étant homofocales se coupent à angle droit, et par suite n'arrivent jamais à se confondre, quelles que soient les variations que l'on fasse éprouver aux paramètres $\alpha_1, \alpha_2 \ldots$

Quand l'ellipsimbre devient une conique sphérique (251), les surfaces sur lesquelles elle est une ligne de courbure sont le cône central et la sphère; lorsqu'elle se réduit à deux coniques (250), on trouve le système des plans de ces lignes et la surface de révolution qu'elles engendrent en tournant autour de leur axe commun.

### RECHERCHE DES SURFACES DU SECOND ORDRE SUR LESQUELLES UNE ELLIPSIMBRE DONNÉE EST UNE POLHODIE.

**255.** M. Poinsot a appelé *polhodie* la ligne de contact de l'ellipsoïde central d'un corps avec une développable circonscrite à cette surface et à une sphère concentrique (*). Lorsque l'on étudie les propriétés géométriques de cette courbe, il est nécessaire d'étendre sa définition aux lignes qui ont la même génération sur toutes les surfaces du second ordre.

On sait que la polhodie présente de l'intérêt dans la théorie de la courbure des surfaces du second ordre (**).

**256.** $a$, $b$, $c$ étant les demi-axes d'une surface du second ordre, et $h$ le rayon d'une sphère concentrique, la développable circonscrite à ces deux surfaces touche la première suivant une courbe dont les équations dues à M. Poinsot sont

$$\frac{a^2 - c^2}{a^4}\,x^2 + \frac{b^2 - c^2}{b^4}\,y^2 = \frac{h^2 - c^2}{h^2},$$

$$\frac{c^2 - b^2}{c^4}\,z^2 + \frac{a^2 - b^2}{a^4}\,x^2 = \frac{h^2 - b^2}{h^2},$$

---

(*) *Journal de M. Liouville*, 1851.
(**) *Voir* un article de M. Allman dans le troisième volume du *Journal*

Pour que cette ligue se confonde avec l'ellipsimbre représentée par les équations (143), il faut que l'on ait

$$(157) \begin{cases} \dfrac{a^4}{a^2 - c^2}\left(1 - \dfrac{c^2}{h^2}\right) = \alpha_1^2, \quad \dfrac{b^4}{b^2 - c^2}\left(1 - \dfrac{c^2}{h^2}\right) = \beta_2^2, \\[3mm] \dfrac{c^4}{c^2 - b^2}\left(1 - \dfrac{b^2}{h^2}\right) = \gamma_1^2, \quad \dfrac{a^4}{a^2 - b^2}\left(1 - \dfrac{b^2}{h^2}\right) = \alpha_2^2. \end{cases}$$

Ces équations permettent de déterminer $a^2$, $b^2$, $c^2$ et $h^2$.

257. Nous portons dans les seconde et troisième équations les valeurs de $b^2$ et de $c^2$ prises dans les deux autres,

$$(158) \begin{cases} a^4\left\{ a^4 \beta_2^2 (\alpha_1^2 - \alpha_2^2) - [\alpha_1^2 (a^2 - \alpha_2^2)^2 + \alpha_2^2 \beta_2^2 (\alpha_1^2 - \alpha_2^2)] h^2 \right\} = 0, \\[2mm] a^4\left\{ a^4 \gamma_1^2 (\alpha_1^2 - \alpha_2^2) + [\alpha_2^2 (a^2 - \alpha_1^2)^2 - \alpha_1^2 \gamma_1^2 (\alpha_1^2 - \alpha_2^2)] h^2 \right\} = 0. \end{cases}$$

On trouve, par la suppression du facteur $a^4$ et l'élimination de $h^2$,

$$(159) \begin{cases} (\alpha_1^2 \gamma_1^2 + \alpha_2^2 \beta_2^2) a^4 - 2\alpha_1^2 \alpha_2^2 (\gamma_1^2 + \beta_2^2) a^2 \\[2mm] \quad + \alpha_1^2 \alpha_2^2 (\alpha_2^2 \gamma_1^2 + \alpha_1^2 \beta_2^2) - \beta_2^2 \gamma_1^2 (\alpha_1^2 - \alpha_2^2)^2 = 0. \end{cases}$$

Chaque valeur de $a^2$ fait trouver un système de valeurs de $b^2$, $c^2$ et $h^2$.

258. Le facteur supprimé montre qu'il y a pour $a^2$ une valeur nulle; les grandeurs correspondantes de $b^2$, $c^2$ et $h^2$ sont également nulles. La surface du second ordre et la sphère qu'elles déterminent sont le cône central et le centre de l'ellipsimbre. Il est évident que le plan qui touche le cône aux différents points de la courbe passe toujours par son sommet; on doit même remarquer que dans chacune de ses positions il est tangent au cône en deux

<hr>

mathématique de *Cambridge et de Dublin*, et les articles 939-945 de notre *Géométrie descriptive*. Dans cet ouvrage, nous avons attribué à M. Valson un théorème qui appartient à M. Allman.

points de l'ellipsimbre. C'est sans doute pour cela que $a^2$ se trouve en facteur commun à la seconde puissance.

Négligeant cette solution, nous trouvons pour déterminer $a^2$ l'équation du second degré (159), et par suite *toute ellipsimbre droite est une polhodie sur deux surfaces du second ordre.*

259. Pour avoir les valeurs de $b^2$ et de $c^2$ en fonction de $a^2$, nous portons dans la première et dans la seconde des équations (158) la valeur de $h^2$ prise respectivement dans la dernière et dans la première des équations (157). Nous trouvons

$$\frac{1}{b^2} = \frac{\alpha_1^2}{\beta_2^2 \left(\alpha_1^2 - \alpha_2^2\right)} \left(1 - \frac{\alpha_2^2}{a^2}\right),$$

$$\frac{1}{c^2} = \frac{\alpha_2^2}{\gamma_1^2 \left(\alpha_2^2 - \alpha_1^2\right)} \left(1 - \frac{\alpha_1^2}{a^2}\right).$$

Résolvant l'équation (159) par rapport à $\dfrac{1}{a^2}$, portant la valeur de cette quantité dans les équations précédentes, et employant la notation (150), on obtient :

$$(160) \quad \begin{cases} \dfrac{1}{a^2} = \dfrac{\alpha_1^2 \alpha_2^2 \left(\gamma_1^2 + \beta_2^2\right) + \left(\alpha_1^2 - \alpha_2^2\right)\sqrt{\beta_2^2 \gamma_1^2 T}}{\alpha_1^2 \alpha_2^2 \left(\gamma_1^2 + \beta_2^2\right)^2 - T\left(\alpha_2^2 \gamma_1^2 + \alpha_1^2 \beta_2^2\right)}, \\[2em] \dfrac{1}{b^2} = \alpha_1^2 \dfrac{\alpha_2^2 \left(\gamma_1^2 + \beta_2^2\right) - T - \alpha_2^2 \sqrt{\dfrac{\gamma_1^2}{\beta_2^2} T}}{\alpha_1^2 \alpha_2^2 \left(\gamma_1^2 + \beta_2^2\right)^2 - T\left(\alpha_2^2 \gamma_1^2 + \alpha_1^2 \beta_2^2\right)}, \\[2em] \dfrac{1}{c^2} = \alpha_2^2 \dfrac{\alpha_1^2 \left(\gamma_1^2 + \beta_2^2\right) - T + \alpha_1^2 \sqrt{\dfrac{\beta_2^2}{\gamma_1^2} T}}{\alpha_1^2 \alpha_2^2 \left(\gamma_1^2 + \beta_2^2\right)^2 - T\left(\alpha_2^2 \gamma_1^2 + \alpha_1^2 \beta_2^2\right)}. \end{cases}$$

Le radical porte avec lui les deux signes.

Les deux surfaces sont réelles ou imaginaires suivant que le produit $\beta_2^2 \gamma_1^2 T$ est positif ou négatif (249). Quand T est nul, c'est-à-dire quand la courbe est une conique sphérique (251), les surfaces sont confondues. Dans ce cas tous les paramètres $a$, $b$, $c$, $h$ ont la longueur $\sqrt{\beta_2^2 + \gamma_1^2}$ qui est celle du rayon de la sphère, et cette surface est la seule qui satisfasse à la question.

Quand une des quantités $\beta_2^2$ et $\gamma_1^2$ est nulle, l'ellipsimbre est une conique double, et la surface déterminée par les équations (160) se réduit à cette conique. On peut en effet assujettir une développable à passer par une courbe et à être circonscrite à une sphère.

*On peut distinguer pour l'ellipsimbre droite deux genres suivant que les surfaces du second ordre sur lesquelles elle est une polhodie sont réelles ou imaginaires. Quand une ellipsimbre est une conique sphérique, ces surfaces se confondent avec la sphère.*

ÉTUDE DES RELATIONS QUI EXISTENT ENTRE LES DEUX SUR-
FACES DU SECOND ORDRE SUR LESQUELLES UNE ELLIP-
SIMBRE EST UNE POLHODIE.

260. Une polhodie est généralement déterminée par les demi-axes $a$, $b$, $c$ d'une surface du second ordre sur laquelle elle est tracée, et par le rayon $h$ de la sphère inscrite dans la développable qui touche la surface le long de cette courbe. Nous supposons ces longueurs connues, et nous allons chercher les demi-axes $a'$, $b'$, $c'$ de la seconde surface sur laquelle l'ellipsimbre considérée est une polhodie, et le rayon $h'$ de la sphère correspondante.

A l'aide des équations (157) nous pouvons composer les coefficients $\alpha_1^2$, $\alpha_2^2$, $\beta_2^2$ et $\gamma_1^2$ de la polhodie donnée, en la considérant comme une simple ellipsimbre droite : l'équation (159) nous donnera ensuite pour $a^2$ deux valeurs qui seront celles que nous appelons $a^2$ et $a'^2$. En portant dans l'équation (159) les valeurs (157) et en y désignant l'inconnue par $a'$, nous avons, après quelques réductions qui se présentent spontanément,

$$(a^2 - b^2)(b^2 - c^2)(c^2 - a^2)(a^2 b^2 - b^2 c^2 + c^2 a^2) a'^4$$

$$- 2 a^4 (a^2 - b^2)(b^2 - c^2)(c^2 - a^2)\left( b^2 + c^2 - \frac{b^2 c^2}{h^2} \right) a'^2$$

$$- a^8 b^4 (a^2 - b^2)\left( 1 - \frac{c^2}{h^2} \right)^2 + a^8 c^4 (a^2 - c^2)\left( 1 - \frac{b^2}{h^2} \right)^2$$

$$- a^4 b^4 c^4 (b^2 - c^2)\left( 1 - \frac{a^2}{h^2} \right)^2 = 0.$$

Tous les termes qui contiennent $h^4$ en diviseur se détruisent. Il reste après leur suppression

$$(a^2 - b^2)(b^2 - c^2)(c^2 - a^2)$$

$$\times \left[ (a^2 b^2 - b^2 c^2 + c^2 a^2) a'^4 - 2 a^4 \left( b^2 + c^2 - \frac{b^2 c^2}{h^2} \right) a'^2 \right]$$

$$- a^8 b^4 (a^2 - b^2)\left( 1 - \frac{2 c^2}{h^2} \right) + a^8 c^4 (a^2 - c^2)\left( 1 - \frac{2 b^2}{h^2} \right)$$

$$- a^4 b^4 c^4 (b^2 - c^2)\left( 1 - \frac{2 a^2}{h^2} \right) = 0.$$

On trouve par des réductions faciles que la partie de l'équation qui ne contient pas $a'^2$ est égale à

$$a^4 (a^2 - b^2)(b^2 - c^2)(c^2 - a^2)\left( b^2 c^2 + a^2 b^2 + a^2 c^2 - \frac{2 a^2 b^2 c^2}{h^2} \right).$$

Portant cette valeur, et supprimant les facteurs communs, on obtient

$$(a^2 b^2 - b^2 c^2 + c^2 a^2) a'^4 - 2 a^4 \left( b^2 + c^2 - \frac{b^2 c^2}{h^2} \right) a'^2$$

$$+ a^4 \left( b^2 c^2 + a^2 b^2 + a^2 c^2 - \frac{2 a^2 b^2 c^2}{h^2} \right) = 0.$$

L'une des deux surfaces est celle qui est donnée; l'une des valeurs de $a'^2$ est donc égale à $a^2$, comme nous en avons déjà fait la remarque. En effectuant la division par $(a'^2 - a^2)$, on trouve

$$(a^2 b^2 - b^2 c^2 + a^2 c^2)\, a'^2 - a^2 \left( a^2 b^2 + b^2 c^2 + a^2 c^2 - 2\,\frac{a^2 b^2 c^2}{h^2} \right) = 0.$$

Cette équation donne la valeur de $a'^2$; on obtient ensuite par de simples permutations de lettres les valeurs de $b'^2$ et de $c'^2$ :

$$(161)\quad
\begin{cases}
\dfrac{1}{a'^2} = \dfrac{1}{a^2} \cdot \dfrac{-\dfrac{1}{a^2} + \dfrac{1}{b^2} + \dfrac{1}{c^2}}{\dfrac{1}{a^2} + \dfrac{1}{b^2} + \dfrac{1}{c^2} - \dfrac{2}{h^2}},\\[4ex]
\dfrac{1}{b'^2} = \dfrac{1}{b^2} \cdot \dfrac{\dfrac{1}{a^2} - \dfrac{1}{b^2} + \dfrac{1}{c^2}}{\dfrac{1}{a^2} + \dfrac{1}{b^2} + \dfrac{1}{c^2} - \dfrac{2}{h^2}},\\[4ex]
\dfrac{1}{c'^2} = \dfrac{1}{c^2} \cdot \dfrac{\dfrac{1}{a^2} + \dfrac{1}{b^2} - \dfrac{1}{c^2}}{\dfrac{1}{a^2} + \dfrac{1}{b^2} + \dfrac{1}{c^2} - \dfrac{2}{h^2}}.
\end{cases}$$

Les rapports $\dfrac{a'^2}{b'^2}$ et $\dfrac{a'^2}{c'^2}$ sont indépendants du rayon $h$; par conséquent, *si l'on considère toutes les polhodies qui peuvent être tracées sur une surface du second ordre, les diverses surfaces de cet ordre sur lesquelles ces courbes sont également des polhodies sont homothétiques entre elles.*

261. Pour déterminer $h'$, nous remarquerons que les deux systèmes de valeurs de $a$, $b$, $c$ et $h$ peuvent se déduire l'un de l'autre par les mêmes formules. Nous avons donc

$$\frac{1}{a^2} = \frac{1}{a'^2} \cdot \frac{-\dfrac{1}{a'^2} + \dfrac{1}{b'^2} + \dfrac{1}{c'^2}}{\dfrac{1}{a'^2} + \dfrac{1}{b'^2} + \dfrac{1}{c'^2} - \dfrac{1}{h'^2}}.$$

Remplaçant dans cette équation $\frac{1}{a'^2}$, $\frac{1}{b'^2}$, $\frac{1}{c'^2}$ par leurs valeurs (161), et résolvant par rapport à $h'^2$, on obtient

$$(162) \quad h'^2 = \frac{\left(\dfrac{1}{a^2} + \dfrac{1}{b^2} + \dfrac{1}{c^2} - \dfrac{2}{h^2}\right)^2}{\dfrac{4}{a^2 b^2 c^2} + \dfrac{1}{h^2}\left(\dfrac{1}{a^4} + \dfrac{1}{b^4} + \dfrac{1}{c^4} - \dfrac{2}{a^2 b^2} - \dfrac{2}{b^2 c^2} - \dfrac{2}{c^2 a^2}\right)}.$$

262. Nous supposerons maintenant que la surface considérée est un ellipsoïde, et que l'on a

$$\frac{1}{a^2} < \frac{1}{b^2} < \frac{1}{c^2}.$$

La polhodie n'est réelle que quand l'ellipsoïde et la sphère concentrique se coupent. Nous aurons donc

$$\frac{1}{a^2} < \frac{1}{h^2} < \frac{1}{c^2}.$$

Nous distinguerons trois cas, suivant que $\frac{1}{c^2}$ sera plus petit que $\left(\dfrac{1}{a^2} + \dfrac{1}{b^2}\right)$, égal à ce binôme ou plus grand que lui.

*Premier cas.* — Aux inégalités précédentes nous ajoutons

$$\frac{1}{c^2} < \frac{1}{a^2} + \frac{1}{b^2}.$$

A l'aide de ces relations on reconnaît que les numérateurs des seconds membres des équations (161) et leur dénominateur commun sont positifs. Il résulte de là que la seconde surface est un ellipsoïde comme la première.

Pour reconnaître laquelle est la plus grande des quantités $\frac{1}{a'^2}$ et $\frac{1}{b'^2}$, nous remarquons que les dénominateurs des équations (161) étant égaux et positifs, il suffit de comparer les numérateurs

$$\frac{1}{a^2}\left(-\frac{1}{a^2}+\frac{1}{b^2}+\frac{1}{c^2}\right) \quad\text{et}\quad \frac{1}{b^2}\left(\frac{1}{a^2}-\frac{1}{b^2}+\frac{1}{c^2}\right);$$

ou bien les quantités

$$\frac{1}{b^4}-\frac{1}{a^4}, \quad \frac{1}{b^2c^2}-\frac{1}{a^2c^2},$$

que l'on obtient en leur ajoutant

$$\frac{1}{b^4}-\frac{1}{a^2\,b^2}-\frac{1}{a^2c^2}.$$

Divisant par le binôme positif $\left(\dfrac{1}{b^2}-\dfrac{1}{a^2}\right)$, nous avons à comparer les quantités

$$\frac{1}{a^2}+\frac{1}{b^2} \quad\text{et}\quad \frac{1}{c^2}.$$

La première est par hypothèse plus grande que la seconde; donc $\dfrac{1}{a'^2}$ est plus grand que $\dfrac{1}{b'^2}$. On trouve de la même manière que $\dfrac{1}{c'^2}$ est plus petit que $\dfrac{1}{b'^2}$. Nous pouvons donc écrire

$$\frac{1}{a'^2}>\frac{1}{b'^2}>\frac{1}{c'^2}.$$

*Second cas.* — Nous avons l'égalité $\dfrac{1}{c^2}=\dfrac{1}{a^2}+\dfrac{1}{b^2}$.

Les formules (161) et (162) deviennent

$$\frac{1}{a'^2}=\frac{1}{a^2\,b^2\left(\dfrac{1}{c^2}-\dfrac{1}{h^2}\right)}, \quad \frac{1}{b'^2}=\frac{1}{a^2\,b^2\left(\dfrac{1}{c^2}-\dfrac{1}{h^2}\right)}, \quad \frac{1}{c'^2}=0,$$

$$\frac{1}{h'^2}=\frac{1}{a^2\,b^2\left(\dfrac{1}{c^2}-\dfrac{1}{h^2}\right)}.$$

On voit que la seconde surface est un cylindre de révolution dont l'axe coïncide avec l'axe des $z$. Il est facile de vérifier que, dans le cas qui nous occupe, les valeurs données par les équations (157) pour les coefficients $\alpha_1^2$ et $\beta_2^2$ sont égaux, et qu'ainsi le cylindre projetant de la courbe est bien de révolution.

*Troisième cas.* — Nous supposons $\dfrac{1}{c^2} > \dfrac{1}{a^2} + \dfrac{1}{b^2}$.

Les numérateurs des seconds membres des deux premières équations (161) sont positifs, et celui de la valeur de $\dfrac{1}{c'^2}$ est négatif.

Si l'on fait passer le rayon $h$ par toutes les valeurs utiles qu'il peut avoir, c'est-à-dire si on le fait varier de $a$ à $c$, le dénominateur commun des seconds membres des équations (161) sera successivement positif, nul ou négatif; on aura alors, pour la seconde surface des hyperboloïdes à une nappe, le cône central et deux hyperboloïdes à deux nappes.

263. L'ellipsoïde central imaginé par M. Poinsot pour expliquer les mouvements de rotation est tel, que les axes satisfont à la relation

$$\frac{1}{c^2} < \frac{1}{a^2} + \frac{1}{b^2}.$$

D'après cela, on peut énoncer comme il suit les résultats obtenus au numéro précédent.

*Quand une polhodie est tracée sur un ellipsoïde qui, par ses proportions, peut être l'ellipsoïde central d'un corps, on trouve pour la seconde surface, sur laquelle cette courbe est une polhodie, un ellipsoïde dont les axes satisfont aux mêmes relations d'inégalité. L'axe majeur et l'axe mineur de la se-*

*conde surface sont respectivement dirigés sur les mêmes droites que l'axe mineur et l'axe majeur de la première.*

*Quand une polhodie est tracée sur un ellipsoïde qui ne peut pas être l'ellipsoïde central d'un corps, la seconde surface est un hyperboloïde ou un cône.*

La discussion ne présente pas plus de difficulté quand la polhodie est tracée sur un hyperboloïde. Nous ne nous y arrêterons pas.

### ÉTUDE DU FAISCEAU FORMÉ PAR QUATRE SURFACES DU SECOND ORDRE QUI SE COUPENT SUIVANT UNE MÊME ELLIPSIMBRE DROITE, ET QUI ONT CETTE COURBE LES UNES POUR LIGNE DE COURBURE, LES AUTRES POUR POLHODIE.

**264.** Nous avons vu que, dans le nombre infini de surfaces du second ordre qui passent par une ellipsimbre droite, il y en a deux sur lesquelles cette courbe est une ligne de courbure, et deux sur lesquelles elle est une polhodie. Nous allons démontrer que *ces surfaces sont conjuguées harmoniques,* c'est-à-dire qu'en un point quelconque de la courbe leurs plans tangents forment un faisceau harmonique. Il suffit de montrer que cela a lieu en un point déterminé de l'ellipsimbre, car M. Chasles a établi, à l'aide de son principe de correspondance géométrique, que, quand quatre surfaces du second ordre ont une intersection commune, le rapport anharmonique de leurs plans tangents est le même en tous les points de cette ligne.

*A.* Le point que nous choisissons est une des traces de la courbe sur le plan P. Nous appelons $x$ et $y$ ses coordonnées, et nous désignons par $\varphi$, $\varphi'$ et $\psi$, $\psi'$ les angles que les tangentes en ce point aux traces des quatre surfaces considérées dans l'ordre où nous les avons indiquées, font avec l'axe des abscisses.

Les sous-tangentes, mesurées à partir du pied de l'ordonnée, sont

$$-y \cot \varphi, \quad -y \cot \varphi', \quad -y \cot \psi, \quad -y \cot \psi'.$$

Ces segments ont une origine commune, et leurs extrémités sont en rapport harmonique. Nous avons donc (*)

$$(-y \cot \varphi - y \cot \varphi')(-y \cot \psi - y \cot \psi')$$
$$= 2y^2 \cot \varphi \cot \varphi' + 2y^2 \cot \psi \cot \psi'.$$

Les traces des surfaces sur lesquelles l'ellipsimbre est une ligne de courbure étant à angle droit, le produit des cotangentes des angles $\varphi$ et $\varphi'$ est égal à $-1$. L'équation précédente devient par conséquent

$$(a) \quad (\tang \varphi + \tang \varphi')(\tang \psi + \tang \psi') = 2 \tang \psi \tang \psi' - 2.$$

Il suffit de vérifier cette équation pour démontrer le théorème énoncé.

$B$. Nous avons

$$\tang \psi = -\frac{b^2 x}{a^2 y},$$

$a$ et $b$ étant les demi-axes de la conique trace de la surface sur laquelle l'ellipsimbre est une polhodie.

On trouve les valeurs de $x$ et de $y$ en faisant $z$ nul dans les équations (143),

$$(b) \qquad \tang \psi = -\frac{b^2 \alpha_1 \alpha_2}{a^2 \beta_2 \sqrt{\alpha_1^2 - \alpha_2^2}}.$$

Nous pouvons considérer l'une quelconque des traces de l'ellipsimbre, et par suite choisir arbitrairement le signe du radical, mais ce signe devra être conservé dans tout le calcul.

---

(*) *Géométrie supérieure*, p. 44.

On obtient, par l'élimination de $h^2$ entre la quatrième des équations (157) et la première des équations (158),

$$\frac{b^2}{a^2} = \frac{\beta_2^2 \, (\alpha_1^2 - \alpha_2^2)}{\alpha_1^2 \, (a^2 - \alpha_2^2)}.$$

L'équation $(b)$ devient donc

$$\tang \psi = - \frac{\alpha_2 \beta_2}{\alpha_1 (a^2 - \alpha_2^2)} \sqrt{\alpha_1^2 - \alpha_2^2}.$$

En employant la notation (150), l'équation (159) donne

$$a^2 - \alpha_2^2 = (\alpha_1^2 - \alpha_2^2) \frac{\alpha_2^2 \, \beta_2^2 \pm \beta_2 \, \gamma_1 \sqrt{T}}{\alpha_1^2 \, \gamma_1^2 + \alpha_2^2 \, \beta_2^2};$$

et par suite nous avons

$$(c) \qquad \tang \psi = - \frac{\alpha_2 (\alpha_1^2 \, \gamma_1^2 + \alpha_2^2 \, \beta_2^2)}{\alpha_1 \sqrt{\alpha_1^2 - \alpha_2^2} \, (\alpha_2^2 \, \beta_2 \pm \gamma_1 \, \sqrt{T})}.$$

$C.$ Nous posons

$$(d) \qquad A = - \frac{\alpha_2 (\alpha_1^2 \, \gamma_1^2 + \alpha_2^2 \, \beta_2^2)}{\alpha_1 \sqrt{\alpha_1^2 - \alpha_2^2}};$$

l'équation $(c)$ devient, en séparant les deux valeurs,

$$\tang \psi = \frac{A}{\alpha_2^2 \, \beta_2 + \gamma_1 \, \sqrt{T}}, \quad \tang \psi' = \frac{A}{\alpha_2^2 \, \beta_2 - \gamma_1 \, \sqrt{T}}.$$

On déduit de là

$$\tang \psi + \tang \psi' = \frac{2 A \, \alpha_2^2 \, \beta_2}{\alpha_2^4 \, \beta_2^2 - \gamma_1^2 \, T},$$

$$\tang \psi \, \tang \psi' = \frac{A^2}{\alpha_2^4 \, \beta_2^2 - \gamma_1^2 \, T}.$$

En portant ces valeurs dans l'équation à vérifier $(a)$, on obtient

$$(\tang \varphi + \tang \varphi') \, A \, \alpha_2^2 \, \beta_2 = A^2 - (\alpha_2^4 \, \beta_2^2 - \gamma_1^2 \, T).$$

Nous avons successivement, par l'introduction des valeurs (150) de T et $(d)$ de A,

$$(\tan g\, \varphi + \tan g\, \varphi')\, A\, \alpha_2^2\, \beta_2 = A^2 - (\alpha_2^2\, \beta_2^2 + \alpha_1^2\, \gamma_1^2)(\alpha_2^2 - \gamma_1^2),$$

$$(e)\quad \tan g\, \varphi + \tan g\, \varphi' = - \frac{\alpha_2^4\, \beta_2^2 - \alpha_1^4\, \alpha_2^2 + \alpha_1^4\, \gamma_1^2 + \alpha_1^2\, \alpha_2^4}{\alpha_1\, \alpha_2^3\, \beta_2\, \sqrt{\alpha_1^2 - \alpha_2^2}}.$$

Telle est l'équation qu'il nous faut vérifier.

**D.** Nous pouvons, dans l'équation $(b)$, remplacer $\psi$ par $\varphi$, pourvu que nous supposions que $a$ et $b$ soient les demi-axes de la conique trace de la surface sur laquelle l'ellipsimbre est une ligne de courbure

$$\tan g\, \varphi = - \frac{b^2\, \alpha_1\, \alpha_2}{a^2\, \beta_2\, \sqrt{\alpha_1^2 - \alpha_2^2}}.$$

L'élimination de $m^2$ entre la dernière des équations (151) et la première des équations (154) donne

$$a^2 - b^2 = \frac{a^2\, a'^2}{\alpha_2^2}.$$

$a^2$, $a'^2$ sont les deux racines de l'équation (153), nous avons donc

$$(f)\qquad\qquad a^2\, a'^2 = - T,$$

d'où

$$a^2 - b^2 = - \frac{T}{\alpha_2^2}.$$

On obtient ensuite successivement

$$\frac{b^2}{a^2} = 1 + \frac{T}{\alpha_2^2\, a^2},$$

$$\tan g\, \varphi = - \left(1 + \frac{T}{\alpha_2^2\, a^2}\right) \frac{\alpha_1\, \alpha_2}{\beta_2\, \sqrt{\alpha_1^2 - \alpha_2^2}},$$

$$\tan g\, \varphi' = - \left(1 + \frac{T}{\alpha_2^2\, a'^2}\right) \frac{\alpha_1\, \alpha_2}{\beta_2\, \sqrt{\alpha_1^2 - \alpha_2^2}},$$

$$(g)\quad \tan g\, \varphi + \tan g\, \varphi' = - \left(2 + \frac{T}{\alpha_2^2} \cdot \frac{a^2 + a'^2}{a^2\, a'^2}\right) \frac{\alpha_1\, \alpha_2}{\beta_2\, \sqrt{\alpha_1^2 - \alpha_2^2}}.$$

En vertu de l'équation (153), nous avons

$$(h) \qquad a^2 + a'^2 = - \frac{\alpha_1^4 \gamma_1^2 + \alpha_2^4 \beta_2^2 - \alpha_1^2 \alpha_2^4 - \alpha_1^4 \alpha_2^2}{\alpha_1^2 \alpha_2^2}.$$

L'introduction des valeurs $(f)$ et $(h)$ dans $(g)$ donne une équation identique à $(e)$. Cette dernière est donc vérifiée, et le théorème énoncé est démontré.

*Les surfaces sur lesquelles une ellipsimbre droite est une polhodie, et celles sur lesquelles elle est une ligne de courbure, étant conjuguées harmoniques, et ces dernières se coupant à angle droit, on voit qu'elles sont, tout le long de la courbe, les bissectrices des angles formés par les premières.*

### LIEU DES NORMALES A UNE SURFACE DU SECOND ORDRE AUX DIVERS POINTS D'UNE ELLIPSIMBRE DROITE.

**265.** Considérons une surface du second ordre rapportée à ses plans principaux

$$(163) \qquad \frac{x^2}{a^2} + \frac{y^2}{b^2} + \frac{z^2}{c^2} = 1.$$

La normale au point $(x, y, z)$ a pour équation

$$\begin{cases} a^2 y (x' - x) - b^2 x (y' - y) = 0, \\ b^2 z (y' - y) - c^2 y (z' - z) = 0, \\ c^2 x (z' - z) - a^2 z (x' - x) = 0. \end{cases}$$

Les coordonnées des traces de cette droite sur les trois plans principaux $P$, $P'$, $P''$ sont

$$(164) \qquad \begin{cases} P: \quad x' = \dfrac{a^2 - c^2}{a^2} x, \quad y' = \dfrac{b^2 - c^2}{b^2} y; \\[2ex] P': \quad z' = \dfrac{c^2 - b^2}{c^2} z, \quad x' = \dfrac{a^2 - b^2}{a^2} x; \\[2ex] P'': \quad y' = \dfrac{b^2 - a^2}{b^2} y, \quad z' = \dfrac{c^2 - a^2}{c^2} z. \end{cases}$$

Nous tirons de ces équations, en reprenant les notations

du n°.6,

$$(165) \quad \frac{x'_{p'}}{x'_p} = \frac{a^2 - b^2}{a^2 - c^2}, \quad \frac{y'_p}{y'_{p''}} = \frac{b^2 - c^2}{b^2 - a^2}, \quad \frac{z'_{p''}}{z'_{p'}} = \frac{c^2 - a^2}{c^2 - b^2}.$$

*Les normales à une surface du second ordre rencontrent deux quelconques de ses plans principaux en des points tels, que leurs ordonnées parallèles à l'intersection des plans sont dans un rapport constant.* Ce rapport est le même pour deux surfaces homofocales.

Quand la surface considérée est de révolution, les trois valeurs (165) sont l'unité, zéro et l'infini.

266. Supposons maintenant que l'on considère les normales à la surface du second ordre aux divers points d'une ellipsimbre droite. Cette courbe étant représentée par les équations (143), $a^2$, $b^2$ et $c^2$ ont les valeurs (147).

En portant dans les équations (143) les valeurs de $x$, $y$, $z$ prises respectivement dans les relations (164), on trouve les équations des traces de la surface sur les trois plans principaux :

$$P : \quad \frac{a^4 x'^2}{(a^2 - c^2)^2 \alpha_1^2} + \frac{b^4 y'^2}{(b^2 - c^2)^2 \beta_2^2} = 1,$$

$$P' : \quad \frac{c^4 z'^2}{(c^2 - b^2)^2 \gamma_1^2} + \frac{a^4 x'^2}{(a^2 - b^2)^2 \alpha_2^2} = 1,$$

$$P'' : \quad \frac{b^4 y'^2}{(b^2 - a^2)^2 \beta_1^2} + \frac{c^4 z'^2}{(c^2 - a^2)^2 \gamma_2^2} = 1.$$

La surface des normales a pour traces trois coniques; les axes principaux de l'une quelconque de ces courbes coïncident avec les axes coordonnés situés sur son plan. Comme d'ailleurs le rapport $\dfrac{x'_{p'}}{x'_p}$ est constant, nous voyons que la surface est une quadrispinale.

*Le lieu des normales à une surface du second ordre aux divers points d'une ellipsimbre droite est une quadrispinale dont trois coniques doubles sont dans les plans principaux de la surface et la quatrième à l'infini.*

12.*

Adoptant les notations qui nous ont servi dans le premier chapitre, nous aurons

$$(166)\begin{cases} \delta: & x_1^2 = \dfrac{(a^2-c^2)^2\,\alpha_1^2}{a^4}, \quad y_2^2 = \dfrac{(b^2-c^2)^2\,\beta_2^2}{b^4}, \\[2mm] \delta': & z_1^2 = \dfrac{(c^2-b^2)^2\,\gamma_1^2}{c^4}, \quad x_2^2 = \dfrac{(a^2-b^2)^2\,\alpha_2^2}{a^4}, \\[2mm] \delta'': & y_1^2 = \dfrac{(b^2-a^2)^2\,\beta_1^2}{b^4}, \quad z_2^2 = \dfrac{(c^2-a^2)^2\,\gamma_2^2}{c^4}. \end{cases}$$

Eu égard à la relation (145), la condition (7) est satisfaite.

Le rapport de $x$ à $x'$, donné par la première des équations (164), est le coefficient $k'$ qui détermine sur la quadrispinale l'ellipsimbre $C_1$ aux différents points de laquelle la surface du second ordre rencontre normalement les génératrices (13). Nous avons donc

$$(167) \qquad k' = \frac{a^2}{a^2-c^2}.$$

267. Nous remplaçons dans les équations (166) $a^2$, $b^2$, $c^2$, $\beta_1^2$, $\gamma_2^2$ par leurs valeurs (147) et (144), afin d'avoir les demi-diamètres des coniques doubles de la quadrispinale normale, en fonction explicite de nos quatre paramètres $\alpha_1$, $\alpha_2$, $\beta_2$, $\gamma_1$ (248) et du coefficient $\lambda$.

$$(168)\begin{cases} \delta: \begin{cases} x_1 = \dfrac{\lambda\alpha_1^2\alpha_2^2 - \gamma_1^2(\alpha_2^2 + \lambda\alpha_1^2)}{\lambda\alpha_1\alpha_2^2}, \\[3mm] y_2 = \dfrac{\gamma_1^2 - \lambda\beta_2^2}{\lambda\beta_2}; \end{cases} \\[8mm] \delta': \begin{cases} z_1 = \dfrac{\gamma_1^2 - \lambda\beta_2^2}{\gamma_1}, \\[3mm] x_2 = \dfrac{\alpha_1^2\alpha_2^2 - \beta_2^2(\alpha_2^2 + \lambda\alpha_1^2)}{\alpha_1^2\alpha_2}; \end{cases} \\[8mm] \delta'': \begin{cases} y_1 = \dfrac{\alpha_1^2\alpha_2^2 - \beta_2^2(\alpha_2^2 + \lambda\alpha_1^2)}{(\alpha_2^2 + \lambda\alpha_1^2)\alpha_1\beta_2}\sqrt{\alpha_1^2 - \alpha_2^2}, \\[3mm] z_2 = \dfrac{\lambda\alpha_1^2\alpha_2^2 - \gamma_1^2(\alpha_2^2 + \lambda\alpha_1^2)}{(\alpha_2^2 + \lambda\alpha_1^2)\alpha_2\gamma_1}\sqrt{\alpha_2^2 - \alpha_1^2}. \end{cases} \end{cases}$$

On trouve de la même manière, à l'aide de la première des équations (165), en remarquant que le rapport $\frac{x_{p'}}{x_p}$ est précisément le coefficient que nous appelons $k$,

$$(169) \qquad k = \lambda \, \frac{\beta_2^2 \, (\alpha_2^2 + \lambda \alpha_1^2) - \alpha_1^2 \, \alpha_2^2}{\gamma_1^2 \, (\alpha_2^2 + \lambda \alpha_1^2) - \lambda \alpha_1^2 \, \alpha_2^2} \, .$$

268. Si l'ellipsimbre $C_1$ est une conique sphérique, en vertu de la relation (148), la première des équations (168) devient

$$x_1 = \frac{\gamma_1^2 - \lambda \beta_2^2}{\lambda \alpha_1} \, ,$$

et l'on a, en mettant le double signe en évidence,

$$\frac{y_2}{x_1} = \pm \frac{\alpha_1}{\beta_2} \, .$$

*Quand l'ellipsimbre considérée est une conique sphérique, les coniques doubles de la quadrispinale normale restent homothétiques à elles-mêmes lorsque l'on fait varier le coefficient $\lambda$ qui détermine la surface du second ordre. Les droites asymptotes à toutes les coniques situées sur un même plan sont perpendiculaires aux asymptotes de la projection de la conique sphérique sur ce plan.*

RECHERCHE DE LA SURFACE DU SECOND ORDRE NORMALE<br>A UNE QUADRISPINALE DONNÉE.

269. Considérons une quadrispinale dont trois coniques doubles sont dans trois plans rectangulaires, et la quatrième à l'infini; les génératrices de cette surface ne peuvent, en général, être normales qu'à une seule surface du second ordre; car, dans le cas contraire, elles seraient normales à

deux ellipsimbres, et la surface serait d'une nature spéciale (208-210). La surface du second ordre qui rencontre normalement les génératrices est donc unique. Nous allons nous proposer de la déterminer.

Les données $x_1$, $x_2$, $y_2$, $z_1$, $k$, et les inconnues $\alpha_1$, $\alpha_2$, $\beta_2$, $\gamma_1$, $\lambda$ sont reliées par les quatre premières équations (168) et par l'équation (169).

On peut remplacer la seconde et la troisième des équations (168) par les deux suivantes, qui résultent de leur combinaison,

$$\lambda \beta_2 \gamma_2 - \gamma_1 z_1 = 0,$$
$$z_1^2 y_2 - \lambda \beta_2 y_2^2 + \beta_2 z_1^2 = 0.$$

En portant dans la première et dans la quatrième des équations (168) les valeurs de $\beta_2$ et $\gamma_1$ déduites des précédentes, on obtient

$$\lambda \alpha_1 \alpha_2^2 x_1 = \lambda \alpha_1^2 \alpha_2^2 - \frac{\alpha_2^2 + \lambda \alpha_1^2}{(\lambda y_2^2 - z_1^2)^2} \lambda^2 z_1^2 y_2^4,$$

$(a)$
$$\alpha_1^2 \alpha_2 x_2 = - \alpha_1^2 \alpha_2^2 + \frac{\alpha_2^2 + \lambda \alpha_1^2}{(\lambda y_2^2 - z_1^2)^2} z_1^4 y_2^2.$$

Ces deux dernières donnent

$(b)$
$$-\frac{\alpha_1 - x_1}{\lambda y_2^2} \alpha_2 = \frac{\alpha_2 + x_2}{z_1^2} \alpha_1.$$

Enfin, eu égard à la première et à la quatrième des équations (168), la valeur (169) de $k$ devient

$(c)$
$$k = - \frac{\alpha_1 x_2}{\alpha_2 x_1}.$$

Nous portons dans $(a)$ les valeurs de $\alpha_1$ et $\alpha_2$ déduites de $(b)$ et $(c)$, puis nous résolvons par rapport à $\lambda$. Revenant ensuite sur nos pas, nous trouvons successivement les valeurs de $\alpha_1$, $\alpha_2$, $\beta_2$ et $\gamma_1$ :

$$
(170)\quad
\begin{cases}
\lambda = \dfrac{z_1^2\,x_2^2}{k\,y_2^2\,x_1^2} \times \dfrac{(1-k)\,x_1^2 - y_2^2}{(1-k)\,x_2^2 + k\,z_1^2}, \\[2.5ex]
\alpha_1 = k\,x_1\,\dfrac{x_2^2\,y_2^2 + k\,x_1^2\,z_1^2}{D}, \\[2.5ex]
\alpha_2 = -\,x_2\,\dfrac{y_2^2\,x_2^2 + k\,x_1^2\,z_1^2}{D}, \\[2.5ex]
\beta_2 = -\,k\,x_1^2\,y_2\,\dfrac{(1-k)\,x_2^2 + k\,z_1^2}{D}, \\[2.5ex]
\gamma_1 = -\,x_2^2\,z_1\,\dfrac{(1-k)\,x_1^2 - y_2^2}{D}.
\end{cases}
$$

La valeur du dénominateur $D$ est donnée par l'équation

$$(171)\qquad D = x_2^2\,y_2^2 + k^2\,x_1^2\,z_1^2 - (1-k)^2\,x_1^2\,x_2^2.$$

$\alpha_1$, $\alpha_2$, $\beta_2$ et $\gamma_1$ sont des grandeurs absolues ; cependant nous avons conservé les signes pour maintenir la concordance entre toutes les formules du calcul. On doit remarquer que les équations (168) établissent des relations de signe entre $x_1$ et $\alpha_1$, $y_2$ et $\beta_2$.....

270. En portant dans les équations (147) et (13) les valeurs (170) de $\alpha_1$, $\alpha_2$,..., on obtient les axes de la surface du second ordre normale (nous jugeons inutile d'écrire ces formules), et le coefficient $k'$ qui détermine sur la quadrispinale l'ellipsimbre $C_1$. Cette ellipsimbre est la seule qui rencontre normalement les génératrices. Chacune des équations (13) étant du second degré en $k'$, donne pour cette quantité une valeur étrangère avec la véritable valeur. Le rapprochement des résultats fournis par deux équations dissipe toute incertitude. On trouve

$$(172)\qquad k' = k\,\frac{x_2^2\,y_2^2 + k\,x_1^2\,z_1^2}{D}$$

Les valeurs (172) et 170) de $k'$ et de $\lambda$ sont du premier degré. Il résulte de là qu'il y a toujours sur la quadrispinale une ellipsimbre qui coupe normalement les génératrices, et qu'on peut faire passer par cette courbe une surface du second ordre normale à la quadrispinale.

*Lorsque les coniques doubles d'une quadrispinale sont concentriques et situées dans des plans rectangulaires, toutes les génératrices de cette surface sont normales à une surface du second ordre dont les plans principaux coïncident avec ceux des coniques doubles.*

**271.** L'équation (172) donne pour $k'$ une valeur indéterminée lorsque l'on a

$$x_2^2 y_2^2 + k x_1^2 z_1^2 = 0,$$
$$x_2^2 y_2^2 + k^2 x_1^2 z_1^2 = (1 - k)^2 x_1^2 x_2^2.$$

On déduit de ces équations, en éliminant successivement entre elles $z_1^2$ et $y_2^2$,

$$k = \frac{x_1^2 - y_2^2}{x_1^2}, \qquad \frac{1}{1 - k} = \frac{z_1^2 - x_2^2}{z_1^2}.$$

La quadrispinale est alors conjuguée à une série de surfaces du second ordre homofocales, et les ellipsimbres sont les trajectoires orthogonales des génératrices (205, 206, 210). Les formules (170) donnent toutes, dans ce cas, des valeurs indéterminées. Nous reviendrons sur cette question.

CAS OU L'ELLIPSIMBRE CONSIDÉRÉE EST UNE LIGNE DE COURBURE<br>DE LA SURFACE DU SECOND ORDRE DIRECTRICE.

**272.** Quand l'ellipsimbre $C_1$ est une ligne de courbure de la surface du second ordre directrice, on peut remplacer, dans les équations (166), les quantités $\alpha_1^2$, $\beta_2^2$,... par leurs valeurs (151). On a alors

$$x_1^2 = \frac{1}{a^2}\left(a^2-c^2\right)\left(a^2-m^2\right), \quad y_2^2 = \frac{1}{b^2}\left(b^2-c^2\right)\left(b^2-m^2\right),$$

$$z_1^2 = \frac{1}{c^2}\left(c^2-b^2\right)\left(c^2-m^2\right), \quad x_2^2 = \frac{1}{a^2}\left(a^2-b^2\right)\left(a^2-m^2\right),$$

$$y_1^2 = \frac{1}{b^2}\left(b^2-a^2\right)\left(b^2-m^2\right), \quad z_2^2 = \frac{1}{c^2}\left(c^2-a^2\right)\left(c^2-m^2\right).$$

On peut vérifier que ces valeurs satisfont aux équations (20), qui caractérisent les quadrispinales développables.

Les équations précédentes et celles qui sont à la fin du n° 253 conduisent à des relations remarquables, mais sur lesquelles nous n'insistons pas, entre les coniques doubles des deux développables qui sont respectivement normales à deux surfaces du second ordre homofocales le long de leur intersection.

Pour connaître l'arête de rebroussement de la quadrispinale développable normale, il faut substituer les valeurs ci-dessus de $x_1^2$, $x_2^2$,... dans les équations (129). L'élimination de $m^2$ donnerait ensuite l'équation de la surface lieu des centres de courbure de la surface du second ordre.

CAS OU L'ELLIPSIMBRE CONSIDÉRÉE EST UNE POLHODIE<br>SUR LA SURFACE DIRECTRICE (*).

273. Quand l'ellipsimbre $C_1$ est une polhodie sur la surface directrice, on peut remplacer, dans les équations (166),

---

(*) Pour lire ce paragraphe, il est nécessaire d'avoir présents à l'esprit les théorèmes que nous avons donnés aux n°s 90-99 et 205-211 sur les surfaces du second ordre homofocales, et les quadrispinales qui leur sont conjuguées.

$\alpha_1^2$, $\alpha_2^2$,... par leurs valeurs (157). On trouve alors

$$(173) \begin{cases} x_1^2 = (a^2 - c^2)\left(1 - \dfrac{c^2}{h^2}\right), \quad y_2^2 = (b^2 - c^2)\left(1 - \dfrac{c^2}{h^2}\right), \\[2mm] z_1^2 = (c^2 - b^2)\left(1 - \dfrac{b^2}{h^2}\right), \quad x_2^2 = (a^2 - b^2)\left(1 - \dfrac{b^2}{h^2}\right), \\[2mm] y_1^2 = (b^2 - a^2)\left(1 - \dfrac{a^2}{h^2}\right), \quad z_2^2 = (c^2 - a^2)\left(1 - \dfrac{a^2}{h^2}\right). \end{cases}$$

Ces valeurs satisfont aux équations de condition du n° 94.

*Le lieu des normales à une surface du second ordre aux divers points d'une polhodie est une quadrispinale conjuguée à une série de surfaces du second ordre homofocales qui ont les mêmes plans principaux que la première.*

274. Considérons une ellipsimbre droite $C_1$ et les surfaces du second ordre M, M′ et N, N′, sur lesquelles elle est respectivement une ligne de courbure et une polhodie. Le lieu des normales à N aux divers points de $C_1$ est une quadrispinale conjuguée à une série de surfaces du second ordre homofocales. Deux d'entre elles passent par $C_1$, puisque cette courbe est une ellipsimbre de la quadrispinale (66) : ce sont M et M′, car $C_1$ n'appartient pas à un autre couple de surfaces homofocales (253). La quadrispinale lieu des normales à N′ aux différents points de $C_1$ est également conjuguée à M et à M′ : elle est, dans le système, la seconde quadrispinale passant par $C_1$ (62). D'après cela, en un point quelconque de $C_1$, les plans tangents des quadrispinales que nous venons de définir sont conjugués harmoniques des plans tangents à M et à M′ (78). Ces deux derniers sont rectangulaires, et par suite bissecteurs des angles des premiers. Comme d'ailleurs les quadrispinales sont respectivement normales à N et à N′, nous voyons que les angles compris entre les surfaces N et N′ sont partagés en parties égales par les surfaces M et M′.

Nous avons déjà donné, au n° 264, une démonstration directe de ce théorème.

275. Les six paramètres $x_1$, $x_2$, $y_1$, $y_2$, $z_1$ et $z_2$ d'une quadrispinale conjuguée à une série de surfaces du second ordre homofocales sont liés par les trois relations (7), (53) et (54). On ne peut donc se donner arbitrairement que trois d'entre eux, $x_1$, $z_1$ et $y_2$ par exemple. La première des équations (54) donnera alors $x_2^2$; on obtiendra ensuite $y_1^2$ et $z_2^2$ par les équations (7) et (53) : il n'y aura qu'une solution.

La quadrispinale coupera d'ailleurs normalement une infinité de surfaces du second ordre, chacune suivant une polhodie, car les trois demi-axes $a$, $b$, $c$ et le paramètre auxiliaire $h$ doivent seulement satisfaire aux équations (173), qui n'en forment que trois distinctes.

*Toute quadrispinale conjuguée à une série de surfaces du second ordre homofocales a toutes ses génératrices normales à une infinité de surfaces du second ordre ayant les mêmes plans principaux que les premières. Chacune d'elles est coupée suivant une polhodie par la quadrispinale.*

276. On déduit des trois premières équations (173) :

$$(174)\quad \begin{cases} a^2 = h^2 + h\,\dfrac{x_1^2\,(y_2^2 + z_1^2) - y_2^4}{y_2^2\,\sqrt{y_2^2 + z_1^2}}, \\[2ex] b^2 = h^2 + \dfrac{h z_1^2}{\sqrt{y_2^2 + z_1^2}}, \quad c^2 = h^2 - \dfrac{h y_2^2}{\sqrt{y_2^2 + z_1^2}}. \end{cases}$$

En attribuant à $h$ une valeur quelconque, on trouve les demi-axes $a$, $b$, $c$ d'une surface du second ordre que la quadrispinale rencontre normalement le long d'une polhodie. Si l'on prend successivement le radical avec les deux signes, on trouve deux surfaces dont les axes ont entre eux des relations très-simples, et qui sont coupées par la quadrispinale suivant des polhodies correspondant à une même sphère.

En se reportant au n° 92, et supposant satisfaites les relations de grandeur qui y sont indiquées, ce qui est toujours permis, on trouve par les équations (51) que le binôme $(y_2^2 + z_1^2)$ est positif lorsque la quadrispinale conjuguée à un système de surfaces homofocales est réelle. Les valeurs ci-desus de $a^2$, $b^2$, $c^2$ ne sont donc jamais imaginaires.

En portant les valeurs (174) de $a^2$ et de $c^2$ dans l'équation (167), on obtient

$$(175) \qquad \frac{h}{\sqrt{y_2^2 + z_1^2}} = (k' - 1)\,\frac{x_1^2}{y_2^2} + \frac{y_2^2}{y_2^2 + z_1^2}.$$

Cette relation permet d'éliminer $h$ des formules (174), et d'avoir pour chaque valeur de $k'$ les axes de la surface normale du second ordre.

277. Lorsque $h$ est nul, $a$, $b$ et $c$ sont également nuls, et la surface normale du second ordre se réduit à un cône.

*La quadrispinale conjuguée à une série de surfaces du second ordre homofocales est coupée normalement par un cône du second ordre qui a son sommet au centre du système.*

En faisant $h$ nul dans l'équation (175), on obtient la valeur de $k'$, qui détermine l'ellipsimbre d'intersection.

# NOTE

## SUR LES ÉQUATIONS DE LA QUADRISPINALE ET DE LA QUADRICUSPIDALE.

Dans le premier des Mémoires que nous avons présentés à l'Académie des Sciences sur les surfaces réglées tétraédrales symétriques, nous avions donné une équation de la quadrispinale. Cette équation était obtenue par l'élimination indiquée au n° 20, et, bien que compliquée, elle nous avait été très-utile. Plus tard, nous avons trouvé le moyen de parvenir directement aux théorèmes que nous en avions déduits, et M. Cayley ayant eu l'obligeance de nous communiquer une équation symétrique et plus simple, nous avons retranché de notre travail celle que nous avions calculée. Nous ne donnons ces détails que parce que M. Chasles parle, dans son Rapport, de notre équation de la quadrispinale.

Nous reproduisons la Note que M. Cayley a bien voulu nous envoyer. Les équations qui s'y trouvent montrent que la quadrispinale et la quadricuspidale sont des variétés de surfaces non réglées, jouissant comme elles de propriétés symétriques par rapport aux plans d'un tétraèdre, et coupant ces plans suivant les mêmes lignes qu'elles. On peut d'ailleurs déduire des formules élégantes de M. Cayley plusieurs de nos résultats les plus intéressants, et notamment les relations qui existent entre trois quelconques des lignes planes doubles (7,127), les propositions fondamentales de la théorie des surfaces associées pour ces courbes (21,144), et le cas où les surfaces deviennent développables.

« $1^{\circ}$ L'équation

$$0 = + b^2 c^2 f^2 x^8 \qquad\qquad + c^2 a^2 g^2 y^8$$
$$- 2 c^2 bf (af - bg) x^6 y^2$$
$$+ 2 c^2 ag (af - bg) y^6 x^2$$
$$- 2 b^2 ah (ch - af) z^6 x^2 \qquad + 2 a^2 bh (bg - ch) z^6 y^2$$
$$+ 2 f^2 gh (bg - ch) w^6 x^2 \qquad + 2 g^2 hf (ch - af) w^6 y^2$$

$$+ a^2 (b^2 g^2 + c^2 h^2 - 4 bgch) y^4 z^4 \qquad + b^2 (c^2 h^2 + a^2 f^2$$
$$+ f^2 (b^2 g^2 + c^2 h^2 - 4 bgch) w^4 x^4 \qquad + g^2 (c^2 h^2 + a^2 f^2$$

$$+ 2 bf (afbg + c^2 h^2 - 2 ch\chi) x^4 z^2 w^2$$
$$- 2 ag (afbg + c^2 h^2 - 2 ch\chi) y^4 w^2 z^2$$
$$+ 2 ah (chaf + b^2 g^2 - 2 bg\chi) z^4 y^2 w^2 - 2 bh (bgch + a^2 f^2 - 2 af\chi) z^4 w^2 x^2$$
$$- 2 gh (bcgh + a^2 f^2 - 2 af\chi) w^4 y^2 z^2 - 2 hf (cahf + b^2 g^2 - 2 bg\chi) w^4 z^2 x^2$$

$$+ 2 \Omega . x^2 y^2 z^2 w^2$$

(où, pour abréger, on a écrit $\chi = af + bg + ch$, et $\Omega$ est une quantité courbes doubles les quatre coniques

$$x = 0, \qquad\qquad + cy^2$$
$$y = 0, \qquad\qquad - cx^2$$
$$z = 0, \qquad\qquad + bx^2 - ay^2$$
$$w = 0, \qquad\qquad - fx^2 - gy^2$$

» En déterminant $\Omega$, savoir, en écrivant $\lambda + \mu + \nu = 0$,

## SURFACES DU HUITIÈME ORDRE.

$$+ a^2 b^2 h^2 z^8 \qquad\qquad\qquad + f^2 g^2 h^2 w^8$$

$$+ 2 b^2 cf (ch - af) x^6 z^2 \qquad\qquad - 2 bcf^2 (bg - ch) x^6 w^2$$

$$- 2 a^2 cg (bg - ch) y^6 z^2 \qquad\qquad - 2 cag^2 (ch - af) y^6 w^2$$

$$\qquad\qquad\qquad\qquad\qquad\qquad - 2 abh^2 (af - bg) z^6 w^2$$

$$+ 2 h^2 fg (af - bg) w^6 z^2$$

$$- 4 (chaf) z^4 x^4 \qquad + c^2 (a^2 f^2 + b^2 g^2 - 4 afbg) x^4 y^4$$

$$- 4 (chaf) w^4 y^4 \qquad + h^2 (a^2 f^2 + b^2 g^2 - 4 afbg) w^4 z^4$$

$$- 2 cf (chaf + b^2 g^2 - 2 bg \chi) x^4 w^2 y^2 + 2 bc (bcgh + a^2 f^2 - 2 af \chi) x^4 y^2 z^2$$

$$+ 2 cg (bgch + a^2 f^2 - 2 af \chi) y^4 x^2 w^2 + 2 ca (cahf + b^2 g^2 - 2 bg \chi) y^4 z^2 x^2$$

$$+ 2 ab (abfg + c^2 h^2 - 2 ch \chi) z^4 x^2 y^2$$

$$- 2 fg (abfg + c^2 h^2 - 2 ch \chi) w^4 x^2 y^2$$

quelconque ) est celle d'une surface du huitième ordre qui a pour

$$- b z^2 + f w^2 = 0;$$

$$+ a z^2 + g w^2 = 0;$$

$$+ h w^2 = 0;$$

$$- h z^2 \qquad\quad = 0.$$

$af \lambda^2 + bg \mu^2 + ch \nu^2 = 0$ ( ce qui donne deux systèmes de valeurs de $\lambda : \mu : \nu$), et puis

$$6\Omega = 4\Sigma \frac{\mu - \lambda}{\nu} (af + bg)^2 ch - 2\Sigma \frac{\mu^2 bg - \lambda^2 af}{\nu^2} (af + bg)^2$$
$$- 4(af - bg)(bg - ch)(ch - af),$$

la surface devient une surface réglée, savoir, la *quadrispinale* de M. de la Gournerie; et, en particulier, en supposant $\frac{1}{af} + \frac{1}{bg} + \frac{1}{ch} = 0$, on obtient

$$\lambda : \mu : \nu = \frac{1}{af} : \frac{1}{bg} : \frac{1}{ch},$$

et de là

$$6\Omega = (-2 - 4 =) - 6(af - bg)(bg - ch)(ch - af),$$

et la surface sera développable.

» 2° L'équation

$$
\begin{aligned}
0 =\ & + a^2 y^4 z^4 && + b^2 z^4 x^4 && + c^2 x^4 y^4 \\
& + f^2 x^4 w^4 && + g^2 y^4 w^4 && + h^2 z^4 w^4 \\[4pt]
& && + 2bf x^4 z^2 w^2 && - 2cf x^4 y^2 w^2 && + 2bc x^4 y^2 z^2 \\
& - 2ag y^4 z^2 w^2 && && + 2cg y^4 x^2 w^2 && + 2ca x^2 y^4 z^2 \\
& + 2ah z^4 y^2 w^2 && - 2bh z^4 x^2 w^2 && && + 2ab x^2 y^2 z^4 \\
& - 2gh w^4 y^2 z^2 && - 2hf w^4 z^2 x^2 && - 2fg w^4 x^2 y^2 \\[4pt]
& + 2\Omega x^2 y^2 z^2 w^2
\end{aligned}
$$

(où $\Omega$ est une quantité quelconque) est celle d'une surface du huitième ordre ayant pour courbes doubles les quatre courbes du quatrième ordre

$$
\begin{aligned}
x = 0, \qquad && hz^2 w^2 - g w^2 y^2 + a y^2 z^2 &= 0; \\
y = 0, \qquad - hz^2 w^2 && + f w^2 x^2 + b z^2 x^2 &= 0; \\
z = 0, \qquad + g y^2 w^2 - f w^2 x^2 && + c x^2 y^2 &= 0; \\
w = 0, \qquad - a y^2 z^2 - b z^2 x^2 - c x^2 y^2 && &= 0.
\end{aligned}
$$

» En écrivant

$$\lambda + \mu + \nu = 0, \quad \frac{af}{\lambda^2} + \frac{bg}{\mu^2} + \frac{ch}{\nu^2} = 0$$

(ce qui donne quatre systèmes de valeurs de $\lambda : \mu : \nu$), et puis

$$\Omega = af \frac{\nu - \mu}{\lambda} + bg \frac{\lambda - \nu}{\mu} + ch \frac{\mu - \lambda}{\nu} :$$

la surface devient une surface réglée, savoir, la *quadricuspidale* de M. de la Gournerie ; et, en supposant

$$(af)^{\frac{1}{3}} + (bg)^{\frac{1}{3}} + (ch)^{\frac{1}{3}} = 0,$$

et

$$\lambda : \mu : \nu = (af)^{\frac{1}{3}} : (bg)^{\frac{1}{3}} : (ch)^{\frac{1}{3}},$$

ce qui donne

$$\Omega = \left[ (af)^{\frac{1}{3}} - (bg)^{\frac{1}{3}} \right] \left[ (bg)^{\frac{1}{3}} - (ch)^{\frac{1}{3}} \right] \left[ (ch)^{\frac{1}{3}} - af)^{\frac{1}{3}} \right] :$$

la surface devient développable.

» Cambridge, 18 octobre 1866. »

La lettre $b$ indique que les lignes sont comptées du bas de la page.

Page 10, ligne 6 $b$ : $DD''$, *lisez* $BB'$.

Page 11, sous le premier radical, *remplacez* $x_2^2$ par $x_1^2$.

Page 12, ligne 12 : n° 10, *lisez* n° 13.

Page 50, dans la seconde équation, *remplacez* $X_1^2$ par $X_2^2$.

Page 53, l'avant-dernière équation contient au dénominateur du second membre une erreur de signe.

Page 108, ligne 8 : (104), *lisez* (106).

Page 112, ligne 2 $b$ : de $k$, *lisez* de $k'$.

Page 126, lignes 7 et 8 $b$ : $PP'P''$ *et* $PP'P'''$, *lisez* $PP'P'''$ *et* $PP'P''$.

Page 129, ligne 3 : $\psi$, *lisez* $\psi'$.

Page 132, ligne 1 : chacun des cônes, *lisez* chacune des courbes.

Page 138, ligne 2 : (131) et (132), *lisez* (130) et (131).

# DEUXIÈME MÉMOIRE.



### THÉORIE GÉNÉRALE DES SURFACES RÉGLÉES TÉTRAÉDRALES SYMÉTRIQUES.

## AVERTISSEMENT.

Les trois courbes planes que nous avons dû considérer dans l'étude de la quadrispinale et de la quadricuspidale, la conique, la trinodale harmonique et la trilatérale harmonique, ont des équations qui ne diffèrent que par l'exposant commun des variables, lorsqu'on les rapporte aux arêtes du tétraèdre situées sur leur plan. Il était naturel de chercher à généraliser les propositions démontrées sur ces lignes, et à établir des théorèmes applicables à toutes les courbes qui peuvent être représentées par des équations de même forme, mais avec un exposant rationnel quelconque. Nous nous proposons de faire connaître les résultats que nous avons obtenus sur ces nouvelles courbes et sur les surfaces que l'on obtient quand on les substitue à la conique, à la trinodale et à la trilatérale dans les divers modes de génération de la quadrispinale et de la quadricuspidale.

13.

# CHAPITRE PREMIER.

## COURBE PLANE TRIANGULAIRE SYMÉTRIQUE.

---

### DÉFINITION DE LA TRIANGULAIRE. — TANGENTES.

1. Nous disons qu'une courbe plane est *triangulaire symétrique*, quand, en la rapportant à un triangle de référence convenablement choisi, on peut la représenter par une équation de la forme (*)

$$(1) \qquad \left(\frac{\alpha}{a}\right)^{m} + \left(\frac{\beta}{b}\right)^{m} + \left(\frac{\gamma}{c}\right)^{m} = 0,$$

$\alpha$, $\beta$, $\gamma$ étant des coordonnées trilinéaires; $a$, $b$, $c$ des paramètres; $m$ un nombre rationnel, positif ou négatif, que nous supposerons toujours réduit à sa plus simple expression fractionnaire, et que nous appellerons l'*exposant de la courbe*.

Le triangle par rapport auquel l'équation de la courbe prend la forme ci-dessus est son *triangle de symétrie*.

---

(*) M. Lamé a étudié les courbes données par l'équation

$$\left(\frac{x}{a}\right)^{m} + \left(\frac{y}{b}\right)^{m} = 1$$

(*Examen des différentes méthodes...*). Ce sont des triangulaires dont le triangle de symétrie a pour un de ses côtés la droite de l'infini. M. Euzet a considéré le cas où les deux coordonnées n'ont pas le même exposant (*Nouvelles Annales de Mathématiques*, 1854). Les théorèmes que nous allons établir sont d'un genre différent de ceux que ces géomètres ont obtenus.

2. Quand un ou deux des paramètres sont nuls ou infinis, la triangulaire se décompose en lignes droites.

À moins que nous n'avertissions expressément du contraire, nous supposerons toujours que les paramètres des triangulaires données ne sont ni nuls ni infinis.

3. En calculant l'équation de la tangente à la triangulaire au point $(\alpha, \beta, \gamma)$ on obtient

$$(2) \qquad \frac{\alpha^{m-1}\,\alpha'}{a^{m}} + \frac{\beta^{m-1}\,\beta'}{b^{m}} + \frac{\gamma^{m-1}\,\gamma'}{c^{m}} = 0.$$

Nous verrons plus loin (23) que cette équation représente, en général, plusieurs droites en outre de la tangente.

Si $\alpha'$, $\beta'$, $\gamma'$ sont les coordonnées d'un point fixe, et $\alpha$, $\beta$, $\gamma$ des variables, cette équation représente une triangulaire. Nous avons donc le théorème suivant :

*Les points de contact des tangentes menées d'un point à une triangulaire d'exposant m sont situés sur une triangulaire d'exposant (m — 1) ayant le même triangle de symétrie que la première.*

TRANSFORMATIONS DE LA TRIANGULAIRE.

4. *Courbe homographique.* — Nous allons rechercher l'équation générale de la courbe homographique de la triangulaire que représente l'équation (1).

Nous prenons un triangle quelconque et nous faisons correspondre ses sommets à ceux du triangle de symétrie de la triangulaire. Nous appelons $\alpha'$, $\beta'$, $\gamma'$ les coordonnées, par rapport à ce nouveau triangle, du point de la courbe homographique qui correspond au point $(\alpha, \beta, \gamma)$ de la triangulaire. Nous avons

$$\frac{\alpha}{\gamma} = \lambda\,\frac{\alpha'}{\gamma'}, \quad \frac{\beta}{\gamma} = \mu\,\frac{\beta'}{\gamma'},$$

$\lambda$ et $\mu$ étant deux constantes arbitraires (*Géométrie supérieure*, art. 501, 504).

Il suffit de porter dans l'équation (1) les valeurs de $\alpha$ et de $\beta$ déduites de ces relations pour avoir l'équation cherchée. On trouve

$$\left(\lambda\,\frac{\alpha'}{a}\right)^{m} + \left(\mu\,\frac{\beta'}{b}\right)^{m} + \left(\frac{\gamma'}{c}\right)^{m} = 0.$$

Cette équation représente une triangulaire de même exposant que la proposée. Le triangle de référence est quelconque, et les coefficients contenant deux constantes indéterminées, on peut faire coïncider la nouvelle courbe avec toute triangulaire d'exposant $m$.

*Deux triangulaires de même exposant et leurs triangles de symétrie sont homographiques. On peut établir l'homographie en faisant correspondre dans un ordre arbitraire les sommets de l'un des triangles aux sommets de l'autre.*

D'après cela nous pouvons, pour l'étude des propriétés projectives de la triangulaire, supposer que l'un des côtés du triangle de symétrie a été transporté à l'infini. La courbe est alors représentée par une équation cartésienne de la forme

$$(3) \qquad \left(\frac{x}{a}\right)^{m} + \left(\frac{y}{b}\right)^{m} = 1.$$

Il existe une grande analogie entre les propriétés de la droite de l'infini et celles des axes coordonnés, par rapport aux lignes que représente l'équation (3).

5. *Courbe corrélative.* — Nous allons faire subir à la triangulaire (1) une transformation polaire en prenant pour directrice la conique

$$\alpha^{2} + \beta^{2} + \gamma^{2} = 0.$$

Si nous appelons $\alpha'$, $\beta'$, $\gamma'$ les coordonnées du pôle de la tangente à la triangulaire considérée, nous aurons

$$\alpha' : \beta' : \gamma' = \frac{\alpha^{m-1}}{a^m} : \frac{\beta^{m-1}}{b^m} : \frac{\gamma^{m-1}}{c^m}.$$

Pour obtenir l'équation de la courbe polaire, il faut éliminer $\alpha$, $\beta$, $\gamma$ entre ces relations et l'équation (1). On trouve, en supprimant l'accent devenu inutile (*),

$$(a\alpha)^{\frac{m}{m-1}} + (b\beta)^{\frac{m}{m-1}} + (c\gamma)^{\frac{m}{m-1}} = 0.$$

Cette équation représente une triangulaire; en lui faisant subir une transformation homographique, nous aurons la corrélative générale de la triangulaire proposée. Il suffit pour cela d'introduire dans les coefficients deux constantes arbitraires $\lambda$ et $\mu$ (4), le triangle de référence devenant d'ailleurs quelconque,

$$(4) \qquad (\lambda a\alpha)^{\frac{m}{m-1}} + (\mu b\beta)^{\frac{m}{m-1}} + (c\gamma)^{\frac{m}{m-1}} = 0.$$

On peut disposer des indéterminées $\lambda$ et $\mu$ de manière à faire coïncider la courbe que représente cette équation avec toute triangulaire d'exposant $m : (m-1)$.

Le triangle de symétrie de la première triangulaire est conjugué à la conique directrice. Il résulte de là que les triangles de symétrie des triangulaires (1) et (4) sont corrélatifs.

*Lorsque les exposants $m$ et $m'$ de deux triangulaires satisfont à la relation*

$$(5) \qquad mm' - m - m' = 0,$$

*les systèmes formés par ces courbes et leurs triangles de symé-*

---

(*) On peut déduire cette équation d'une formule plus générale donnée par M. Salmon dans la *Théorie des enveloppes* (*Higher plane curves*, p. 97).

Nous donnons au n° 24 quelques explications sur le calcul du n° 5.

*trie sont corrélatifs. On peut faire correspondre dans un ordre arbitraire les sommets de l'un des triangles aux côtés de l'autre.*

6. D'après ce qui précède, le théorème du n° 3 donne corrélativement la proposition suivante :

*Les tangentes à une triangulaire d'exposant m aux points où elle est rencontrée par une droite, touchent une triangulaire d'exposant $\dfrac{1}{2-m}$ ayant le même triangle de symétrie que la première.*

### ÉQUATION TANGENTIELLE DE LA TRIANGULAIRE.

7. Il est facile de déduire de l'équation (2) l'équation tangentielle de la triangulaire, en prenant pour points de référence les sommets de son triangle de symétrie.

Si l'on appelle $\zeta$, $\eta$, $\theta$ les distances d'une tangente quelconque à ces sommets, et $\zeta_1$, $\eta_1$, $\theta_1$ les longueurs des perpendiculaires abaissées des mêmes points sur les côtés opposés du triangle, on aura

$$(6) \qquad \left(\frac{a\,\zeta}{\zeta_1}\right)^{m'} + \left(\frac{b\,\eta}{\eta_1}\right)^{m'} + \left(\frac{c\,\theta}{\theta_1}\right)^{m'} = 0.$$

$m'$ est lié à l'exposant $m$ de la triangulaire par la relation (5).

Une triangulaire peut ainsi être considérée comme ayant deux exposants $m$ et $m'$; mais c'est le premier, celui de l'équation ponctuelle, que nous continuerons de considérer exclusivement comme son exposant.

On obtient aisément l'équation du point de contact de la tangente $(\zeta, \eta, \theta)$. Le théorème du n° 6 est une conséquence de cette équation.

ORDRE DE LA TRIANGULAIRE.

8. Mettant en évidence, dans l'équation (1), les deux termes $p$ et $q$ de l'exposant $m$, nous avons

$$(7) \qquad \left(\frac{\alpha}{a}\right)^{\frac{p}{q}} + \left(\frac{\beta}{b}\right)^{\frac{p}{q}} + \left(\frac{\gamma}{c}\right)^{\frac{p}{q}} = 0.$$

Nous supposons que les quantités $a^p$, $b^p$, $c^p$ sont réelles; alors l'équation mise sous forme rationnelle aura tous ses coefficients réels. Chacune des quantités $a$, $b$, $c$ possédera $p$ valeurs (*).

Les coefficients $a^{\frac{p}{q}}$, $b^{\frac{p}{q}}$, $c^{\frac{p}{q}}$ ont $q$ valeurs. Nous n'en considérerons qu'une dans toutes les formules où ils multiplieront la puissance $(p:q)$ d'une coordonnée, car il suffit d'avoir égard aux $q$ valeurs de cette dernière quantité. Alors si $q$ est impair, nous pourrons prendre les coefficients réels; si $q$ est pair, chacun d'eux sera réel et positif, ou imaginaire sans partie réelle.

Lorsque les coefficients $a^{\frac{p}{q}}$, $b^{\frac{p}{q}}$, $c^{\frac{p}{q}}$ entreront dans une équation d'une autre manière que celle qui vient d'être indiquée, notamment quand ils formeront les termes d'un polynôme facteur d'une fonction des variables, il sera nécessaire d'avoir égard à toutes leurs valeurs.

9. Résolvant l'équation (7) par rapport à $(\beta : \gamma)$, on trouve

$$(8) \qquad \frac{c\,\beta}{b\,\gamma} = \left[ -\left(\frac{c\,\alpha}{a\,\gamma}\right)^{\frac{p}{q}} - 1 \right]^{\frac{q}{p}}.$$

---

(*) Quand nous disons qu'une quantité a $p$ ou $q$ valeurs, il faut comprendre que $p$ et $q$ sont les grandeurs absolues des termes de l'exposant.

A chaque grandeur de $(\alpha : \gamma)$ correspondent $q$ valeurs pour $(c\alpha : a\gamma)^{\frac{p}{q}}$ et $pq$ valeurs pour $(\beta : \gamma)$. Toute droite passant par un sommet du triangle de symétrie rencontre ainsi la triangulaire en $pq$ points, indépendamment de ceux qui peuvent être réunis au sommet.

Quand l'exposant est positif, la triangulaire ne passe pas par les sommets de son triangle de symétrie, et par conséquent, d'après ce que nous venons de dire, elle est de l'ordre $pq$.

Lorsque l'exposant est négatif, la triangulaire ne coupe un côté de son triangle de symétrie qu'aux deux sommets situés sur cette droite : chacun d'eux a donc un degré de multiplicité égal à la moitié de l'ordre de la courbe. Mais nous avons vu que cet ordre est $pq$, plus le degré de multiplicité d'un sommet; il s'élève donc à $2pq$.

Pour que ce raisonnement soit rigoureux, il faut établir qu'aucune branche de la courbe ne rencontre tangentiellement le côté considéré du triangle; or, si l'on suppose $\alpha$ et $\beta$ infiniment petits, l'exposant étant négatif, l'équation (7) perdra son troisième terme, et il restera

$$(9) \qquad \left(\frac{\alpha}{a}\right)^{\frac{p}{q}} + \left(\frac{\beta}{b}\right)^{\frac{p}{q}} = 0.$$

Cette équation représente les tangentes de la triangulaire au sommet $\alpha\beta$, et, comme nous supposons que les paramètres $a$ et $b$ ne sont ni nuls ni infinis (2), nous voyons qu'aucune de ces tangentes ne se confond avec le côté $\alpha$ ou le côté $\beta$ du triangle.

*L'ordre d'une triangulaire est égal à une fois ou à deux fois le produit des termes de son exposant, suivant que cet exposant est positif ou négatif* (*).

---

(*) On peut parvenir à ce résultat par l'application du théorème de

*Une triangulaire à exposant positif ne passe pas par les sommets de son triangle de symétrie.*

*Dans une triangulaire à exposant négatif* $(-p:q)$, *chaque sommet du triangle de symétrie est un point multiple de l'ordre pq.*

10. L'équation (9) donne

$$\frac{\alpha}{\beta} = \frac{a}{b}\,(-1)^{\frac{q}{p}}.$$

*Les pq tangentes qu'une triangulaire à exposant négatif* $(-p:q)$ *possède à chaque sommet de son triangle de symétrie* (9) *se réduisent à p droites distinctes.* Chacune d'elles représente $q$ tangentes de la courbe au sommet du triangle (*).

11. On obtient la même équation (9) lorsque l'on suppose l'exposant positif et le paramètre $c$ infini. En conséquence, *quand l'exposant a une valeur positive* $(p:q)$, *si un paramètre devient infini, la triangulaire se décompose en*

---

Bezout, en considérant l'élimination que l'on est conduit à faire pour mettre l'équation de la courbe sous une forme rationnelle; mais cette méthode n'est pas plus simple, et il nous a paru préférable de faire toute la discussion de la triangulaire en raisonnant sur son équation trinôme.

(*) Nous ne disons pas qu'elles sont multiples de l'ordre $q$, car l'ordre de multiplicité d'une tangente indique une autre propriété.

A un point ordinaire de rebroussement, tel que celui de la cissoïde, la tangente de rebroussement est simple parce qu'elle correspond à un point simple de la courbe corrélative. D'un autre côté, un tel point de rebroussement est un point double auquel les deux tangentes de la courbe sont confondues. Nous dirons qu'*à un point ordinaire de rebroussement* M, *la tangente de rebroussement est une tangente simple, et qu'elle représente les deux tangentes de la courbe au point double* M.

Des observations analogues peuvent être faites sur les points, mais elles ne sont pas utiles. Il est en effet impossible de confondre le nombre de points de contact avec une même tangente qu'un point singulier représente, et la multiplicité de ce point, tandis que quelques-unes de nos phrases sur les tangentes auraient pu être mal interprétées.

*p droites, chacune d'ordre q, passant toutes par le sommet du triangle opposé au côté auquel le paramètre infini se rapporte.*

12. Quand l'exposant a une grandeur négative $(-\,p:q)$, l'équation de la triangulaire peut être mise sous la forme

$$\gamma^{\frac{p}{q}}\left[\left(\frac{a}{\alpha}\right)^{\frac{p}{q}}+\left(\frac{b}{\beta}\right)^{\frac{p}{q}}\right]+c^{\frac{p}{q}}=0.$$

Si $c$ est nul, elle se décompose et donne un faisceau de droites, comme au numéro précédent, et le côté $\gamma$ a l'ordre de multiplicité $pq$.

*Lorsque l'exposant a une valeur négative $(-\,p:q)$, si un paramètre devient nul, la triangulaire se décompose en pq fois le côté du triangle auquel se rapporte le paramètre, et en un faisceau de p droites d'ordre q passant par le sommet opposé.*

Chaque sommet du triangle de symétrie est ainsi, sur le système des droites, multiple de l'ordre $pq$, ainsi que nous avons vu que cela doit être (9).

ÉTUDE DES POINTS SINGULIERS QUE LA TRIANGULAIRE POSSÈDE<br>SUR LES CÔTÉS DE SON TRIANGLE DE SYMÉTRIE.

13. *Exposant positif* $(+\,p:q)$. — Les points où une triangulaire à exposant positif rencontre les côtés de son triangle de symétrie présentent des particularités remarquables.

Quand on suppose $(\alpha:\gamma)$ nul, les $pq$ valeurs de $(\beta:\gamma)$ données par l'équation (8) se réduisent à $p$ grandeurs distinctes.

*Les pq rencontres d'une triangulaire à exposant positif $(p:q)$ avec l'un quelconque des côtés de son triangle de symétrie forment p groupes composés chacun de q points coïncidents.*

14. Eu égard à l'équation (8) pour un quelconque des $p$ points de rencontre d'une triangulaire avec le côté $\beta$ de son triangle de symétrie, la quantité $(c\alpha : a\gamma)$ est telle, que l'une des $q$ valeurs de sa puissance $(p : q)$ est égale à l'unité négative; alors, dans le nombre des $pq$ valeurs de $(\beta : \gamma)$, il y en a $p$ qui sont nulles.

*A chacune de ses $p$ rencontres avec un côté du triangle de symétrie, une triangulaire à exposant positif possède, sur la droite dirigée vers le sommet opposé, $p$ points réunis en un seul.*

15. En supposant une des coordonnées nulle dans l'équation (2), on obtient immédiatement la proposition suivante :

*Les tangentes qu'une triangulaire admet en l'un des points où elle rencontre un côté de son triangle de symétrie sont confondues en une seule droite qui est dirigée vers le sommet opposé ou coïncide avec le côté du triangle, suivant que l'exposant de la courbe est plus grand ou plus petit que l'unité.*

16. La discussion de l'équation (8) montre qu'*il ne peut passer qu'une ou deux branches réelles à chacun des points réels que la triangulaire possède sur les côtés de son triangle de symétrie, selon que l'ordre de multiplicité de ces points est pair ou impair. Quand il y a deux branches réelles, elles forment un rebroussement.*

Cette discussion est facile, mais il serait long de la reproduire entièrement; nous nous bornerons à examiner le cas où $p$ et $q$ sont impairs. Alors, quand on attribue une valeur positive ou négative à $(\alpha : \gamma)$, on a une valeur réelle (et une seule) pour $(\beta : \gamma)$. Il résulte de là que la courbe traverse la droite $\alpha$ au point réel où elle la rencontre, mais qu'une seule branche réelle y passe.

17. La nature des points réels que la courbe possède sur

les côtés de son triangle de symétrie est maintenant bien établie par les théorèmes des numéros précédents. *Ce sont des points multiples tels, que toutes les tangentes de la courbe y sont réelles et confondues en une seule droite, et qu'il n'y passe qu'une ou deux branches réelles, suivant que leur ordre de multiplicité est pair ou impair. Quand il y a deux branches elles forment un rebroussement* (*).

Le plus petit des deux termes de l'exposant est l'ordre de multiplicité de chaque point de rencontre de la courbe avec un côté du triangle; leur différence fait connaître l'ordre du contact avec la tangente ou l'ordre du rebroussement. Nous désignerons ces deux nombres par $r$ et $s$.

18. D'après ce que nous venons de dire, les particulari-

---

(*) On rencontre assez souvent des points singuliers de la nature de ceux que nous venons de définir.

Considérons l'équation

$$x^{r+s} + A y^r = 0,$$

dans laquelle $r$ et $s$ sont des nombres entiers, positifs et premiers entre eux. La courbe qu'elle représente possède à l'origine des coordonnées un point multiple de l'ordre $r$; ses $r$ tangentes en ce point coïncident avec l'axe des abscisses. Lorsque $r$ est impair, la courbe a une seule branche réelle qui touche cet axe en le traversant ou sans le traverser, suivant que $s$ est pair ou impair. Quand $r$ est pair, la courbe a deux branches réelles qui se réunissent à l'origine en formant un rebroussement.

Toute droite passant par l'origine peut être considérée comme tangente, mais si on la regarde simplement comme sécante, c'est-à-dire si l'on fait abstraction de la multiplicité du point, lorsqu'en la faisant tourner on l'aura rendue réellement tangente, l'ordre de son contact sera $s$.

M. Salmon dit que le point triple avec deux tangentes imaginaires et une réelle mérite d'être signalé, parce qu'il ne présente à l'œil aucune différence avec un point ordinaire (*Higher plane curves*). La courbe que représente l'équation ci-dessus, quand $r$ égale 3 et que $s$ est impair, possède à l'origine un point triple avec trois tangentes coïncidentes, et ce point n'a aucune différence apparente avec les points ordinaires, comme dans le cas indiqué par M. Salmon.

Nous avons établi qu'il est nécessaire de classer les rebroussements en ordres d'après le degré de contact de la courbe avec la tangente de rebrous-

tés des points singuliers dont nous nous occupons sont déterminées suivant les grandeurs relatives des deux termes
de l'exposant, comme il suit :

$$p > q, \qquad p < q;$$

Multiplicité $r$. . . . . . . . . . . . . . . .          $q,$          $p$ ;

Ordre du contact avec la tangente

ou du rebroussement $s$ . . . . . . .     $p - q,$      $q - p.$

**19.** *Exposant négatif* $(-p:q)$. Nous pouvons mettre
l'équation de la courbe sous la forme

$$(a\,\beta\gamma)^{\frac{p}{q}} + (b\,a\gamma)^{\frac{p}{q}} + (c\,a\beta)^{\frac{p}{q}} = 0.$$

Considérons la droite

$$\beta = \varepsilon x :$$

---

sement (*Géométrie descriptive*, n$^{os}$ 437-439; *Journal de M. Liouville*, 1864).
Suivant qu'un rebroussement est d'ordre pair ou d'ordre impair, les deux
arcs sont d'un même côté ou de côtés différents de la tangente de rebroussement. Ce que nous venons de dire montre que la distinction en ordres
n'est pas suffisante, et qu'il faut avoir égard à la multiplicité du point de
rebroussement. Ainsi, la courbe représentée par l'équation

$$x^{13} + A\,y^{6} = 0,$$

possède un rebroussement du septième ordre et le point de rebroussement
a une multiplicité égale à six.

Il peut y avoir un facteur commun entre l'ordre $r$ de multiplicité du point
et l'ordre $s$ du contact avec la tangente; mais alors la courbe a nécessairement une équation plus compliquée que celle que nous avons prise pour
exemple. Nous ne nous arrêterons pas à cette question.

Le moyen le plus simple de concevoir la génération d'une courbe qui a
un point singulier du genre de ceux qui nous occupent, est de considérer
une courbe gauche ayant un contact de l'ordre $(r - 1)$ avec une droite, et
un contact de l'ordre $(r + s - 1)$ avec celui des plans passant par cette
ligne qui la touche plus intimement que les autres, puis de la projeter or-
thogonalement sur un plan perpendiculaire à sa tangente.

Notre but dans cette note a été de prévenir toute incertitude sur l'interprétation des résultats que nous donnons dans le texte. Nous devons dire
que les nombres désignés par $r$ et $s$ sont ceux que M. Cayley appelle *indices
de la branche par rapport à ses points, et par rapport à ses tangentes* (*Crelle*,
t. LXIV; *Quarterly Journal of Mathematics*, 1866).

ses intersections avec la courbe sont données par l'é-
quation

$$\left[ (a\varepsilon\gamma)^{\frac{p}{q}} + (b\gamma)^{\frac{p}{q}} + (c\varepsilon\alpha)^{p} \right] \alpha^{\frac{p}{q}} = 0.$$

Le facteur $\alpha^{\frac{p}{q}}$ détermine les $pq$ points qui sont réunis au
sommet $\alpha\beta$. En faisant disparaître ce facteur, on a une
équation qui, résolue par rapport à $\alpha$, devient

$$(10) \qquad c\alpha = a\gamma \left[ -1 - \left( \frac{b}{a\varepsilon} \right)^{\frac{p}{q}} \right]^{\frac{q}{p}}.$$

Lorsque $\varepsilon$ a l'une des $p$ valeurs données par l'équation

$$\varepsilon = \frac{b}{a} (-1)^{\frac{q}{p}},$$

une des $q$ valeurs de la grande parenthèse de l'équation (10)
s'anéantit, et $p$ des $pq$ valeurs de $\alpha$ sont nulles. On a ainsi
$p$ tangentes (10) ayant chacune sur la courbe $p$ points réunis en un seul, indépendamment de ceux qui forment la
multiplicité du sommet $\alpha\beta$ (9). Ceux-ci doivent être répartis entre les $p$ tangentes. D'après cela, *dans une triangulaire à exposant négatif $(p:q)$, chaque sommet a pour l'une
quelconque des $p$ tangentes une multiplicité égale à $q$, et le
nombre des points que la tangente possède sur la courbe, au
sommet, en outre de ceux qui forment la multiplicité de ce
point, est $p$.* Ainsi, pour chacune des $p$ tangentes, les
nombres que nous avons appelés $r$ et $s$ (17) sont $q$ et $p$.

On reconnaît d'ailleurs facilement qu'il ne correspond à
chaque tangente réelle qu'une ou deux branches réelles, et
que, quand il y a deux branches réelles, elles forment un
rebroussement.

Nous voyons, d'après ce qui précède, que, *pour une triangulaire à exposant négatif, les sommets du triangle de symé-*

*trie sont des points singuliers que l'on peut considérer comme formés par la réunion de p points du genre de ceux que nous avons définis au n° 17.*

**20.** Une triangulaire à exposant négatif $(-p:q)$ est corrélative d'une autre triangulaire ayant pour exposant le nombre $\dfrac{p}{p+q}$, qui est positif et plus petit que l'unité. Cette dernière a sur un quelconque des côtés de son triangle de symétrie $p$ points singuliers pour lesquels les quantités que nous avons appelées $r$ et $s$ sont respectivement $p$ et $q$ (18). D'un autre côté, la triangulaire considérée possède à l'un quelconque des sommets de son triangle de symétrie un point singulier formé de la réunion de $p$ points de la nature de ceux que nous avons définis au n° 17, et tels, que les nombres $r$ et $s$ y sont $q$ et $p$ (19). Il se fait donc une permutation entre les nombres $r$ et $s$ quand on passe de la triangulaire considérée à celle qui lui est corrélative.

Ce résultat pouvait être prévu, car le nombre $s$ indiquant l'ordre du contact exprime la multiplicité de la tangente.

### CLASSIFICATION DES TRIANGULAIRES.

**21.** Nous classons les triangulaires en trois genres, suivant que l'exposant a son numérateur pair, son dénominateur pair, ou ses deux termes impairs. Chaque genre est divisé en trois espèces qui correspondent à l'exposant plus grand que l'unité, à l'exposant positif et plus petit que l'unité, et à l'exposant négatif.

Nous considérerons quelquefois les espèces d'une manière générale et indépendamment des genres. Nous aurons alors deux classifications distinctes établies sur des principes différents.

Dans la suite de ce Mémoire nous aurons à étudier des courbes et des surfaces qui s'appuieront, pour leur génération, sur plusieurs triangulaires ayant un même exposant. La classification que nous venons d'établir pour ces lignes sera étendue aux courbes et aux surfaces dérivées, sans que nous ayons besoin d'en avertir.

**22.** Eu égard aux théorèmes précédemment démontrés, il est facile d'obtenir la classe d'une triangulaire appartenant à une espèce déterminée. On trouve, en effet, les relations suivantes entre deux triangulaires corrélatives.

| TRIANGULAIRE PRIMITIVE. | | | TRIANGULAIRE CORRÉLATIVE. | | |
|---|---|---|---|---|---|
| Espèce. | Exposant. | Ordre. | Exposant. | Espèce. | Ordre. |
| 1 | $\dfrac{p}{q}\ (p>q)$ | $pq$ | $\dfrac{p}{p-q}$ | 1 | $p(p-q)$ |
| 2 | $\dfrac{p}{q}\ (p<q)$ | $pq$ | $-\dfrac{p}{q-p}$ | 3 | $2p(q-p)$ |
| 3 | $-\dfrac{p}{q}$ | $2pq$ | $\dfrac{p}{p+q}$ | 2 | $p(p+q)$ |

**23.** On peut obtenir la classe de la courbe par le théorème du n° 3.

Dans l'équation (2) les coefficients des variables $\alpha'$, $\beta'$, $\gamma'$ ont chacun $q$ valeurs, et par suite cette équation représente réellement $q^2$ droites dont une seule est tangente à la triangulaire (1). Chaque tangente fait ainsi partie d'un système de $q^2$ droites données par une même équation (2). Lorsque l'on suppose $\alpha'$, $\beta'$, $\gamma'$ constantes et $\alpha$, $\beta$, $\gamma$ variables, on a une triangulaire qui rencontre la proposée en chacun des points où la tangente appartient à un système dont une des $q^2$ droites passe au point $(\alpha'$, $\beta'$, $\gamma')$. Il suit de là que pour avoir le nombre des tangentes issues de ce point, il faut diviser par $q^2$ le nombre des intersections des triangulaires (1) et (2), déduction faite de leurs points communs aux sommets du triangle de symétrie si elles sont de la troisième espèce.

En opérant de cette manière pour chacune des trois espèces, on trouve précisément les résultats que nous avons obtenus par la considération de la triangulaire corrélative.

24. On voit qu'il faut avoir quelques précautions lorsque l'on se sert de l'équation (2), à cause de l'existence des droites parasites; toutefois nous n'avons pas eu à nous en occuper dans le calcul du n° 5. Chacune des coordonnées $\alpha'$, $\beta'$, $\gamma'$ possède, il est vrai, $q$ valeurs, et si l'on faisait l'élimination de $\alpha$, $\beta$ et $\gamma$ entre les équations rendues rationnelles, on obtiendrait le lieu général des pôles des tangentes et des droites parasites; mais, comme les coordonnées $\alpha$, $\beta$, $\gamma$ d'un point de la triangulaire ne satisfont à l'équation (1) qu'autant qu'on prend une certaine valeur de chacun de ses trois termes, en faisant l'élimination sur les équations irrationnelles on éloigne les points $(\alpha', \beta', \gamma')$ qui correspondent aux autres valeurs, c'est-à-dire les pôles des droites parasites.

25. En comparant l'ordre d'une courbe à celui de sa corrélative, on reconnaît que *toutes les triangulaires possèdent des points multiples, sauf celles qui ont pour exposant* (1 : 2), *— 1, ou bien un nombre entier et positif.*

Nous ne nous occuperons pas des points isolés, parce qu'ils présentent peu d'intérêt dans les questions que nous avons à étudier. On peut les déterminer, pour chaque triangulaire, par la méthode suivie dans le premier Mémoire pour la trilatérale harmonique (179).

26. Les triangulaires de seconde et de troisième espèce

étant corrélatives, les propositions démontrées au n° 9 donnent le théorème suivant :

*Dans une triangulaire de seconde espèce d'exposant $(p : q)$, chaque côté du triangle de symétrie est pour la courbe une tangente multiple de l'ordre $p(q-p)$. Les deux côtés du triangle qui passent à un sommet sont les seules tangentes que l'on peut mener de ce point à la courbe.*

**27.** Enfin, nous ajouterons que *toute triangulaire de premier genre est corrélative d'une triangulaire de premier genre, et que les triangulaires de second et de troisième genre sont respectivement corrélatives les unes des autres.*

PÔLES, POLAIRES.

**28.** En faisant $\gamma'$ nul dans l'équation (2) de la tangente de la triangulaire au point $(\alpha, \beta, \gamma)$, on a

$$(11) \qquad \left(\frac{\beta'}{\alpha'}\right)\left(\frac{\beta}{\alpha}\right)^{m-1} + \left(\frac{b}{a}\right)^{m} = 0;$$

ou bien, en mettant les deux termes de l'exposant en évidence,

$$(12) \qquad \left(\frac{\beta'}{\alpha'}\right)^{q}\left(\frac{\beta}{\alpha}\right)^{p-q} - (-1)^{q}\left(\frac{b}{a}\right)^{p} = 0.$$

Les coordonnées $\alpha$, $\beta$ et $\alpha'$, $\beta'$ se rapportent, les premières au point de contact, les autres au point où la tangente coupe le côté $\gamma$ du triangle.

A chaque grandeur de $(\beta' : \alpha')$ correspondent $(p-q)$ valeurs de $(\beta : \alpha)$ (*). Il en résulte que les tangentes menées

---

(*) Dans ce passage le binôme $(p-q)$ représente la différence absolue des deux termes de l'exposant s'ils sont de même signe, et leur somme arithmétique s'ils sont de signes contraires.

à la courbe d'un point pris sur un côté du triangle forment $(p - q)$ groupes tels, que, dans un même groupe, les points de contact sont sur une sécante passant par le sommet opposé. Nous dirons que les $(p - q)$ sécantes sont les *polaires* du point considéré sur le côté du triangle.

Chaque grandeur de $(\beta : \alpha)$ donne $q$ valeurs de $(\beta' : \alpha')$. Il suit de là que les tangentes aux points situés sur une droite passant par un sommet du triangle forment $q$ groupes tels, que les tangentes comprises dans un groupe coupent en un même point le côté du triangle opposé au sommet. Nous appellerons *pôles* de la droite les $q$ points ainsi obtenus.

Une sécante passant par un sommet du triangle coupe la courbe en $pq$ points, non compris ceux qui peuvent être réunis au sommet. Mais la sécante a seulement $q$ pôles, les tangentes de chaque groupe sont donc au nombre de $p$.

29. Dans ce qui précède, nous n'avons pas eu égard aux droites parasites qui accompagnent chaque tangente (23), parce que leur existence ne change rien aux raisonnements.

Si nous considérons $\alpha$ et $\beta$ comme deux des coordonnées d'un point déterminé de la triangulaire, les valeurs données par l'équation (12) pour $(\alpha' : \beta')$ détermineront sur le côté $\gamma$ du triangle $q$ points par chacun desquels passeront $q$ des $q^2$ droites qui forment le système auquel appartient la tangente au point considéré : ce sont précisément les pôles de la sécante qui passe par ce point et par le sommet $\alpha\beta$.

30. Les considérations que nous avons présentées au n° 27 nous seront plusieurs fois utiles. Nous nous bornerons ici à remarquer qu'elles conduisent à des résultats conformes à ceux que nous avons obtenus au n° 25 pour la classe de la courbe. Nous voyons, en effet, qu'on peut mener à une triangulaire $p(p - q)$ tangentes d'un point pris sur un côté du triangle. Il faut doubler ce nombre, quand

la courbe est de la seconde espèce, pour avoir égard aux tangences du côté considéré du triangle (26).

## DISCUSSION GÉNÉRALE DE LA TRIANGULAIRE.

31. Nous nous proposons d'étudier dans ce paragraphe les diverses formes de la triangulaire.

Si, pour les trois termes de l'équation (7), on considère des valeurs imaginaires et correspondant à des racines différentes de l'unité, l'équation aura une partie réelle et une partie imaginaire, et, par suite, se décomposera en deux autres dont le système ne pourra donner que des points isolés (n° 179, p. 120). Les arcs réels et continus de la courbe sont donc entièrement déterminés par l'équation quand on y a seulement égard aux valeurs réelles des trois termes.

*Premier genre : p pair, q impair.*

32. Lorsque l'on attribue une grandeur déterminée au rapport $(\alpha : \gamma)$, le binôme qui forme la parenthèse de l'équation (8) a une valeur réelle. Si elle est positive, $(\beta : \gamma)$ a deux valeurs réelles qui sont égales et de signes contraires.

*Une sécante passant par un sommet du triangle de symétrie d'une triangulaire du premier genre coupe, en général, cette courbe en deux points réels. Ces points sont conjugués harmoniques du sommet et du point où la sécante rencontre le côté opposé.*

Eu égard à la remarque contenue dans le n° 27, nous pouvons écrire immédiatement le théorème corrélatif.

*D'un point pris arbitrairement sur un côté du triangle de symétrie d'une triangulaire du premier genre, on peut mener, en général, deux tangentes réelles à cette courbe. Elles sont conju-*

*guées harmoniques du côté considéré du triangle, et de la droite qui joint le point au sommet opposé.*

**33.** $q$ et $(p-q)$ sont impairs, par conséquent la formule (12) donne pour chaque valeur réelle de $(\beta : \alpha)$ une valeur réelle de $(\beta' : \alpha')$, et réciproquement.

*Les tangentes d'une triangulaire du premier genre aux deux points réels situés sur une sécante passant par un sommet du triangle de symétrie se coupent sur le côté opposé du triangle.*

*Toute droite passant par un sommet du triangle a un pôle réel. Tout point situé sur un côté du triangle a une polaire réelle.*

**34.** Nous devons maintenant avoir égard au signe de l'exposant.

*Exposant positif.* — Les droites respectivement dirigées des différents sommets du triangle aux points où la courbe rencontre les côtés opposés sont représentés par les équations suivantes :

$$(13)\quad\begin{cases}\left(\dfrac{\gamma}{\beta}\right)^{\frac{p}{q}}=-\left(\dfrac{c}{b}\right)^{\frac{p}{q}},\\[2ex]\left(\dfrac{\alpha}{\gamma}\right)^{\frac{p}{q}}=-\left(\dfrac{a}{c}\right)^{\frac{p}{q}},\\[2ex]\left(\dfrac{\beta}{\alpha}\right)^{\frac{p}{q}}=-\left(\dfrac{b}{a}\right)^{\frac{p}{q}}.\end{cases}$$

Le numérateur $p$ étant pair, chacune des équations qui précèdent donne en général deux droites réelles.

Les quantités $a^{\frac{p}{q}}$, $b^{\frac{p}{q}}$, $c^{\frac{p}{q}}$ ne peuvent pas être de même signe si la courbe est réelle. Il résulte de là que deux des couples de droites représentées par les équations (10) sont réels et le troisième imaginaire.

*Une triangulaire du premier genre et de la première ou de la seconde espèce coupe deux des côtés de son triangle de symétrie, chacun en deux points réels, et ne rencontre pas le troisième.*

*Sur chacun des deux premiers côtés les points qui appartiennent à la courbe sont conjugués harmoniques des sommets du triangle.*

35. Pour connaître les singularités des points de la courbe situés sur les côtés du triangle, il suffit d'appliquer les résultats obtenus aux n$^{os}$ 15 et 18.

*Les points où la triangulaire de la première espèce du premier genre rencontre les côtés de son triangle de symétrie ont une multiplicité égale à $q$; la courbe y a un contact de l'ordre $(p - q)$ avec la droite dirigée vers le sommet opposé. Ces points ne présentent aucune singularité apparente.*

*La triangulaire de la seconde espèce du premier genre a des rebroussements de l'ordre $(q - p)$ aux points où elle rencontre les côtés de son triangle de symétrie. La multiplicité des points de rebroussement est égale à $p$. Les tangentes de rebroussement se confondent respectivement avec les côtés du triangle.*

36. *Exposant négatif.* — Les théorèmes spéciaux aux triangulaires de la troisième espèce peuvent être déduits de ceux qui sont relatifs aux triangulaires de la seconde espèce (22).

*Deux des sommets du triangle de symétrie d'une triangulaire de la troisième espèce du premier genre sont des points de croisement de deux branches réelles de la courbe. Le troisième est un point isolé.*

*Les tangentes en l'un des deux premiers sont conjuguées harmoniques des côtés du triangle qui passent à ce point (34). Sur chacune des branches réelles qui se croisent à un sommet, ce* *point a une multiplicité égale à $q$, et le contact de la branche avec sa tangente est de l'ordre $p$* (19).

Une branche est par conséquent traversée par sa tangente en un sommet du triangle, ce qui est à peu près évident, car si l'on mène des transversales par ce point, quelques-unes d'entre elles couperont la courbe en deux points réels (non compris le sommet), et d'autres ne la rencontreront pas.

37. Nous appelons *multiplicité effective* d'un point le nombre total des branches qui passent à ce point diminué du nombre des branches qui sont toujours imaginaires. Nous étendrons cette expression aux lignes multiples des surfaces; elle nous sera très-commode dans la discussion des formes des surfaces tétraédrales.

*Dans une triangulaire de la troisième espèce du second genre, les sommets du triangle de symétrie ont une multiplicité effective égale à deux.*

*Deuxième genre : $p$ impair, $q$ pair.*

38. Le dénominateur $q$ étant pair, les coefficients $a^{\frac{p}{q}}$, $b^{\frac{p}{q}}$, $c^{\frac{p}{q}}$ peuvent être imaginaires (8).

Les points de l'arc réel et continu de la courbe sont donnés par les valeurs réelles des quantités $(c\alpha : a\gamma)^{\frac{p}{q}}$, $(c\beta : a\gamma)^{\frac{p}{q}}$ (31). Les monômes $(c\alpha : a\gamma)^{p}$, $(c\beta : a\gamma)^{p}$ doivent donc être positifs. Il résulte de là qu'*une triangulaire du deuxième genre ne traverse aucun des côtés de son triangle de symétrie.*

39. Lorsque l'on attribue une grandeur déterminée au

rapport $(\gamma:\alpha)$, l'équation (8) peut donner deux valeurs réelles pour $(\beta:\gamma)$, mais elles ne sont pas égales et de signes contraires comme dans le cas où le numérateur $p$ de l'exposant est pair (32).

*Une sécante passant par un sommet du triangle de symétrie d'une triangulaire du second genre coupe, en général, cette courbe en deux points réels.*

40. En remarquant que $q$ est pair et $(p - q)$ impair, on déduit de l'équation (12) les théorèmes suivants :

*Les tangentes d'une triangulaire du second genre aux deux points réels situés sur une sécante passant par un sommet du triangle de symétrie coupent le côté opposé du triangle en deux points qui sont conjugués harmoniques des deux derniers sommets.*

*D'un point pris sur un côté du triangle on peut mener à la courbe une tangente réelle et une seule.*

41. *Exposant positif.* — Si l'on fait $\alpha$ nul, l'équation (8) donnera pour $(\beta:\gamma)$ une valeur réelle; la courbe rencontre donc en un point le côté $\alpha$ du triangle; nous savons d'ailleurs qu'elle ne peut pas le traverser (38).

*Une triangulaire de la première espèce du second genre possède trois points de rebroussement situés sur les trois côtés du triangle de symétrie. Les tangentes de rebroussement passent par les sommets opposés du triangle. Chaque rebroussement est de l'ordre $(p - q)$; la multiplicité d'un point de rebroussement est égale à $q$.*

*Quand une triangulaire est de la seconde espèce du second genre, les trois côtés de son triangle de symétrie la touchent chacun en un point. L'ordre du contact est $(q - p)$; le point de contact a une multiplicité égale à $p$ (15 et 18).*

42. En faisant successivement $\alpha$, $\beta$, $\gamma$ nuls dans l'équa-

tion (7) et négligeant les solutions imaginaires, nous avons

$$(14) \qquad \frac{\gamma}{\beta} = \frac{c}{b}, \quad \frac{\alpha}{\gamma} = \frac{a}{c}, \quad \frac{\beta}{\alpha} = \frac{b}{a}.$$

L'une quelconque de ces équations est la conséquence des deux autres.

*Dans une triangulaire du second genre à exposant positif, les droites qui vont des points où la courbe rencontre les trois côtés du triangle de symétrie aux sommets respectivement opposés se coupent en un même point.* Ces droites sont les tangentes de rebroussement quand les triangulaires appartiennent à la première espèce.

**43.** *Exposant négatif.* — Eu égard au théorème du n° 19, $q$ étant pair, la courbe possède à chaque sommet du triangle un rebroussement de l'ordre $p$. Les équations (14) représentent dans ce cas les tangentes de rebroussement. On voit immédiatement que ces lignes passent par un même point.

*La triangulaire du second genre et de la troisième espèce d'exposant $(-p : q)$ possède à chaque sommet de son triangle de symétrie un rebroussement réel dont l'ordre est $p$, et pour lequel le sommet a une multiplicité égale à $q$. Les trois tangentes de rebroussement se coupent en un même point.*

*Troisième genre : $p$ et $q$ impairs.*

**44.** $p$ et $q$ étant impairs, il résulte de l'équation (8) que *toute droite passant par un sommet du triangle de symétrie d'une triangulaire du troisième genre coupe cette courbe en un point réel, en outre de ceux qui sont réunis au sommet si l'exposant est négatif.*

**45.** L'équation (12) conduit aux conséquences suivantes. *D'un point situé sur l'un des côtés du triangle de symétrie* *d'une triangulaire du troisième genre, on peut mener, en géné-ral, deux tangentes réelles à la courbe. Les droites qui passent par les points de contact et par le sommet opposé du triangle sont conjuguées harmoniques des deux derniers côtés.*

46. Les propriétés spéciales des triangulaires des trois espèces peuvent être obtenues, soit directement, soit par les principes de la dualité. Nous nous bornerons à les énoncer sommairement.

*Les trois points de rencontre d'une triangulaire du troisième genre à exposant positif avec les trois côtés de son triangle de symétrie sont en ligne droite. La courbe traverse sa tangente en chacun de ces points.*

47. *La triangulaire de la troisième espèce du troisième genre passe par les sommets de son triangle de symétrie, et n'a en ces points aucune singularité apparente.*

*Les points de rencontre des côtés du triangle de symétrie avec les tangentes de la courbe aux sommets opposés sont en ligne droite.*

INDICATIONS SOMMAIRES SUR QUELQUES TRIANGULAIRES.

48. Nous allons présenter des indications sommaires sur quelques triangulaires choisies de telle manière que nous ayons un type pour les trois espèces de chaque genre.

*La ligne droite est triangulaire par rapport à tout triangle. Son exposant est l'unité.* Elle est du troisième genre, et forme transition entre les deux premières espèces.

49. Quand $m$ est égal à l'unité, l'équation (5) donne pour $m'$ une grandeur infinie, ce qui montre que *le point doit être considéré comme étant, par rapport à tout triangle, une triangulaire ayant l'infini pour exposant.*

Ce résultat est facile à comprendre, car, lorsque l'exposant est infini, si l'on donne aux coordonnées $\alpha$, $\beta$, $\gamma$ les valeurs $a$, $b$, $c$, les trois termes de l'équation (1) deviennent indéterminés.

50. *La conique est triangulaire par rapport à chacun des triangles qui lui sont conjugués, ou circonscrits, ou inscrits. Dans ces trois cas, son exposant est respectivement 2, (1 : 2) et — 1.*

51. Si nous considérons le triangle de référence comme n'étant pas déterminé, chacune des coordonnées $\alpha$, $\beta$, $\gamma$ devra être regardée comme représentant un polynôme du premier degré à deux variables, et contenant implicitement deux constantes. En ayant égard aux paramètres qui figurent explicitement dans l'équation (1), on voit que cette équation renferme seulement huit constantes arbitraires lorsque l'exposant est donné. Il résulte de là que, *dans les ordres supérieurs au second, les triangulaires forment des variétés, et que, pour chacune d'elles, le triangle de symétrie est déterminé.*

Les exposants (2 : 3) et — 2 donnent la trilatérale harmonique et la trinodale harmonique qui sont des courbes du sixième ordre et du quatrième ordre.

52. *La triangulaire qui a pour exposant le nombre 3 est une courbe du troisième ordre sans point double* (25). Elle est aussi *sans ovale,* car une droite menée par un sommet du triangle de symétrie ne la rencontre qu'en un point réel.

On sait qu'à chaque point d'inflexion d'une courbe du troisième ordre correspond une droite que l'on appelle la *polaire harmonique* du point, et qui jouit de plusieurs propriétés importantes (*). *Chacun des sommets du triangle de symétrie de la triangulaire dont l'exposant est 3 se trouve à la*

---

(*) M. CHASLES, *Aperçu historique*, note XX ; M. SALMON, *Higher plane curves,* p. 140.

rencontre de la polaire harmonique d'un point d'inflexion avec la tangente en ce point. La courbe est d'ailleurs telle, que sa tangente à un point d'inflexion et la polaire harmonique de ce point sont conjuguées harmoniques des deux côtés du triangle qui se croisent à leur point de rencontre.

La courbe est de la sixième classe; les points de contact des six tangentes que l'on peut lui mener d'un même point sont sur une conique à laquelle le triangle de symétrie est conjugué (3).

Les trois tangentes de la triangulaire aux points où elle est rencontrée par une droite quelconque touchent une conique qui passe par les sommets du triangle de symétrie (6).

La triangulaire d'exposant 3 jouit enfin des propriétés générales énoncées aux n$^{os}$ 44 à 46.

D'après le théorème du n° 14, cette courbe coupe chaque côté de son triangle de symétrie en trois points distincts; elle a d'ailleurs une inflexion à chacun d'eux, et, par suite, elle possède neuf points d'inflexion dont trois sont réels.

53. A l'exposant (3 : 2) correspond une courbe du sixième ordre corrélative de la précédente, et dont par conséquent nous pouvons écrire immédiatement les propriétés essentielles.

La triangulaire d'exposant (3 : 2) a trois points de rebroussement réels; si on lui mène deux tangentes d'un point mobile sur une tangente de rebroussement, la corde de contact passera par un point fixe que nous appelons pôle harmonique de la tangente de rebroussement. Les deux points de contact seront conjugués harmoniques du pôle et du point où la corde coupe la tangente de rebroussement. Les droites qui joindront deux à deux les points d'intersection de deux couples de tangentes passeront par le pôle harmonique.

Chaque côté du triangle de symétrie est déterminé par un point de rebroussement, et par le pôle harmonique de la tangente *de rebroussement. Les deux sommets du triangle sont conjugués harmoniques de ces points.*

*La courbe a six rebroussements imaginaires répartis deux à deux sur les côtés du triangle.*

*La triangulaire d'exposant* $(3:2)$ *est de la troisième classe. Les points de contact des trois tangentes que l'on peut lui mener d'un même point sont sur une conique inscrite dans le triangle de symétrie* $(3)$.

*Les six tangentes de cette courbe aux points où elle est rencontrée par une droite quelconque touchent une conique conjuguée au triangle de symétrie* $(6)$.

54. Les exposants $(1:3)$ et $(-1:2)$ déterminent, l'un la courbe du troisième ordre qui a un point conjugué et par suite trois points d'inflexion réels, l'autre la courbe du quatrième ordre qui possède trois rebroussements. Ces triangulaires sont réciproques.

Le triangle de symétrie de la première a pour côtés les tangentes aux points d'inflexion; les sommets du triangle de la seconde coïncident avec les points de rebroussement (*).

### TRIANGLES DE SYMÉTRIE EN PARTIE IMAGINAIRES.

55. Dans le premier Mémoire, nous avons eu à considérer pour les coniques des triangles conjugués dont deux côtés étaient imaginaires (241). Les variétés de la quadrispinale et de la quadricuspidale, qui n'ont que deux lignes doubles planes, nous montrent des trilatérales et des trinodales harmoniques dont les triangles de symétrie sont également réduits à une droite indéfinie et au sommet opposé.

---

(*) M. Salmon a donné les équations de ces courbes avec leurs exposants fractionnaires (*Higher plane curves*).

On voit que, lorsqu'une triangulaire est rapportée à des axes indépendants de son triangle de symétrie, si l'on fait varier ses paramètres, ce triangle peut devenir en partie imaginaire. Il n'est plus alors possible de le prendre pour triangle de référence; mais, en vertu du principe de continuité, les théorèmes établis pour la .courbe continuent d'exister.

Nous nous bornons à ces courtes observations, notre intention n'étant pas d'étudier, dans ce Mémoire, la question des triangulaires dont le triangle de symétrie n'est pas entièrement réel, et des surfaces que l'on peut obtenir par leur considération.

# CHAPITRE II.

## COURBE GAUCHE TÉTRAÉDRALE SYMÉTRIQUE.

---

### DÉFINITION ET PREMIÈRES PROPRIÉTÉS DE LA SURFACE TÉTRAÉDRALE SYMÉTRIQUE SIMPLE.

56. Nous disons qu'une surface est *tétraédrale symétrique simple* quand, en la rapportant à un tétraèdre de référence convenablement choisi, on peut la représenter par une équation de la forme

$$(15) \qquad \left(\frac{\alpha}{a}\right)^{m} + \left(\frac{\beta}{b}\right)^{m} + \left(\frac{\gamma}{c}\right)^{m} + \left(\frac{\delta}{d}\right)^{m} = 0,$$

$\alpha$, $\beta$, $\gamma$, $\delta$ étant des coordonnées tétraédrales, $a$, $b$, $c$, $d$ des coefficients, et $m$ un nombre rationnel que nous appelons l'*exposant* de la surface. Le tétraèdre de référence est son *tétraèdre* de symétrie.

57. En raisonnant comme nous l'avons fait aux n<sup>os</sup> 4 et 5, on obtient les théorèmes suivants qu'il paraît suffisant d'énoncer.

*Deux surfaces tétraédrales symétriques simples ayant un même exposant et leurs tétraèdres de symétrie sont homographiques. On peut établir l'homographie en faisant correspondre dans un ordre arbitraire les sommets de l'un des tétraèdres aux sommets de l'autre.*

*Lorsque les exposants $m$ et $m'$ de deux surfaces tétraédrales symétriques simples sont liés par la relation*

$$(5) \qquad mm' - m - m' = 0,$$

*ces surfaces et leurs tétraèdres de symétrie sont corrélatifs. On peut faire correspondre dans un ordre arbitraire les sommets de l'un des tétraèdres aux plans de l'autre.*

58. Pour déterminer l'ordre de la surface, nous la coupons par un plan contenant l'arête $\delta\gamma$ du tétraèdre. L'équation de ce plan est

$$(16) \qquad \delta = \varepsilon\gamma,$$

$\varepsilon$ étant une constante.

L'élimination de $\delta$ donne entre les coordonnées $\alpha$, $\beta$, $\gamma$ d'un point de la section l'équation

$$(17) \qquad \left(\frac{\alpha}{a}\right)^m + \left(\frac{\beta}{b}\right)^m + \left[1 + \left(\frac{c\varepsilon}{d}\right)^m\right]\left(\frac{\gamma}{c}\right)^m = 0.$$

En remarquant que le binôme qui forme le coefficient du dernier terme a un nombre de valeurs égal au dénominateur $q$ de l'exposant, on voit que l'intersection se compose de $q$ triangulaires ayant pour exposant $m$.

Nous devons maintenant distinguer deux cas.

*Exposant positif* $(p : q)$. Les arêtes du tétraèdre n'appartiennent pas à la surface, et par suite la section par le plan (16) est formée entièrement par les $q$ triangulaires d'exposant $(p : q)$. L'ordre de la surface est donc $pq^2$.

*Exposant négatif* $(- p : q)$. On reconnaît par l'équation (15) que chaque arête du tétraèdre appartient à la surface, et que la section par un plan du tétraèdre se compose exclusivement des trois arêtes qu'il contient. Il résulte de là que l'ordre de la surface est triple de l'ordre de multiplicité des arêtes du tétraèdre.

La section de la surface par un plan qui contient une arête du tétraèdre se compose de cette droite et de $q$ triangulaires d'exposant $(- p : q)$; l'ordre de la surface est donc $2pq^2$, plus l'ordre de multiplicité des arêtes.

En comparant ces deux expressions, on trouve que les arêtes sont multiples de l'ordre $pq^2$, et que l'ordre de la surface est $3\,pq^2$.

*L'ordre d'une surface tétraédrale simple est égal à une fois ou à trois fois le produit du numérateur par le carré du dénominateur de son exposant, suivant que cet exposant est positif ou négatif.*

*On peut tracer sur une surface tétraédrale symétrique simple, et par chacun de ses points, six triangulaires de même exposant qu'elle. Les plans de ces courbes passent respectivement par les six arêtes du tétraèdre de symétrie. Le triangle de symétrie de l'une quelconque de ces triangulaires est formé par les trois droites distinctes suivant lesquelles son plan coupe les quatre plans du tétraèdre.*

59. Si l'exposant est positif, quand $\varepsilon$ est nul les $q$ triangulaires représentées par l'équation ($17$) se confondent.

*Une surface tétraédrale symétrique simple ayant un exposant positif possède sur chaque face de son tétraèdre une triangulaire qui représente $q$ triangulaires confondues en une seule.*

Nous appellerons *triangulaires principales* les quatre triangulaires situées sur les faces du tétraèdre de symétrie. Il existe entre leurs paramètres des relations simples dont l'interprétation géométrique est facile. Nous examinerons une question analogue dans le troisième chapitre.

60. L'exposant étant toujours supposé positif, si l'on fait $\gamma$ nul dans l'équation ($17$), $\varepsilon$ disparaît, et l'on trouve $p$ valeurs distinctes pour $(\alpha : \beta)$.

*Dans une surface tétraédrale symétrique simple à exposant positif, les $q$ triangulaires contenues dans un plan passant par une arête rencontrent cette droite aux mêmes points ($13$). Si la surface est de la première espèce, les tangentes des triangulaires en chacun de ces points sont dans un plan qui contient l'arête*

15.

*opposée; si elle est de la seconde espèce, l'arête y touche toutes les triangulaires : la surface possède alors p points cuspidaux sur chaque arête.*

**61.** Quand l'exposant est négatif, on peut mettre l'équation (17) sous la forme

$$(a\beta)^{\frac{p}{q}} + (b\alpha)^{\frac{p}{q}} + \left[ 1 + \left( \frac{d}{c\varepsilon} \right)^{\frac{p}{q}} \right] \left( \frac{c\alpha\beta}{\gamma} \right)^{\frac{p}{q}} = 0.$$

Pour avoir la tangente de la triangulaire au point situé sur l'arête $\alpha\beta$, il faut supposer $\alpha$ et $\beta$ infiniment petits; $\varepsilon$ disparaît alors et l'on a

$$(a\beta)^{\frac{p}{q}} + (b\alpha)^{\frac{p}{q}} = 0.$$

Cette équation détermine $p$ droites, dont chacune représente $q$ tangentes (**10**).

Nous voyons d'abord que, *lorsqu'une surface tétraédrale symétrique simple à exposant négatif* $(- p : q)$ *est coupée par un plan contenant une arête de son tétraèdre de symétrie, les $q$ triangulaires d'intersection ont toutes pour tangentes les mêmes droites au point où elles rencontrent l'arête opposée*; ensuite que *la surface admet les mêmes plans tangents en tous les points d'une arête. Le nombre de ces plans est égal à $p$.*

Nous aurions pu conclure que le plan tangent ne varie pas d'un point de l'arête à un autre, de ce que la surface corrélative ayant un exposant positif ne contient pas les arêtes de son tétraèdre de symétrie.

CÔNE TRIANGULAIRE SYMÉTRIQUE.

**62.** Nous appelons *cône triangulaire symétrique* le cône qui a pour directrice une triangulaire symétrique. Les plans menés par le sommet et respectivement par les trois côtés du triangle de symétrie de la directrice forment la *pyramide de symétrie* du cône.

Toute section plane d'un tel cône est une triangulaire symétrique de même exposant que la directrice. On peut considérer ce nombre comme l'*exposant du cône.*

*L'ordre d'un cône triangulaire d'exposant* $(+p:q)$ *ou* $(-p:q)$ *est le même que celui de la directrice, et par conséquent* $pq$ *ou* $2pq$.

*Un cône triangulaire d'exposant* m *est corrélatif dans l'espace d'une triangulaire plane d'exposant* $\dfrac{m}{m-1}$ (5).

63. Si, dans l'équation (15), on suppose que $d$ soit infini ou nul suivant que $m$ est positif ou négatif, le quatrième terme disparaît, et l'équation représente un cône triangulaire symétrique dont les plans $\alpha$, $\beta$ et $\gamma$ forment la pyramide de symétrie.

*Le cône triangulaire symétrique est une variété de la surface tétraédrale symétrique simple.*

64. Nous avons donné au n° 62 les expressions qui font connaître l'ordre d'un cône triangulaire. Il est facile de les déduire de celles que nous avons obtenues pour l'ordre d'une surface tétraédrale symétrique simple (58).

Chaque terme de l'équation (15) a $q$ valeurs ; par conséquent, lorsque l'on fait disparaître le dernier terme en attribuant une grandeur convenable au coefficient $d$, le trinôme qui subsiste doit être considéré comme ayant $q$ valeurs nulles. En d'autres termes, la surface que représente l'équation réduite a un ordre de multiplicité indiqué par $q$. D'après cela, si l'exposant est positif, on obtiendra l'ordre du cône triangulaire en divisant par $q$ l'ordre de la surface tétraédrale simple qui est $pq^2$.

Quand l'exposant a la valeur négative $(-p:q)$, si l'on fait $d$ nul, on trouve, outre un cône triangulaire, le plan $\delta$,

Le degré de multiplicité de ce plan est $pq^2$, car les arêtes
qu'il contient sont de cet ordre (58), et elles n'appartiennent pas au cône. La surface tétraédrale simple étant de
l'ordre $3pq^2$, il reste pour l'ordre du cône triangulaire le
nombre $2pq^2$, et comme ce cône est multiple de l'ordre $q$,
son degré est $2pq$, ainsi que nous l'avons déjà trouvé.

CÔNES TRIANGULAIRES CIRCONSCRITS À UNE SURFACE<br>
TÉTRAÉDRALE SYMÉTRIQUE SIMPLE.

**65.** Le plan tangent à la surface (15) au point $(\alpha, \beta, \gamma, \delta)$
est représenté par l'équation

$$(18) \quad \left(\frac{\alpha}{a}\right)^{\frac{p-q}{q}} \frac{\alpha'}{a} + \left(\frac{\beta}{b}\right)^{\frac{p-q}{q}} \frac{\beta'}{b} + \left(\frac{\gamma}{c}\right)^{\frac{p-q}{q}} \frac{\gamma'}{c} + \left(\frac{\delta}{d}\right)^{\frac{p-q}{q}} \cdot \frac{\delta'}{d} = 0.$$

Ce plan coupe l'arête $\alpha\beta$ en un point dont les coordonnées satisfont aux relations

$$\alpha' = 0, \quad \beta' = 0, \quad \frac{\gamma'}{\delta'} = -\frac{c}{d}\left(\frac{c\delta}{d\gamma}\right)^{\frac{p-q}{q}}.$$

L'expression de $(\gamma' : \delta')$ a $q$ valeurs, et ne contient pas les
coordonnées $\alpha$ et $\beta$ du point de contact. Il résulte de là que
les plans tangents aux différents points de la surface situés
dans un plan passant par l'arête $\gamma\delta$ forment $q$ groupes, et
que ceux d'un groupe rencontrent l'arête $\alpha\beta$ en un même
point. Comme d'ailleurs la section de la surface par un plan
contenant la droite $\gamma\delta$ se compose de $q$ triangulaires (58),
nous voyons que la développable circonscrite à la surface
le long d'une de ces courbes est un cône qui a son sommet
sur l'arête $\alpha\beta$.

Si l'on donne sur l'arête $\alpha\beta$ le sommet $(\delta', \gamma')$ du cône
circonscrit, on trouvera $(p-q)$ valeurs pour le rapport

$(\delta : \gamma)$ qui détermine la position du plan de la triangulaire de contact.

*Chacune des $q$ triangulaires de la surface contenues dans un plan passant par une arête du tétraèdre, est la courbe de contact d'un cône circonscrit ayant son sommet sur l'arête opposée.*

*Tout point d'une arête du tétraèdre est le sommet de $(p-q)$ cônes triangulaires circonscrits à la surface* (*).

ÉQUATION TANGENTIELLE DE LA SURFACE TÉTRAÉDRALE SYMÉTRIQUE SIMPLE ET DU CÔNE TRIANGULAIRE.

66. Si l'on appelle $\zeta$, $\eta$, $\theta$ et $\xi$ les distances d'un plan tangent aux sommets du tétraèdre, et $\zeta_1$, $\eta_1$, $\theta_1$, $\xi_1$ les distances des mêmes points aux plans qui leur sont respectivement opposés, on a

$$\left(\frac{a\zeta}{\zeta_1}\right)^{\frac{m}{m-1}} + \left(\frac{b\eta}{\eta_1}\right)^{\frac{m}{m-1}} + \left(\frac{c\theta}{\theta_1}\right)^{\frac{m}{m-1}} + \left(\frac{d\xi}{\xi_1}\right)^{\frac{m}{m-1}} = 0.$$

Quand cette équation est réduite à trois termes, elle représente un cône triangulaire.

DROITES SITUÉES SUR UNE SURFACE TÉTRAÉDRALE SYMÉTRIQUE SIMPLE.

67. On satisfait à l'équation (15) en posant

$$\left(\frac{\alpha}{a}\right)^{\frac{p}{q}} + \left(\frac{\beta}{b}\right)^{\frac{p}{q}} = 0, \quad \left(\frac{\gamma}{c}\right)^{\frac{p}{q}} + \left(\frac{\delta}{d}\right)^{\frac{p}{q}} = 0.$$

---

(*) *Voir*, sur la valeur qu'il faut attribuer au binôme $(p-q)$, la note du n° 28.

L'équation (18) représente en réalité $q^2$ droites. Après les explications que nous avons données aux n°s 23, 24 et 29, nous croyons inutile de revenir sur cette circonstance.

Quel que soit le signe de l'exposant, ces équations représentent $p^2$ droites qui rencontrent les arêtes $\alpha\beta$ et $\gamma\delta$ du tétraèdre.

On trouve sur la surface $2p^2$ autres droites déterminées par les deux systèmes suivants d'équations :

$$\begin{cases} \left(\dfrac{\alpha}{a}\right)^{\frac{p}{q}} + \left(\dfrac{\gamma}{c}\right)^{\frac{p}{q}} = 0, \\[2mm] \left(\dfrac{\beta}{b}\right)^{\frac{p}{q}} + \left(\dfrac{\delta}{d}\right)^{\frac{p}{q}} = 0; \end{cases} \qquad \begin{cases} \left(\dfrac{\alpha}{a}\right)^{\frac{p}{q}} + \left(\dfrac{\delta}{d}\right)^{\frac{p}{q}} = 0, \\[2mm] \left(\dfrac{\beta}{b}\right)^{\frac{p}{q}} + \left(\dfrac{\gamma}{c}\right)^{\frac{p}{q}} = 0. \end{cases}$$

*On peut tracer, sur une surface tétraédrale symétrique simple d'exposant $(\pm\, p : q)$, $3\,p^2$ droites réparties en trois groupes. Les droites d'un groupe rencontrent deux mêmes arêtes opposées du tétraèdre.*

68. Pour déterminer l'ordre de multiplicité de ces droites, nous remonterons à l'équation (17), et nous supposerons d'abord l'exposant positif.

Il existe $p$ grandeurs de $\varepsilon$ pour chacune desquelles une des $q$ valeurs du binôme

$$1 + \left(\frac{c\varepsilon}{d}\right)^{\frac{p}{q}}$$

est nulle. Ainsi, dans le nombre des plans qui passent par l'arête $\delta\gamma$, il y en a $p$ qui contiennent $(q-1)$ triangulaires et un faisceau de $p$ droites de l'ordre $q$ (11). Nous obtenons de cette manière les $p^2$ droites, nous voyons qu'elles sont de l'ordre $q$ et que leurs $p^2$ points de rencontre avec l'arête $\delta\gamma$ ne forment que $p$ points distincts, ce que l'on peut d'ailleurs déduire de leurs équations.

Quand l'exposant est négatif, on trouve que, parmi les plans qui passent par l'arête $\delta\gamma$, il y en a $p$ dans chacun desquels une triangulaire se décompose en $p$ droites de l'ordre $q$, et une droite de l'ordre $pq$ confondue avec l'arête $\partial\gamma$ (12). Nous retrouvons ainsi nos $p^2$ droites de l'ordre $q$.

*Les $3p^2$ droites dont nous avons constaté l'existence au numéro précédent ont un ordre de multiplicité indiqué par $q$.*

69. Dans le cas où l'exposant est négatif, les $p$ plans dans lesquels une des triangulaires d'intersection se décompose en droites sont les plans tangents à la surface le long de l'arête considérée (61). Chacun d'eux contient $pq$ droites confondues avec l'arête, et cette dernière ligne, qui, sur la surface, a un ordre de multiplicité égal à $pq^2$, représente $q^2$ droites dans chacun des $p$ plans. Un de ces plans renferme donc $(pq + q^2)$ droites confondues en une seule.

On arrive au même résultat par la proposition du n° 19, car chacun des $p$ plans contient $(p + q)$ points coïncidents sur l'une quelconque des $q$ triangulaires obtenues en coupant la surface par un plan passant par l'arête opposée (58), et par suite $q(p + q)$ points sur les $q$ triangulaires.

*Une surface tétraédrale symétrique simple ayant un exposant négatif $(-p : q)$ a un contact de l'ordre $pq$ avec chacun des $p$ plans tangents qu'elle admet le long d'une arête de son tétraèdre de symétrie. La multiplicité de l'arête dans l'un quelconque de ces plans est égale à $q^2$.*

70. Quand la surface est du premier genre, chacun des couples d'équations du n° 67 peut représenter quatre droites réelles; elles déterminent, avec l'une quelconque des deux arêtes qu'elles rencontrent, deux plans qui sont conjugués harmoniques des plans du tétraèdre dont cette arête est l'intersection.

Si la surface n'est pas du premier genre, une des droites de chaque groupe est réelle. Les trois droites d'ordre $q$ qui appartiennent ainsi à la tétraédrale passent par un même

point ou sont dans un même plan, suivant que cette surface est du second ou du troisième genre. Nous ne nous arrêterons pas à la démonstration de ces propositions.

### DERNIÈRES OBSERVATIONS SUR LA SURFACE TÉTRAÉDRALE SYMÉTRIQUE SIMPLE.

71. Il serait assez facile de discuter les formes des surfaces tétraédrales symétriques simples, en considérant les
triangulaires par lesquelles on peut les concevoir engen-
drées. Nous négligeons cette question.

Le point doit être regardé comme une surface tétraédrale
symétrique simple dont l'exposant est infini. En attribuant
successivement à l'exposant les valeurs $1$, $2$ et $(1:2)$, on
obtient respectivement le plan, la surface du second ordre
et celle de Steiner.

Plusieurs des propriétés les plus importantes de cette
dernière surface peuvent être déduites, comme simples co-
rollaires, des théorèmes généraux que nous venons d'établir (*).

### DÉFINITION DE LA COURBE GAUCHE TÉTRAÉDRALE SYMÉTRIQUE.

72. Considérons deux surfaces tétraédrales symétriques
simples ayant un même exposant et un même tétraèdre
de symétrie; nous pouvons les représenter par les équations

$$\left(\frac{\alpha}{a}\right)^m + \left(\frac{\beta}{b}\right)^m + \left(\frac{\gamma}{c}\right)^m + \left(\frac{\delta}{d}\right)^m = 0,$$

$$\left(\frac{\alpha}{a'}\right)^m + \left(\frac{\beta}{b'}\right)^m + \left(\frac{\gamma}{c'}\right)^m + \left(\frac{\delta}{d'}\right)^m = 0.$$

---

(*) On peut consulter sur la surface de Steiner les travaux de MM. Kum-
mer, Weierstrass, Shröter, Cremona, Cayley, Moutard (*Monatsberichte*, 1863 ;
*Crelle*, t. LXIII, LXIV ; *Société Philomathique*, 1865).

L'élimination de $\delta$ donne l'équation du cône qui a son sommet au point $\alpha\beta\gamma$ et l'intersection des surfaces pour directrice. On trouve

$$(19) \quad \left\{ \begin{aligned} &\left[ \mathrm{I} - \left(\frac{ad'}{da'}\right)^m \right] \left(\frac{\alpha}{a}\right)^m + \left[ \mathrm{I} - \left(\frac{bd'}{db'}\right)^m \right] \left(\frac{\beta}{b}\right)^m \\ &\qquad + \left[ \mathrm{I} - \left(\frac{cd'}{dc'}\right)^m \right] \left(\frac{\gamma}{c}\right)^m = \mathrm{o}. \end{aligned} \right.$$

Chacun des coefficients binômes a $q$ valeurs; il en résulte que l'intersection se compose de $q^3$ courbes distinctes qui ont entre leurs propriétés un parallélisme complet. Nous appellerons ces lignes *courbes gauches tétraédrales symétriques*; nous dirons que le nombre $m$ est leur *exposant*, et que le tétraèdre de symétrie des surfaces est leur *tétraèdre de symétrie*.

*Toute courbe tétraédrale symétrique appartient à quatre cônes triangulaires ayant le même exposant qu'elle. Les plans de son tétraèdre de symétrie, considérés trois à trois, forment les pyramides de symétrie de ces cônes.*

**73.** Quand l'exposant est positif $(+ p : q)$, l'ordre des surfaces tétraédrales simples est $pq^2$, et celui de leur intersection $p^2 q^4$. Le nombre de ces courbes étant $q^3$, l'ordre de chacune d'elles est $p^2 q$.

Quand l'exposant est un nombre négatif $(- p : q)$, chaque surface tétraédrale simple est de l'ordre $3pq^2$, et leur intersection de l'ordre $9 p^2 q^4$. Mais les six arêtes du tétraèdre appartiennent aux surfaces et y ont un ordre de multiplicité égal à $pq^2$; elles représentent donc dans l'intersection $6 p^2 q^4$ droites. Il reste pour les courbes $3 p^2 q^4$, et pour chacune d'elles $3 p^2 q$.

*L'ordre d'une courbe tétraédrale symétrique est égal à une fois ou à trois fois le carré du numérateur de son exposant par son dénominateur, suivant que cet exposant est positif ou négatif.*

Quand l'exposant est négatif, la courbe passe par les quatre sommets du tétraèdre; comme, d'ailleurs, il est évident qu'elle ne rencontre les plans du tétraèdre qu'en ces points, on voit que chacun d'eux a sur la tétraédrale un degré de multiplicité égal à $p^2 q$.

### COURBE TÉTRAÉDRALE GAUCHE CONSIDÉRÉE COMME RÉSULTANT DE L'INTERSECTION DE DEUX CÔNES TRIANGULAIRES.

**74.** Nous aurons souvent à considérer une courbe tétraédrale gauche comme provenant de l'intersection de deux cônes triangulaires. Nous allons l'étudier sous ce point de vue, en employant des coordonnées cartésiennes, ainsi que nous le faisons généralement dans ces Mémoires.

Concevons deux cônes triangulaires symétriques $\gamma$, $\gamma'$ ayant un même exposant positif ou négatif $(p : q)$, et tels, que leurs pyramides de symétrie aient deux plans communs $P''$ et $P'''$; faisons une transformation homologique qui éloigne $P'''$ à l'infini; prenons enfin pour plans coordonnés les troisièmes plans $P$ et $P'$ des pyramides devenues des prismes, et leur plan commun $P''$ : les cônes sont maintenant des cylindres, et nous pouvons les représenter par les équations

$$(20) \qquad \left(\frac{x}{u_1}\right)^{\frac{p}{q}} + \left(\frac{y}{v_2}\right)^{\frac{p}{q}} = 1, \qquad \left(\frac{x}{u_2}\right)^{\frac{p}{q}} + \left(\frac{z}{w_1}\right)^{\frac{p}{q}} = 1.$$

En éliminant $x$ nous aurons l'équation des projections sur le plan $P''$ des courbes tétraédrales qui forment l'intersection des cônes. On trouve

$$(21) \qquad \left(\frac{y}{v^2}\right)^{\frac{p}{q}} - \left(\frac{u_2 z}{u_1 w_1}\right)^{\frac{p}{q}} = 1 - \left(\frac{u_2}{u_1}\right)^{\frac{p}{q}}.$$

Le second membre a $q$ valeurs, et par suite l'équation (21) représente $q$ triangulaires.

*L'intersection de deux cônes triangulaires d'un même exposant $(p:q)$, et dont les pyramides de symétrie ont deux plans communs, se compose de $q$ courbes tétraédrales. Leur tétraèdre de symétrie est formé par les quatre plans distincts qui composent les pyramides de symétrie des cônes.*

Les deux premiers cônes triangulaires qui contiennent une courbe tétraédrale gauche étant $\gamma$, $\gamma'$, nous appellerons les deux autres $\gamma''$ et $\gamma'''$.

75. Il est important de savoir combien des $q$ courbes peuvent être réelles. Nous supposerons d'abord $q$ impair.

Dans ce cas le second membre de l'équation (21) a une seule valeur réelle, et par suite une seule des tétraédrales peut être réelle. Si $p$ est impair, à toute valeur de $y$ correspondra une valeur réelle pour $z$, et on aura, en effet, une courbe tétraédrale réelle. Si $p$ est pair, les signes des termes de l'équation seront indépendants de ceux que l'on pourra attribuer aux valeurs de $y$ et de $z$. Par conséquent, lorsque les coefficients réels

$$\left(\frac{u_1}{v_2}\right)^{\frac{p}{q}} : \left(u_1^{\frac{p}{q}} - u_2^{\frac{p}{q}}\right), \quad -\left(\frac{u_2}{w_1}\right)^{\frac{p}{q}} : \left(u_1^{\frac{p}{q}} - u_2^{\frac{p}{q}}\right)$$

seront négatifs, la courbe représentée par l'équation (21) sera imaginaire.

*Quand les cônes considérés $\gamma$, $\gamma'$ sont du premier genre, une seule des courbes tétraédrales qui composent leur intersection peut être réelle; lorsqu'ils appartiennent au troisième genre, une des courbes est réelle et les autres imaginaires.*

Dans le cas où $q$ est pair, si $u_1^p$ et $u_2^p$ sont de même signe, le second membre de l'équation (21) a deux valeurs réelles.

*Lorsque les cônes triangulaires considérés $\gamma$, $\gamma'$ sont du se-*

*cond genre, deux des courbes tétraédrales qui composent leur intersection sont, en général, réelles.*

76. Quand l'exposant est positif, chaque cône $\gamma$, $\gamma'$ est de l'ordre $pq$; l'ordre de leur intersection est donc $p^2q^2$, et celui de chacune des deux courbes tétraédrales $p^2q$.

Lorsque l'exposant est négatif, l'ordre de l'intersection complète est $4p^2q^2$; mais alors l'arête commune aux deux pyramides de symétrie est, pour chacun des cônes, une génératrice multiple de l'ordre $pq$ (9), et, par suite, elle compte dans leur intersection pour $p^2q^2$ droites. Il résulte de là que l'ordre du système des $q$ courbes tétraédrales gauches est $3p^2q^2$, et celui de chacune d'elles $3p^2q$.

Nous arrivons ainsi, par la considération des cônes, à des résultats identiques à ceux que nous avons obtenus au n° 73, en regardant une courbe tétraédrale comme l'intersection de deux surfaces tétraédrales simples.

77. Lorsque l'exposant a une valeur positive, une génératrice du cône $\gamma$ rencontre le cône $\gamma'$ en $pq$ points, et chacune des $q$ courbes qui composent l'intersection en $p$ points.

Quand l'exposant a une valeur négative, une génératrice du cône $\gamma$ rencontre le cône $\gamma'$ en $2pq$ points dont $pq$ sont au point A sommet de $\gamma$, car la droite AA' est une génératrice multiple de l'ordre $pq$ du cône $\gamma'$. Il résulte de là qu'une génératrice du cône $\gamma$ rencontre en $pq$ points le système des $q$ courbes d'intersection, comme dans le cas où l'exposant est négatif.

*Le nombre des points dans lesquels une courbe gauche tétraédrale symétrique est rencontrée par une génératrice de l'un quelconque des quatre cônes triangulaires auxquels elle appartient est égal au numérateur de son exposant.*

78. En appelant $v_1$, $w_2$ les paramètres de la projection

de la courbe tétraédrale sur le plan $P''$, et désignant l'exposant par la lettre $n$, nous avons

$$(22) \qquad v'_1 = \frac{v_2^n \left( u_1^n - u_2^n \right)}{u_1^n}, \quad w'_2 = - \frac{w_1^n \left( u_1^n - u_2^n \right)}{u_2^n}.$$

On déduit de ces relations les quatre équations suivantes, qui n'en forment que deux distinctes,

$$(23) \qquad \frac{u_1^n \, v_1^n \, w_1^n}{u_2^n \, v_2^n \, w_2^n} = -1,$$

$$(24) \qquad \frac{u_2^n}{u_1^n} + \frac{v_1^n}{v_2^n} = 1, \quad \frac{w_2^n}{w_1^n} + \frac{u_1^n}{u_2^n} = 1, \quad \frac{v_2^n}{v_1^n} + \frac{w_1^n}{w_2^n} = 1.$$

### INDICATIONS SOMMAIRES SUR QUELQUES COURBES GAUCHES TÉTRAÉDRALES SYMÉTRIQUES.

79. *L'ellipsimbre générale est la courbe gauche tétraédrale symétrique d'exposant* 2. *Les sommets de son tétraèdre de symétrie coïncident avec ceux des cônes du second ordre dont elle est l'intersection.*

80. Deux cônes du second ordre ayant pour exposant $(1:2)$, c'est-à-dire inscrits chacun dans une pyramide triangulaire (50), et placés comme il est dit au n° 74, ont deux plans tangents communs et se coupent suivant deux coniques qui ont une corde commune. En conséquence, *une conique est tétraédrale symétrique par rapport à tout tétraèdre dont les quatre plans lui sont tangents ; son exposant est* $(1:2)$.

On voit, d'après cela, en ayant égard à la définition des courbes tétraédrales (72), que *deux surfaces de Steiner qui ont un même tétraèdre de symétrie se coupent suivant huit coniques.*

81. Si l'exposant est $-1$, les cônes seront encore du second ordre, mais circonscrits aux pyramides (50). Deux

quelconques d'entre eux auront une génératrice commune et, par suite, leur courbe d'intersection sera une cubique gauche.

Considérons le tétraèdre formé par quatre plans osculateurs d'une cubique gauche, et prenons, sur un de ces plans, la trace du cône dont les génératrices passent par le sommet opposé et par les différents points de la cubique : la courbe ainsi obtenue est du troisième ordre, et a un contact du second ordre avec chaque côté du triangle qui forme la trace du tétraèdre. C'est donc, par rapport à ce triangle, une triangulaire ayant pour exposant $(1:3)$ (54).

*La cubique gauche est tétraédrale symétrique par rapport à tous les tétraèdres dont les sommets coïncident avec quatre de ses points ou dont les quatre plans lui sont osculateurs. Son exposant est* $-1$ *dans le premier cas et* $(1:3)$ *dans le second.*

82. Dans le premier Mémoire, nous avons étudié les deux courbes tétraédrales gauches qui ont respectivement pour exposant $-2$ et $(2:3)$ (163-166, 199-200). Elles appartiennent, la première à quatre cônes trinodaux harmoniques, la seconde à quatre cônes trilatéraux harmoniques, et sont l'une et l'autre du douzième ordre.

# CHAPITRE III.

## SURFACES RÉGLÉES TÉTRAÉDRALES SYMÉTRIQUES.

---

### GÉNÉRATION DE LA SURFACE RÉGLÉE TÉTRAÉDRALE SYMÉTRIQUE.

**83.** *Considérons dans l'espace deux courbes triangulaires symétriques d'un même exposant, et telles, que leurs triangles de symétrie aient un côté commun : en faisant des divisions sur ces courbes suivant le mode indiqué dans le premier Mémoire pour deux coniques rapportées à des triangles conjugués ayant un côté commun* (1, p. 3), *et joignant par des droites les points homologues, on obtient une surface que nous nous proposons d'étudier.*

Nous nommons les triangulaires directrices $\delta$ et $\delta'$. Les six sommets de leurs triangles de symétrie, réduits à quatre points distincts A, A', A'', A''', peuvent être considérés comme les sommets d'un tétraèdre dont les plans seront appelés P, P', P'', P'''. Les courbes $\delta$ et $\delta'$ sont respectivement sur les plans P et P'.

**84.** Nous faisons une transformation homographique qui éloigne à l'infini le plan P'''; nous prenons le sommet opposé A''' pour origine, et les arêtes A'''A'', A'''A', A'''A pour axes des $x$, des $y$ et des $z$. Les triangulaires directrices peuvent alors être représentées par les équations

$$(25) \quad \begin{cases} \delta: & z = 0, \quad \left(\dfrac{x}{x_1}\right)^{m} + \left(\dfrac{y}{y_2}\right)^{m} = 1, \\[2ex] \delta': & y = 0, \quad \left(\dfrac{x}{x_2}\right)^{m} + \left(\dfrac{z}{z_1}\right)^{m} = 1. \end{cases}$$

16

Les divisions homographiques faites sur PP′ ont à l'infini un de leurs points doubles A″; elles sont donc semblables, et les abscisses de deux points M et M′, où une génératrice rencontre $\delta$ et $\delta'$, sont dans un rapport constant $k$. Si l'abscisse du premier est $\lambda$, on trouve que les équations de la génératrice sont

$$(26) \quad \begin{cases} (1-k)\lambda y = y_2\left[1-\left(\dfrac{\lambda}{x_1}\right)^m\right]^{\frac{1}{m}}(x-k\lambda), \\[2ex] (k-1)\lambda z = z_1\left[1-\left(\dfrac{k\lambda}{x_2}\right)^m\right]^{\frac{1}{m}}(x-\lambda). \end{cases}$$

En faisant $x$ nul, on obtient les coordonnées $x$ et $y$ de la trace de la génératrice sur le plan P″,

$$(27) \quad \begin{cases} y = \dfrac{k\,y_2}{k-1}\left[1-\left(\dfrac{\lambda}{x_1}\right)^m\right]^{\frac{1}{m}}, \\[2ex] z = \dfrac{z_1}{1-k}\left[1-\left(\dfrac{k\lambda}{x_2}\right)^m\right]^{\frac{1}{m}}. \end{cases}$$

L'élimination de $\lambda$ entre ces équations donne

$$(28) \quad \left[\frac{(k-1)y}{ky_2}\right]^m - \left[\frac{(1-k)x_2 z}{kx_1 z_1}\right]^m = 1 - \left(\frac{x_2}{kx_1}\right)^m.$$

La quantité $(x_2 : kx_1)^m$ a un nombre de valeurs différentes égal au dénominateur $q$ de l'exposant $m$. En ayant égard à cette circonstance, on voit que l'équation (28) représente $q$ triangulaires de même exposant que $\delta$ et $\delta'$. A chacune d'elles correspond une surface que l'on peut considérer comme ayant pour directrices cette triangulaire et les deux premières $\delta$ et $\delta'$.

Si nous éloignions à l'infini le plan P″, nous obtiendrions

sur le plan $P'''$ des résultats semblables à ceux que nous avons trouvés pour $P''$.

*Le lieu des droites obtenues comme il est indiqué au n° 83 se compose d'un nombre de surfaces égal au dénominateur de l'exposant des triangulaires $\partial$, $\partial'$. Chacune de ces surfaces possède, sur les plans $P''$ et $P'''$, des triangulaires de même exposant que les premières. Les arêtes du tétraèdre $PP'P''P'''$, situées sur le plan de l'une d'elles, forment son triangle de symétrie.*

85. Nous posons

$$(29) \quad \begin{cases} y_1^m = \left[\dfrac{y_2}{(k-1)x_1}\right]^m \left[(kx_1)^m - x_2^m\right], \\[2mm] z_2^m = -\left[\dfrac{z_1}{(1-k)x_2}\right]^m \left[(kx_1)^m - x_2^m\right]. \end{cases}$$

L'équation (28) devient

$$\left(\frac{y}{y_1}\right)^m + \left(\frac{z}{z_2}\right)^m = 1.$$

Nous désignerons par $\partial''$ et $\partial'''$ les triangulaires situées sur les plans $P''$ et $P'''$.

86. D'après le théorème du n° 6 (p. 6), nous avons

$$\frac{x_{p'}}{x_p} = k, \qquad \frac{y_p}{y_{p''}} = -\frac{1-k}{k}, \qquad \frac{z_{p''}}{z_{p'}} = \frac{1}{1-k}.$$

Les propositions des n°s 35 et 37 (p. 24) sont par conséquent applicables aux surfaces que nous étudions. Il suffit de remplacer dans leur énoncé le mot *coniques* par celui de *triangulaires*.

L'une quelconque des surfaces obtenues par le mode de génération défini au n° 83 jouit ainsi de propriétés symétriques par rapport aux plans et aux sommets du tétraèdre $PP'P''P'''$. Nous dirons que ces surfaces *réglées* sont *tétraédrales symétriques*, et que le tétraèdre formé par les plans des triangulaires est leur *tétraèdre de symétrie*.

16.

### RELATIONS ENTRE LES TRIANGULAIRES D'UNE SURFACE RÉGLÉE TÉTRAÉDRALE SYMÉTRIQUE.

**87.** Nous multiplions la première des équations (29) par $(x_1 z_1)^m$, la seconde par $(x_2 y_2)^m$, et nous les divisons l'une par l'autre,

$$(30) \qquad (x_1 y_1 z_1)^m = -(- x_2 y_2 z_2)^m.$$

**88.** En supprimant le terme constant dans les équations des triangulaires $\partial$, $\partial'$, $\partial''$, on obtient

$$(31) \quad \begin{cases} \mathrm{P}: & \left(\dfrac{y}{x}\right)^m + \left(\dfrac{y_2}{x_1}\right)^m = 0, \\[2ex] \mathrm{P}': & \left(\dfrac{x}{z}\right)^m + \left(\dfrac{x_2}{z_1}\right)^m = 0, \\[2ex] \mathrm{P}'': & \left(\dfrac{z}{y}\right)^m + \left(\dfrac{z_2}{y_1}\right)^m = 0. \end{cases}$$

Chacune de ces équations représente un nombre de droites égal au numérateur de l'exposant : ce sont les lignes dirigées de l'origine vers les points où les triangulaires $\partial$, $\partial'$, $\partial''$ rencontrent le plan de l'infini, ou leurs tangentes à l'origine, suivant que l'exposant de ces courbes est positif ou négatif.

Considérons un plan passant par l'origine

$$\mathrm{D}x + \mathrm{E}y + \mathrm{F}z = 0 :$$

les équations qui expriment que ce plan contient trois droites respectivement représentées par les trois équations (31) sont

$$\left(\frac{y_2}{x_1}\right)^m = -\left(-\frac{\mathrm{D}}{\mathrm{E}}\right)^m, \quad \left(\frac{x_2}{z_1}\right)^m = -\left(-\frac{\mathrm{F}}{\mathrm{D}}\right)^m, \quad \left(\frac{z_2}{y_1}\right)^m = -\left(-\frac{\mathrm{E}}{\mathrm{F}}\right)^m.$$

Eu égard à la relation (30), deux quelconques de ces équations entraînent la troisième. Il *suit de là que tout plan passant par deux droites représentées respectivement par deux des équations* (31) *contient une des droites que représente la troisième.*

Si le numérateur $p$ de l'exposant $m$ est impair, le système des équations (31) déterminera trois droites réelles : ces lignes seront dans un même plan. Si $p$ est pair, chacune des équations (31) pourra donner deux droites réelles : tout plan contenant deux lignes de deux couples différents passera par une ligne du troisième.

Nous avons ainsi une interprétation géométrique précise de l'équation (30), suivant le genre et l'espèce des triangulaires de la surface. Si l'on suppose le plan $P'''$ à distance finie, et l'exposant positif, les équations (31) représenteront les droites dirigées de l'un des sommets du tétraèdre aux points où les trois triangulaires situées sur les plans passant par ce sommet rencontrent le plan de la quatrième.

GÉNÉRATRICES SINGULIÈRES.

89. Nous allons nous proposer de déterminer le nombre et le degré de multiplicité des génératrices qui sont situées sur un plan du tétraèdre de symétrie ou qui passent par un de ses sommets. Ces génératrices méritent une attention particulière : en général, un même plan est tangent à la surface le long de l'une quelconque d'entre elles ; quelquefois elles forment arête de rebroussement (93-99).

90. Nous dirons qu'une surface réglée tétraédrale symétrique a un *exposant* qui est précisément celui des triangulaires directrices.

*Exposant positif* $(+ p : q)$. — Les droites $PP'$ et $PP''$ rencontrent respectivement $\delta'$ et $\delta''$ en $p$ points dont chacun représente $q$ points d'intersection réunis en un seul (13). Les $p^2$ droites qui joignent les premiers points aux seconds sont les génératrices situées sur le plan $P$ : elles représentent, dans ce plan, $q^2$ droites appartenant au système des surfaces tétraédrales (84), et $q$ droites sur chacune d'elles.

Les triangulaires ne passent pas par les sommets du tétraèdre, et ces points n'appartiennent à la surface que dans des cas exceptionnels (83 et **228**, p. 64 et 147).

*Une surface réglée tétraédrale symétrique à exposant positif* $(+ p : q)$ *possède sur chaque face de son tétraèdre de symétrie* $p^2$ *génératrices, dont chacune représente* $q$ *droites par suite, soit de sa multiplicité propre, soit du contact de la surface avec le plan considéré du tétraèdre. Aucune génératrice ne passe par les sommets du tétraèdre.*

**91.** *Exposant négatif* $(- p : q)$. — La triangulaire $\delta$ passe par le point $A'$ et y a $p$ tangentes (10). Considérons l'une d'elles et le rayon homologue dans le faisceau $A$ (83) : les droites qui joignent le point $A'$ aux $pq$ points, autres que $A$, où ce rayon coupe $\delta'$, sont des génératrices. Le nombre total des droites distinctes ainsi obtenues, eu égard aux $p$ tangentes, est $p^2q$ pour l'ensemble des surfaces et $p^2$ pour chacune d'elles.

Les génératrices que nous venons de déterminer sont les seules qui passent par un sommet du tétraèdre; comme d'ailleurs les triangulaires ne rencontrent pas les arêtes en d'autres points qu'aux sommets, nous voyons que la surface n'a pas de génératrices sur les plans du tétraèdre.

*Sur une surface réglée tétraédrale symétrique à exposant négatif* $(- p : q)$, *il existe* $p^2$ *génératrices distinctes qui divergent de l'un quelconque des sommets du tétraèdre de symétrie. Les plans du tétraèdre ne contiennent aucune génératrice.*

ORDRE DE LA SURFACE RÉGLÉE TÉTRAÉDRALE
SYMÉTRIQUE.

**92.** *Exposant positif* $(+ p : q)$. — Un rayon du faisceau sur le plan P (83) rencontre $\delta$ en $pq$ points (9) qui doivent être joints à chacun des $pq$ points où le rayon homologue sur le plan P$'$ coupe $\delta'$. Les triangulaires ont donc un degré de multiplicité indiqué par $pq$ dans le système des surfaces et par $p$ pour chacune d'elles. Une de ces lignes représente ainsi une courbe de l'ordre $p^2 q$.

Un plan du tétraèdre coupe la surface suivant une triangulaire et un système de génératrices équivalant à une courbe de l'ordre $p^2 q$ (90). L'ordre de la section complète et de la surface elle-même est par conséquent $2p^2 q$.

*Exposant négatif* $(-p : q)$. — Deux rayons homologues coupent l'un $\delta'$, l'autre $\delta$, en $pq$ points, non compris ceux qui sont réunis en A ou en A$'$. Ces derniers appartiennent à tous les rayons; il n'y a pas lieu de s'en occuper : leur considération ferait trouver deux cônes.

D'après cela, et en raisonnant comme au numéro précédent, on reconnaît que l'ordre de multiplicité d'une triangulaire est $p$, et qu'elle représente sur la surface tétraédrale une courbe de l'ordre $2p^2 q$. Les triangulaires forment d'ailleurs les sections complètes par les plans du tétraèdre, car nous savons que la surface ne possède pas de génératrices sur ces plans (91).

*L'ordre d'une surface réglée tétraédrale symétrique est égal à deux fois le produit du dénominateur de son exposant par le carré de son numérateur.*

DISCUSSION SOMMAIRE DES FORMES DES SURFACES<br>RÉGLÉES TÉTRAÉDRALES SYMÉTRIQUES.

*Premier genre : p pair, q impair.*

93. Le dénominateur $q$ de l'exposant $m$ étant impair, les équations (29) ne donnent qu'un système de valeurs réelles pour les quantités $y_1^m$ et $z_2^m$, qui sont les coefficients

de l'équation de $\delta''$. Une seule des $q$ triangulaires $\delta''$ peut donc être réelle.

Deux rayons homologues des faisceaux sur les plans P et P' (83) coupent respectivement, et en général, les triangulaires du premier genre $\delta$, $\delta'$ en deux points réels (32), et, par suite, déterminent quatre génératrices qui se croisent deux à deux sur ces courbes. Les directrices ont donc sur la surface une multiplicité effective (37) égale à 2.

*Quand les triangulaires sont du premier ordre, une seule des surfaces obtenues par le mode de génération exposé au n° 83 peut être réelle. Sur cette surface, chacune des triangulaires est l'intersection de deux nappes réelles, et, par suite, se trouve, en général, composée d'arcs doubles et d'arcs isolés.*

Si les rayons du faisceau P qui coupent $\delta$ ont pour homologues des rayons du faisceau P' qui ne rencontrent pas $\delta'$, toutes les surfaces tétraédrales sont imaginaires.

94. Les résultats obtenus au n° 88 conduisent, pour les surfaces des trois espèces du premier genre, aux théorèmes suivants :

PREMIÈRE ESPÈCE. — *Les six tangentes réelles que l'on peut mener, en général, à trois triangulaires du sommet du tétraèdre commun à leurs plans, sont trois par trois dans quatre plans. Les points de contact de ces droites appartiennent au plan de la quatrième triangulaire et sont trois par trois sur quatre génératrices.*

DEUXIÈME ESPÈCE. — *Trois triangulaires possèdent, en général, sur le plan de la quatrième, six points de rebroussement réels qui appartiennent trois par trois à quatre génératrices. Ces droites sont des arêtes de rebroussement de la surface.*

*Chaque plan du tétraèdre est le plan de rebroussement de la surface tétraédrale le long des quatre génératrices réelles qu'il contient en général.*

TROISIÈME ESPÈCE. — *Chaque sommet du tétraèdre a sur la surface une multiplicité effective égale à quatre.*

*Les six tangentes réelles que l'on peut mener, en général, à trois triangulaires au sommet commun à leurs plans sont trois par trois dans les quatre plans tangents de la surface.*

### Second genre : p impair, q pair.

95. Lorsque le dénominateur $q$ de l'exposant $m$ est pair, on peut avoir pour $y_1^p$ et $z_2^p$ deux systèmes de valeurs réelles. A chacun d'eux correspondent une triangulaire et une surface tétraédrale réelle.

En raisonnant comme au n° 93, on trouve que les triangulaires $\delta$, $\delta'$ sont des lignes doubles pour l'ensemble des deux surfaces tétraédrales réelles. Ces courbes ont, sur chacune des surfaces, une multiplicité effective égale à l'unité.

*Lorsque les triangulaires sont du second genre, le lieu des droites réelles déterminées comme il est dit au n° 83 forme deux surfaces tétraédrales. Les quatre triangulaires d'une même surface ont une multiplicité effective égale à l'unité.*

96. Le rapport de $y_1^m$ à $z_2^m$ ne contient pas le binôme $\left[(kx_1)^m - x_2^m\right]$, et a par suite la même valeur pour les $q$ triangulaires situées sur le plan $P''$ (84). D'après cela, et eu égard au rôle que la droite représentée par l'équation

$$\left(\frac{y}{z}\right)^m + \left(\frac{y_1}{z_2}\right)^m = 0$$

joue dans la triangulaire supposé du second genre, on a le théorème suivant :

*Lorsque les $q$ triangulaires $\delta''$ sont de la première espèce, elles possèdent un rebroussement au même point du côté $A\Lambda'$*

*avec la même tangente; lorsqu'elles sont de la seconde espèce, elles touchent le côté* AA′ *de leur triangle de symétrie en un même point; enfin, quand elles sont de la troisième espèce, elles ont une tangente commune de rebroussement au point* A‴ (*).

**97.** En appliquant les propositions du n° 88 aux surfaces du second genre, on obtient les conséquences suivantes :

Première espèce. — *Les trois points de rebroussement réels que trois triangulaires possèdent sur le plan de la quatrième appartiennent à une droite. Cette ligne est une génératrice de rebroussement; son point central est sur la quatrième triangulaire. Le plan de rebroussement passe par le sommet opposé du tétraèdre.*

Deuxième espèce. — *Les trois points de contact réels de trois triangulaires avec le plan de la quatrième sont sur une même droite. Cette ligne est une génératrice de contact de la surface avec le plan. La surface tétraédrale se trouve ainsi inscrite dans son tétraèdre de symétrie.*

Troisième espèce. — *Chaque sommet du tétraèdre est un point de rebroussement pour trois triangulaires. Les trois tangentes de rebroussement de ces courbes sont dans un même plan.*

*La surface possède, en général, quatre génératrices de rebroussement réelles : elles passent respectivement par les quatre sommets et ont leurs points centraux sur les triangulaires opposées. Les quatre plans de rebroussement sont ceux que déterminent les tangentes de rebroussement des triangulaires aux quatre sommets.*

---

(*) Pour les premier et troisième genres, nous ne recherchons pas les relations qu'ont entre elles les $q$ triangulaires $\delta'''$, parce qu'il n'y en a jamais qu'une de réelle.

*Troisième genre : p et q impairs.*

98. *Lorsque les triangulaires directrices sont du troisième genre, une seule des surfaces tétraédrales qu'elles déterminent est réelle. Les triangulaires sont des lignes simples sur cette surface* (multiplicité effective).

99. PREMIÈRE ESPÈCE. — *Les tangentes réelles menées à trois triangulaires du sommet du tétraèdre commun à leurs plans sont dans un même plan. Les points de contact sont sur la quatrième face du tétraèdre, et appartiennent à une génératrice le long de laquelle la surface touche, en le traversant, un plan passant par le sommet opposé.*

DEUXIÈME ESPÈCE. — *Les trois points de contact réels de trois triangulaires avec le plan de la quatrième sont sur une droite. La surface touche le plan le long de cette ligne, en le traversant.*

TROISIÈME ESPÈCE. — Le théorème du n° 88 montre seulement que *les tangentes réelles de trois triangulaires en un sommet du tétraèdre sont dans un même plan.* Ce plan est évidemment le plan tangent de la surface.

CÔNE DIRECTEUR DE LA SURFACE TÉTRAÉDRALE DANS LE CAS OU L'UNE DES FACES DU TÉTRAÈDRE EST A L'INFINI.

100. Pour obtenir l'équation du cône directeur placé de manière à avoir son sommet à l'origine, il suffit de supprimer le terme constant dans chacune des équations (26), qui représentent la génératrice, et d'éliminer ensuite $\lambda$ entre elles deux. On trouve

$$\left[ (kx_1)^m - x_2^m \right] x^m - \left[ \frac{(1-k)\, x_1\, x_2\, y}{y_2} \right]^m + \left[ \frac{(k-1)\, x_1\, x_2\, z}{z_1} \right]^m = 0.$$

Eu égard aux relations (29), on peut mettre cette équation sous la forme suivante :

$$(32) \qquad -(-x)^m + \left(\frac{x_2}{y_1} y\right)^m + \left(\frac{x_1}{z_2} z\right)^m = 0.$$

Elle représente un seul cône triangulaire, si l'on n'attribue qu'une valeur à chacun des paramètres $x_1$, $x_2$, $y_1$ et $z_2$. Il résulte de là que, *quand plusieurs surfaces réglées tétraédrales symétriques passent par trois triangulaires $\delta$, $\delta'$, $\delta''$, elles se coupent suivant une même quatrième triangulaire $\delta'''$.*

### SURFACES TÉTRAÉDRALES RÉGLÉES DÉTERMINÉES PAR TROIS TRIANGULAIRES DIRECTRICES.

101. Si l'on connaît les triangulaires $\delta$, $\delta'$ et l'un des coefficients $y_1^m$, $z_2^m$ de l'équation de $\delta''$, la relation (30) fera trouver l'autre coefficient; on obtiendra ensuite la quatrième triangulaire par l'équation (32); enfin, une des équations (29) donnera pour le rapport $k$ plusieurs valeurs qui détermineront diverses surfaces réglées tétraédrales ayant les mêmes triangulaires directrices. Nous dirons que ces surfaces sont *associées* et qu'elles forment un *groupe*.

Nous pouvons mettre la première des équations (29) sous la forme

$$(33) \qquad \left(\frac{x_1}{x_2} k\right)^m - \left[\frac{x_1 y_1}{x_2 y_2}(k-1)\right]^m = 1.$$

Les deux parenthèses contiennent le coefficient $k$ à la première puissance. Si nous les remplaçons respectivement par $x$ et par $y$, nous aurons l'équation d'une triangulaire d'exposant $m$. L'ordre de cette courbe est donc égal au degré de l'équation (33) par rapport à $k$, lorsqu'elle a été rendue rationnnelle. Nous voyons ainsi que le rapport $k$ a autant de valeurs que l'ordre des triangulaires contient d'unités.

Chaque valeur de $k$, considérée avec les triangulaires $\delta$, $\delta'$, détermine plusieurs surfaces tétraédrales (84); mais la triangulaire donnée $\delta''$ n'appartient qu'à une seule d'entre elles. Il suit de là que *le nombre des surfaces tétraédrales d'un groupe est égal à l'ordre des triangulaires directrices.*

102. On voit par l'équation (23), que lorsque le numérateur de l'exposant d'une courbe tétraédrale gauche est pair, les paramètres des triangulaires qui forment ses projections sur les plans P, P', P'' satisfont à la relation (30). En conséquence, et eu égard aux observations contenues dans le n° 101, nous avons le théorème suivant :

*Lorsque quatre cônes triangulaires du premier genre se coupent suivant une courbe tétraédrale gauche, leurs intersections avec les plans du tétraèdre de symétrie respectivement opposés à leurs sommets sont les triangulaires directrices d'un groupe de surfaces réglées tétraédrales symétriques ayant le même exposant qu'eux.*

103. L'équation (33) permet de déterminer les coefficients des surfaces associées à une tétraédrale donnée par ses directrices $\delta$, $\delta'$, et par une valeur de $k$; il suffit d'y remplacer $y_1^m$ et $z_2^m$ par leurs valeurs (29), en ayant soin toutefois de distinguer le coefficient de la surface considérée de celui dont les différentes valeurs correspondent aux surfaces associées. Appelant $k_1$ ce dernier, l'équation (33) sera, eu égard à (30),

$$\left(\frac{x_1}{x_2}\right)^m k_1^m + \left(-\frac{z_2}{z_1}\right)^m (k_1 - 1)^m = 1.$$

L'élimination de $z_2^m$ par la seconde équation (29) donne

$$[(k_1 - kk_1)^m - (k - kk_1)^m] x_1^m + [(1 - k_1)^m - (1 - k)^m] x_2^m = 0.$$

Cette équation est satisfaite quand $k_1$ est égal à $k$, ainsi que cela doit être.

## SURFACE COMPLÉMENTAIRE D'UN GROUPE DE SURFACES RÉGLÉES TÉTRAÉDRALES SYMÉTRIQUES AYANT TROIS TRIANGULAIRES COMMUNES.

104. Trois triangulaires $\delta$, $\delta'$, $\delta''$ satisfaisant à la condition indiquée au n° 87, et ayant un exposant positif $(+ p : q)$, déterminent $pq$ surfaces tétraédrales (101, 9). L'ordre de chaque tétraédrale est $2p^2 q$ (92), et par suite leur système représente une surface de l'ordre $2p^3 q^2$. En appliquant un théorème bien connu dû à M. Salmon, on trouve que le lieu des droites qui rencontrent les trois triangulaires est de l'ordre $2p^3 q^3$; les tétraédrales ne forment donc pas la totalité de ce lieu : il y a une *surface complémentaire* de l'ordre $2 p^3 (q^3 - q^2)$.

105. On arrive à un résultat analogue quand l'exposant a une grandeur négative $(- p : q)$. Nous déterminerons d'abord l'ordre du lieu des droites qui rencontrent les trois courbes.

Deux cônes ayant leur sommet en un point $M'$ de $\delta'$, et respectivement pour directrices $\delta$ et $\delta''$, sont de l'ordre $2pq$, et se coupent suivant $4p^2 q^2$ génératrices. $A'$ et $A'''$ sont, pour $\delta$ et $\delta''$, des points multiples de l'ordre $pq$; les droites $M'A'$ et $M'A'''$ comptent ainsi chacune pour $p^2 q^2$ génératrices communes : ces lignes engendrent un cône et un plan lorsque le point $M'$ se meut sur $\delta'$. Le nombre des génératrices qui passent par le point $M'$ est donc seulement $2 p^2 q^2$. Il suit de là que la directrice $\delta'$ représente sur le lieu une ligne de l'ordre $4 p^3 q^3$. Comme d'ailleurs il n'existe pas de génératrices sur le plan $P'$ (91), la section complète par ce plan est de l'ordre $4 p^3 q^3$.

D'un autre côté, le nombre des surfaces tétraédrales est

$2\,pq$ (101), et leur ordre $2\,p^2 q$ ; elles représentent donc une surface de l'ordre $4\,p^3 q^2$, et il existe nécessairement une surface complémentaire de l'ordre $4\,p^3 (q^3 - q^2)$.

106. Nous allons rechercher comment il peut se faire que le lieu des droites qui rencontrent les triangulaires $\delta$, $\delta'$, $\delta''$ ne se divise que partiellement en tétraédrales. Pour cela nous considérerons analytiquement l'intersection des cônes dont nous venons de parler.

*A.* Nous prenons sur $\delta'$ un point $(x', z')$, et nous le regardons comme le sommet d'un cône ayant $\delta''$ pour directrice. L'équation de ce cône est

$$\left(-\frac{x'y}{y_1}\right)^m + \left(\frac{xz' - x'z}{z_2}\right)^m = (x - x')^m.$$

En faisant $z$ nul, nous avons son intersection avec le plan P,

$$\left(-\frac{x'y}{y_1}\right)^m + \left(\frac{z'x}{z_2}\right)^m = (x - x')^m.$$

Les points où cette courbe coupe $\delta$ appartiennent aux génératrices qui passent par le point $(x', z')$. Nous pouvons donc considérer $x$ et $y$ d'une part, $x'$ et $z'$ de l'autre, comme les coordonnées des points où une même droite du lieu rencontre $\delta$ et $\delta'$. Nous avons par conséquent

$$y^m = y_2^m \left[1 - \left(\frac{x}{x_1}\right)^m\right], \quad z'^m = z_1^m \left[1 - \left(\frac{x'}{x_2}\right)^m\right].$$

En introduisant ces valeurs, nous obtenons une relation entre les abscisses $x$ et $x'$ des points où une génératrice coupe les triangulaires directrices $\delta$ et $\delta'$,

$$\left(\frac{z_1}{x_2 z_2}\right)^m \left[1 + \left(-\frac{x_2\, y_2\, z_2}{x_1 y_1 z_1}\right)^m\right] x'^m x^m - \left(-\frac{y_2}{y_1}\right)^m x'^m$$
$$- \left(\frac{z_1}{z_2}\right)^m x^m + (x - x')^m = 0.$$

Nous devons avoir égard à toutes les valeurs du monôme $\left(-\dfrac{x_2 y_2 z_2}{x_1 y_1 z_1}\right)^m$ (8). Leur nombre est donné par le dénominateur $q$ de l'exposant. En vertu de l'équation (30), l'une d'elles est égale à $-1$; l'expression générale des valeurs du monôme est donc $-\sqrt[q]{1}$. Nous pouvons, en conséquence, mettre l'équation précédente sous la forme

$$(34)\quad\left\{\begin{array}{l}\left(\dfrac{z_1}{x_2 z_2}\right)^{\frac{p}{q}}\left(1-\sqrt[q]{1}\right)x'^{\frac{p}{q}}x^{\frac{p}{q}}-\left(-\dfrac{y_2}{y_1}\right)^{\frac{p}{q}}x'^{\frac{p}{q}}\\[2.5ex]\qquad\qquad-\left(\dfrac{z_1}{z_2}\right)^{\frac{p}{q}}x^{\frac{p}{q}}+(x-x')^{\frac{p}{q}}=0.\end{array}\right.$$

**B.** Lorsque l'on considère celle des valeurs de $\sqrt[q]{1}$ qui est égale à l'unité, l'équation précédente se réduit à

$$-\left(-\dfrac{y_2}{y_1}\right)^{\frac{p}{q}}\left(\dfrac{x'}{x}\right)^{\frac{p}{q}}+\left(1-\dfrac{x'}{x}\right)^{\frac{p}{q}}=\left(\dfrac{z_1}{z_2}\right)^{\frac{p}{q}}.$$

En désignant par $k$ le rapport $\dfrac{x'}{x}$, cette formule devient

$$(35)\qquad-\left(-\dfrac{y_2 z_2}{y_1 z_1}\right)^{\frac{p}{q}}k^{\frac{p}{q}}+\left[\dfrac{z_2}{z_1}(1-k)\right]^{\frac{p}{q}}=1.$$

En vertu de la relation (30), l'équation (35) est identique à (33); elle donne pour $k$ des valeurs constantes dont le nombre est égal à celui qui indique l'ordre des triangulaires, et elle détermine des surfaces tétraédrales symétriques.

**C.** Pour les valeurs de $\sqrt[q]{1}$ autres que l'unité, l'équation (34) n'est pas homogène en $x$ et en $x'$, et, par suite, le rapport de $x'$ à $x$ est variable. La surface générale qui correspond à ces valeurs ne satisfait pas à la définition donnée au n° 83 : c'est la *surface complémentaire*.

107. Maintenant, au lieu des directrices $\delta$, $\delta'$, $\delta''$, nous allons considérer $\delta$, $\delta'$, $\delta'''$.

Si l'on transporte le cône directeur de manière que son sommet soit en un point $(x', z')$ de $\delta'$, l'équation (32) deviendra

$$- (x' - x)^m + \left( \frac{x_2}{y_1} y \right)^m + \left[ \frac{x_1}{z_2} (z - z') \right]^m = 0.$$

Nous faisons $z$ nul pour avoir la trace du cône sur le plan P

$$- (x' - x)^m + \left( \frac{x_2}{y_1} y \right)^m + \left( - \frac{x_1}{z_2} z' \right)^m = 0.$$

Opérant comme au n° 106, nous remplaçons $y'^m$ et $z'^m$ par leurs valeurs en fonctions de $x$ et de $x'$,

$$\left( \frac{x_2 y_2}{x_1 y_1} x \right)^m + \left( - \frac{x_1 z_1}{x_2 z_2} x' \right)^m + (x' - x)^m$$
$$+ \frac{(x_2 y_2 z_2)^m + (- x_1 y_1 z_1)^m}{(y_1 z_2)^m} = 0.$$

En ayant égard à la relation (30), et mettant en évidence les deux termes de l'exposant, on trouve

$$(36) \quad \left\{ \begin{aligned} &- \left( - \frac{y_2}{y_1} \right)^{\frac{p}{q}} x'^{\frac{p}{q}} - \left( \frac{z_1}{z_2} \right)^{\frac{p}{q}} x^{\frac{p}{q}} + (x - x')^{\frac{p}{q}} \\ &\qquad\qquad + \left( \frac{x_1 z_1}{z_2} \right)^{\frac{p}{q}} \left( 1 - \sqrt[q]{1} \right) = 0. \end{aligned} \right.$$

Les équations (34) et (36) sont identiques lorsque l'on prend la valeur de $\sqrt[q]{1}$ égale à l'unité, et dans ce cas-là seulement. Il résulte de là que les courbes $\delta$, $\delta'$, $\delta''$ d'une part, $\delta$, $\delta'$, $\delta'''$ de l'autre, déterminent deux surfaces complémentaires différentes. *Une surface réglée tétraédrale symétrique admet quatre surfaces complémentaires distinctes, suivant celles de ses triangulaires que l'on prend pour directrices.*

## SECOND MODE DE GÉNÉRATION DE LA SURFACE RÉGLÉE TÉTRAÉDRALE SYMÉTRIQUE.

**108.** Considérons trois triangulaires $\gamma$, $\gamma'$, $\gamma''$ respectivement situées sur les plans P, P', P'' et représentées par les équations

$$(37) \quad \begin{cases} \gamma : & z = 0, \quad \left(\dfrac{x}{u_1}\right)^n + \left(\dfrac{y}{v_2}\right)^n = 1; \\[2ex] \gamma' : & y = 0, \quad \left(\dfrac{z}{w_1}\right)^n + \left(\dfrac{x}{u_2}\right)^n = 1; \\[2ex] \gamma'' : & x = 0, \quad \left(\dfrac{y}{v_1}\right)^n + \left(\dfrac{z}{w_2}\right)^n = 1. \end{cases}$$

La tangente de la courbe $\gamma'$ au point $(x', z')$ a pour équation

$$\frac{x'^{n-1}}{u_2'^n} x + \frac{z'^{n-1}}{w_1'^n} z = 1.$$

Si nous désignons par $\xi$ l'abscisse du point où cette tangente coupe l'axe des $x$, nous aurons

$$x' = \frac{u_2^{\frac{n}{n-1}}}{\xi^{\frac{1}{n-1}}}, \quad z' = w_1 \left[ 1 - \left(\frac{u_2}{\xi}\right)^{\frac{n}{n-1}} \right]^{\frac{1}{n}}.$$

Eu égard à ces valeurs, on peut faire disparaître $x'$ et $z'$ de l'équation de la tangente et la mettre sous la forme

$$(38) \quad \frac{x}{\xi} + \left[ 1 - \left(\frac{u_2}{\xi}\right)^{\frac{n}{n-1}} \right]^{\frac{n-1}{n}} \frac{z}{w_1} = 1.$$

On trouve, de la même manière, que la tangente menée à $\gamma$ par le point de l'axe des $x$ dont l'abscisse est $k\xi$ a pour équation

$$(39) \qquad \frac{x}{k\,\xi} + \left[ 1 - \left( \frac{u_1}{k\,\xi} \right)^{\frac{n}{n-1}} \right]^{\frac{n-1}{n}} \frac{y}{v_2} = 1.$$

Enfin, si l'on nomme $\zeta$ l'ordonnée du point où une tangente à $\gamma''$ coupe l'axe des $y$, l'équation de cette droite sera

$$(40) \qquad \frac{y}{\zeta} + \left[ 1 - \left( \frac{v_1}{\zeta} \right)^{\frac{n}{n-1}} \right]^{\frac{n-1}{n}} \frac{z}{w_2} = 1.$$

109. Nous regardons $k$ comme constant et $\xi$ comme variable : les équations (38) et (39) représentent la génératrice d'une surface gauche. Nous allons rechercher si la projection de cette droite sur le plan $P''$ peut être, dans toutes ses positions, tangente à $\gamma''$. Il faut pour cela qu'on puisse déterminer $v_1$ et $w_2$ de manière que l'équation (40) soit identique à celle que l'on obtient en éliminant $x$ entre (38) et (39).

Nous posons, pour simplifier,

$$(41) \qquad m = \frac{n}{1-n}.$$

L'élimination de $x$ donne

$$\left[ 1 - \left( \frac{\xi}{u_2} \right)^m \right]^{-\frac{1}{m}} \frac{z}{w_1} - \left[ 1 - \left( \frac{k\,\xi}{u_1} \right)^m \right]^{-\frac{1}{m}} \frac{ky}{v_2} = 1 - k.$$

Pour que cette équation soit identique à (40), il faut que l'on ait

$$\zeta = \frac{k-1}{k} \left[ 1 - \left( \frac{k\,\xi}{u_1} \right)^m \right]^{\frac{1}{m}} v_2,$$

$$\left[ 1 - \left( \frac{\zeta}{v_1} \right)^m \right]^{\frac{1}{m}} w_2 = \left[ 1 - \left( \frac{\xi}{u_2} \right)^m \right]^{\frac{1}{m}} (1 - k)w_1.$$

Éliminant entre ces équations la longueur indéterminée $\zeta$, on obtient

$$w_2^m - \left(\frac{k-1}{k} \cdot \frac{v_2 w_2}{v_1}\right)^m + \left[(k-1)\frac{v_2 w_2}{u_1 v_1}\xi\right]^m$$
$$- \left[(1-k)w_1\right]^m + \left[(1-k)\frac{w_1}{u_2}\xi\right]^m = 0.$$

Cette équation doit être satisfaite quel que soit $\xi$; elle se décompose en conséquence dans les deux suivantes :

$$w_2^m - \left[\left(\frac{k-1}{k}\right)\frac{v_2 w_2}{v_1}\right]^m - \left[(1-k)w_1\right]^m = 0,$$
$$\left[(k-1)\frac{v_2 w_2}{u_1 v_1}\right]^m + \left[(1-k)\frac{w_1}{u_2}\right]^m = 0.$$

Nous avons deux équations pour déterminer les paramètres $v_1$ et $w_2$ de $\gamma''$; il n'y a pas d'équation de condition.

La seconde des deux équations que nous venons d'obtenir donne immédiatement

$$(42) \qquad (u_1 v_1 w_1)^m = -(-u_2 v_2 w_2)^m.$$

On obtient ensuite

$$(43) \qquad \begin{cases} v_1^m = \left(\dfrac{k-1}{k}\right)^m \left(\dfrac{v_2}{u_1}\right)^m (u_1^m - k^m u_2^m), \\[2mm] w_2^m = -\left(\dfrac{1-k}{k}\right)^m \left(\dfrac{w_1}{u_2}\right)^m (u_1^m - k^m u_2^m). \end{cases}$$

Eu égard au binôme $(u_1^m - k^m u_2^m)$, on trouve, en raisonnant comme au n° 84, que les droites représentées par les équations (38) et (39) forment un nombre de surfaces égal au dénominateur de $m$. Dans chaque surface, les projections des génératrices sur le plan $P''$ ont pour enveloppe une triangulaire $\gamma''$ de même exposant que $\gamma$ et $\gamma'$.

L'élimination de $m$ entre $(41)$ et $(42)$ donne

$$(u_1 v_1 w_1)^n = (-1)^{1-n}(-u_2 v_2 w_2)^n;$$

ou bien

$$(44) \qquad (u_1 v_1 w_1)^n = -(u_2 v_2 w_2)^n.$$

**110.** Nous allons chercher la trace sur les plans P et P'
de la surface engendrée par les droites que nous considérons. En faisant successivement $z$ et $y$ nuls dans les équations $(38)$ et $(39)$, et éliminant $\xi$ entre elles deux, on
trouve

$$(45) \begin{cases} z = 0: \qquad \xi = x, \qquad \left(\dfrac{kx}{u_1}\right)^m + \left[\dfrac{ky}{(k-1)v_2}\right]^m = 1; \\[2ex] y = 0: \qquad \xi = \dfrac{x}{k}, \qquad \left(\dfrac{x}{ku_2}\right)^m + \left[\dfrac{z}{(1-k)w_1}\right]^m = 1. \end{cases}$$

Nous voyons d'abord que les abscisses des points où une
génératrice rencontre les plans P et P' sont dans un rapport
constant, ensuite que les intersections de la surface avec
chacun de ces plans est une triangulaire dont les axes et la
droite de l'infini forment le triangle de symétrie. Le lieu
des droites représentées par les équations $(38)$ et $(39)$ se
compose donc de surfaces réglées tétraédrales symétriques
placées par rapport aux plans coordonnés de la même
manière que celles que nous avons considérées dans les
paragraphes précédents.

En comparant les équations $(45)$ à celles du n° 84, on
trouve pour déterminer les paramètres des triangulaires
directrices les formules suivantes (*) :

$$(46) \begin{cases} x_1 = \dfrac{u_1}{k}, \qquad\qquad y_2 = \dfrac{k-1}{k} v_2, \\[2ex] z_1 = (1-k)w_1, \quad x_2 = ku_2. \end{cases}$$

---

(*) Nous avons supprimé le facteur $\sqrt[p]{1}$ qui se présente dans chacune de
ces relations, parce qu'il n'introduit aucune solution nouvelle, les coefficients des équations rendues rationnelles étant $x_1^p, y_1^p, \ldots,$ (n° 8).

Faisant enfin les permutations convenables, on obtient, pour les paramètres de $\delta''$,

$$(47) \qquad y_1 = \frac{k}{k-1} v_1, \quad z_3 = \frac{1}{1-k} w_2.$$

On déduit de ces relations

$$(48) \qquad x_1 x_2 = u_1 u_2, \quad y_1 y_2 = v_1 v_2, \quad z_1 z_2 = w_1 w_2.$$

$$(49) \qquad x_1 y_1 z_1 = -u_1 v_1 w_1, \quad x_2 y_2 z_2 = -u_2 v_2 w_2.$$

**111.** Les équations (38) et (39) représentent des plans respectivement parallèles aux axes des $y$ et des $z$; lorsque l'on fait varier $\xi$, la trace du premier sur le plan P, et celle du second sur le plan P' forment deux faisceaux semblables dont les points à l'infini A' et A sont les centres. Les plans (38) et (39) sont d'ailleurs tangents, l'un au second, l'autre au premier des cylindres triangulaires déterminés par les équations (37). D'après ces observations, il est facile d'énoncer d'une manière générale les résultats que nous venons de trouver.

*Considérons deux cônes triangulaires $\gamma$, $\gamma'$ d'un même exposant n, et placés de manière que leurs pyramides de symétrie aient deux plans communs P'' et P'''; appelons P' et P les troisièmes plans de ces pyramides; concevons deux faisceaux homographiques de plans ayant la droite P''P''' pour arête commune, et tels, que P'' et P''' en soient les plans doubles; prenons respectivement les traces des faisceaux sur les plans P' et P; menons, par un rayon sur le plan P', des plans tangents au cône $\gamma$, et par le rayon homologue sur le plan P des plans tangents au cône $\gamma'$ : le lieu des intersections de ces plans est composé de surfaces tétraédrales symétriques ayant un même exposant égal à $\dfrac{n}{1-n}$, et un tétraèdre commun de symétrie formé par les plans P, P', P'', P'''. Le nombre de ces surfaces est égal au dénominateur de leur exposant commun.*

*Chacune des surfaces tétraédrales est circonscrite non-seulement aux cônes $\gamma$ et $\gamma'$, mais encore à deux autres cônes triangulaires $\gamma''$, $\gamma'''$ de même exposant que les premiers, et ayant respectivement leurs sommets aux points $PP'P'''$ et $PP'P''$. Les arêtes des tétraèdres passant par le sommet de l'un d'eux sont les arêtes de sa pyramide de symétrie.*

*Toute surface réglée tétraédrale symétrique d'exposant $m$ peut être ainsi obtenue à l'aide de deux cônes triangulaires dont les sommets coïncident avec deux quelconques des sommets de son tétraèdre de symétrie.*

**112.** Il résulte du théorème démontré au numéro précédent que *la surface corrélative d'une surface réglée tétraédrale symétrique est une surface de même définition, et que les tétraèdres de symétrie de ces surfaces sont corrélatifs.*

Désignons par $n'$ et $m'$ les exposants des cônes triangulaires circonscrits et des courbes directrices de la surface corrélative. Nous avons par les équations (5) et (41),

$$mn' - m - n' = 0, \quad m'n - m' - n = 0,$$

$$m = \frac{n}{1-n}, \quad m' = \frac{n'}{1-n'}.$$

Ces quatre équations n'en forment que trois distinctes ; elles donnent

$$(50) \qquad m' = -m, \quad 2nn' - n - n' = 0.$$

*Deux surfaces réglées tétraédrales corrélatives ont des exposants égaux et de signes contraires.*

D'après cela, deux surfaces réglées tétraédrales symétriques, ayant respectivement pour exposant $(+p:q)$ et $(-p:q)$, doivent être de même ordre. Nous avons, en effet, trouvé au n° 92 qu'elles sont l'une et l'autre de l'ordre $2p^2q$.

**113.** La comparaison des deux modes de génération

exposés aux n°ˢ 83 et 111 conduit aux théorèmes suivants :

*Les propriétés des quatre cônes $\gamma$, $\gamma'$, $\gamma''$, $\gamma'''$ présentent un parallélisme complet. Deux quelconques d'entre eux peuvent servir à la génération de la surface, pourvu que la droite qui joint leurs sommets soit prise pour arête de deux faisceaux homographiques convenables. Il existe ainsi pour chaque arête du tétraèdre de symétrie deux faisceaux homographiques de plans qui peuvent servir à la génération de la surface tétraédrale.*

*Les rapports anharmoniques pour les trois arêtes d'une même face du tétraèdre de symétrie ont entre eux les relations qui ont été expliquées au n° 6 (p. 7).*

*Le rapport anharmonique qui détermine les faisceaux de plans passant par une arête (111) est égal au rapport anharmonique de points qui, sur la même droite, peut servir à la génération de la surface par le mode exposé au n° 83 (110).*

114. Une surface réglée tétraédrale symétrique peut être considérée comme ayant deux exposants $m$ et $n$, et par suite elle doit être classée dans des espèces et des genres différents, suivant que l'on considère l'un ou l'autre de ses deux modes de génération. Il suit de là que, dans une discussion détaillée des surfaces tétraédrales symétriques, il serait nécessaire d'examiner successivement les propriétés qui résultent des dispositions générales des triangulaires directrices et des cônes triangulaires circonscrits. Toutefois, l'influence de la forme des triangulaires est la plus facile à saisir, et, pour ce motif, nous continuerons à considérer leur exposant comme l'exposant de la surface.

115. Si l'exposant $m$ est $(\pm\,p:q)$, l'exposant $m'$ de la corrélative sera $(\mp\,p:q)$, et ses triangulaires seront multiples de l'ordre $p$ (92). Les cônes triangulaires circonscrits à la première surface ont nécessairement le même ordre de multiplicité.

*Une surface tétraédrale symétrique d'exposant $(\pm\, p : q)$ est touchée en p points par l'une quelconque des génératrices de ses cônes triangulaires circonscrits.*

**116.** Quand le numérateur de l'exposant $m$ est pair, le signe — qui est dans la seconde parenthèse de l'équation (3o) n'a aucune importance et peut être supprimé. Cette équation est alors composée en $x$, $y$, $z$ et $m$, comme la relation (44) en $u$, $v$, $w$ et $n$.

*Les cônes triangulaires circonscrits à une surface réglée du premier genre coupent les faces du tétraèdre respectivement opposées à leurs sommets, suivant des courbes qui appartiennent à un groupe de surfaces réglées tétraédrales symétriques.*

La proposition établie au n° **102** est un corollaire de ce théorème.

**117.** Les équations (46) montrent que deux triangulaires $\delta$ et $\gamma$, situées sur un plan P, ne dépendent l'une que de l'autre et du coefficient $k$. Éliminant $k$ entre les deux premières équations, on trouve

$$u_1 y_2 + v_2 x_1 = u_1 v_2.$$

Nous renvoyons au n° **141** du premier Mémoire pour l'interprétation géométrique de cette formule. Si nous voulions en faire une discussion complète, nous devrions considérer successivement les différents genres de triangulaires.

SURFACES RÉGLÉES TÉTRAÉDRALES SYMÉTRIQUES ASSOCIÉES<br>DANS LE SECOND MODE DE GÉNÉRATION.

**118.** L'application du principe de la dualité donne immédiatement les théorèmes suivants :

*Les faisceaux homographiques qui ont la droite $P''P'''$ pour arête (111), présentent une indétermination. Si nous les faisons varier en conservant les cônes circonscrits $\gamma$, $\gamma'$, les deux* *autres cônes se modifieront en ayant toujours leurs sommets aux points $A''$ et $A'''$, et touchant deux plans fixes qui contiennent la droite $A'' A'''$.*

*Les surfaces réglées tétraédrales symétriques que l'on obtient de cette manière forment des groupes dans chacun desquels toutes les surfaces sont circonscrites par les quatre mêmes cônes triangulaires. Nous dirons que les surfaces tétraédrales d'un groupe sont associées dans la seconde génération.*

*Trois cônes triangulaires d'un même exposant tels, que les plans de leurs pyramides de symétrie appartiennent à un même tétraèdre, et que les paramètres de leurs traces sur les faces de ce tétraèdre, respectivement opposées à leurs sommets, satisfassent à l'équation* (44), *déterminent un groupe de surfaces tétraédrales. Le nombre de ces surfaces est égal à l'ordre des triangulaires corrélatives des cônes* (101). Une quelconque des équations (43) fait connaître les valeurs de $k$ qui correspondent aux différentes surfaces du groupe (101). *Une surface réglée complémentaire est circonscrite aux trois cônes* (104, 107).

TROISIÈME MODE DE GÉNÉRATION DE LA SURFACE RÉGLÉE
TÉTRAÉDRALE SYMÉTRIQUE.

119. Si nous désignons par $x_\gamma$, $x_{\gamma'}$ les abscisses des points de contact de la génératrice que représentent les équations (38) et (39), avec les cylindres $\gamma$ et $\gamma'$, nous aurons, en vertu de l'équation (2) rendue cartésienne,

$$x_\gamma = \left( \frac{u_1^n}{k\,\xi} \right)^{\frac{1}{n-1}}, \qquad x_{\gamma'} = \left( \frac{u_2^n}{\xi} \right)^{\frac{1}{n-1}},$$

d'où

$$\frac{x_{\gamma'}}{x_\gamma} = k^{\frac{1}{n-1}} \left( \frac{u_2}{u_1} \right)^{\frac{n}{1-n}}.$$

Adoptant des notations analogues pour les coordonnées des points de contact de la génératrice avec les autres cylindres triangulaires (*voir* le premier Mémoire, n° 120), on trouve

$$\frac{y_\gamma}{y_{\gamma''}} = \left(\frac{k-1}{k}\right)^{\frac{1}{n-1}} \left(\frac{v_2}{v_1}\right)^{\frac{n}{n-1}}, \quad \frac{z_{\gamma''}}{z_{\gamma'}} = \left(\frac{1}{1-k}\right)^{\frac{1}{n-1}} \left(\frac{w_2}{w_1}\right)^{\frac{n}{n-1}};$$

$$(51) \qquad\qquad \frac{x_{\gamma'}}{x_\gamma} \times \frac{y_\gamma}{y_{\gamma''}} \times \frac{z_{\gamma''}}{z_{\gamma'}} = 1^{\frac{1}{n-1}}.$$

Les rapports $\dfrac{x_{\gamma'}}{x_\gamma}$, $\dfrac{y_\gamma}{y_{\gamma''}}$, $\dfrac{z_{\gamma''}}{z_{\gamma'}}$ sont constants, et par suite *on obtient une surface tétraédrale symétrique en prenant le lieu des intersections des plans qui touchent les cônes $\gamma$, $\gamma'$ aux points où ils sont rencontrés par les rayons homologues des faisceaux situés sur les plans* P *et* P′ (111). Chaque rapport a autant de valeurs qu'il y a de surfaces déterminées par deux triangulaires directrices, et par une grandeur du coefficient $k$.

*Dans ce mode de génération les trois rapports anharmoniques qui déterminent les divisions homographiques sur trois arêtes du tétraèdre concourant en un même sommet n'ont pas entre eux les mêmes relations que les trois rapports anharmoniques de quatre points en ligne droite.* L'équation (51) donne l'expression générale de leur produit.

COURBES TÉTRAÉDRALES GAUCHES TRACÉES SUR UNE SURFACE
RÉGLÉE TÉTRAÉDRALE SYMÉTRIQUE.

**120.** Le plan $P'''$ étant toujours supposé à l'infini, nous allons rechercher le lieu des points qui divisent, dans un rapport donné, les segments des génératrices compris entre les triangulaires $\delta$ et $\delta'$.

Il y a évidemment un rapport constant $k'$ entre les abscisses $x$ et $\lambda$ des points où une génératrice rencontre ce lieu et la directrice $\delta$,

$$x = k'\lambda.$$

Pour avoir les équations du lieu, il suffit de remplacer $\lambda$ par $(x:k')$ dans les équations (26) de la génératrice. On trouve

$$(52)\quad \begin{cases} \left(\dfrac{x}{k'x_1}\right)^m + \left[\left(\dfrac{1-k}{k'-k}\right)\dfrac{y}{y_2}\right]^m = 1, \\[2ex] \left(\dfrac{kx}{k'x_2}\right)^m + \left[\left(\dfrac{1-k}{1-k'}\right)\dfrac{z}{z_1}\right]^m = 1. \end{cases}$$

Éliminant $x$, on obtient

$$(53)\quad \left[\left(\dfrac{1-k}{k'-k}\right)\dfrac{kx_1 y}{y_2}\right]^m - \left[\left(\dfrac{1-k}{1-k'}\right)\dfrac{x_2 z}{z_1}\right]^m = k^m x_1^m - x_2^m.$$

Les projections de la courbe sont des triangulaires de même exposant que les directrices, et qui ont les mêmes triangles de symétrie. La courbe dans l'espace est tétraédrale symétrique.

Eu égard aux valeurs du binôme $(k^m x_1^m - x_2^m)$, l'équation (53) donne un nombre de séries de courbes tétraédrales égal au dénominateur $q$ de l'exposant. Elles correspondent respectivement aux $q$ surfaces déterminées par les directrices $\delta$, $\delta'$ et par le coefficient $k$ (84).

121. Les quatre triangulaires directrices appartiennent à la série des courbes tétraédrales. Pour établir ce théorème et voir comment se fait la transition, il est nécessaire d'examiner séparément le cas où l'exposant est positif, et celui où il est négatif.

*Exposant positif* $(+p:q)$. — Lorsque $k'$ est égal à l'unité, les équations (52) donnent la triangulaire $\delta$ à l'ordre de multiplicité $p$ qu'elle a sur la surface. Cette courbe représente ainsi une ligne de l'ordre $p^2 q$, qui est celui de la courbe tétraédrale (73).

*Exposant négatif* $(- p : q)$. — Quand $k'$ est égal à l'unité, la seconde des équations (52) se décompose dans les deux suivantes :

$$z^{\frac{p}{q}} = 0, \quad (kx)^{\frac{p}{q}} - x_2^{\frac{p}{q}} = 0.$$

En les combinant avec la première équation (52), on obtient d'abord la triangulaire $\delta$ telle qu'elle existe sur la surface, c'est-à-dire à l'ordre de multiplicité $p$, puis les génératrices qui divergent du sommet A. Nous savons que ces lignes sont au nombre de $p^2$, et que chacune d'elles représente $q$ droites (*). Nous avons ainsi un système de lignes de l'ordre $3 p^2 q$ dans lequel chaque sommet du tétraèdre est un point multiple de l'ordre $p^2 q$, ainsi que cela devait être (73).

**122.** *On peut tracer sur une surface réglée tétraédrale symétrique, et par chacun de ses points, une courbe tétraédrale gauche ayant le même tétraèdre de symétrie que la surface.*

*Les génératrices sont divisées homographiquement par les courbes tétraédrales. Les quatre triangulaires directrices appartiennent à la série de ces lignes, et par suite les points où une génératrice rencontre les quatre faces du tétraèdre sont dans un rapport anharmonique constant.*

---

(*) D'après ce que nous avons vu au n° 90, et en considérant la surface corrélative, on voit que chaque génératrice passant par un sommet du tétraèdre représente, sur la surface, $q$ droites qui se croisent au sommet. Cela résulte soit de la multiplicité propre de la génératrice, soit de ce que le sommet se trouve être sur elle un point cuspidal d'un ordre plus ou moins élevé.

Il ne serait possible de donner des détails plus précis qu'en faisant la discussion des genres et des espèces de la surface d'après l'exposant $n$ (n° 114), ce qui d'ailleurs ne présente pas de difficulté.

## SURFACE TÉTRAÉDRALE DÉVELOPPABLE.

**123.** Pour que la surface tétraédrale soit développable, il faut que les tangentes des directrices $\partial$, $\partial'$ aux points M et M' qui appartiennent à une même génératrice se coupent, et par suite que ces droites rencontrent l'arête PP' en un même point.

Si $\lambda$ est l'abscisse du point M, $k\lambda$ sera celle de M'; alors en vertu de l'équation (2) rendue cartésienne, on devra avoir

$$\frac{x_1^m}{\lambda^{m-1}} = \frac{x_2^m}{k^{m-1}\,\lambda^{m-1}}.$$

Lorsque $k$ satisfera à la relation

$$(54) \qquad k^{m-1}\,x_1^m - x_2^m = 0,$$

les tangentes de $\partial$ et de $\partial'$ en deux points M et M' situés sur une même génératrice se couperont, quelle que soit la grandeur de l'abscisse $\lambda$, et la surface sera développable.

Mettant en évidence les deux termes de l'exposant $m$ et résolvant par rapport à $k$, on a

$$k = \left(\frac{x_2}{x_1}\right)^{\frac{p}{p-q}}.$$

Cette équation donnera $(p - q)$ valeurs pour le rapport $k$, et par suite $(p - q)$ surfaces tétraédrales développables.

En général, les triangulaires $\partial$, $\partial'$ étant données, à une valeur de $k$ correspondent $q$ surfaces, mais, dans ce cas-ci, il ne faut considérer que l'une d'elles, car les autres ne sont pas développables, ainsi que nous allons le voir.

La tangente de $\partial'$ en M' coupe la droite PP' en un point G ; nous menons de ce point une tangente à $\partial$, et nous appelons N l'abscisse de son point de contact : à chaque point G correspondent $(p-q)$ points N (28), et par suite $(p-q)$ valeurs de $k$ qui déterminent des développables, mais on ne doit pas joindre M' à chacun des points de $\partial$ par lesquels passe le rayon du faisceau qui aboutit à un point N ; on ne doit prendre que ceux où sont tangentes les droites issues de G, et l'on sait que le rayon a $(q-1)$ autres pôles (28). D'après cela, en rejetant les surfaces qui ne sont pas développables, il ne passe par M' que $p$ génératrices, et $\partial'$ a l'ordre de multiplicité qui convient à une seule surface (92).

*La développable circonscrite à deux triangulaires $\partial$, $\partial'$ d'un même exposant $(\pm p : q)$, et dont les triangles de symétrie ont deux côtés communs, se compose d'un nombre de surfaces tétraédrales développables égal à la grandeur absolue du binôme $(p-q)$.*

On peut arriver à ce résultat par les principes de la dualité, car les triangulaires $\partial$, $\partial'$ d'exposant $(p:q)$ sont corrélatives de deux cônes triangulaires $\gamma$, $\gamma'$ d'exposant $\dfrac{p}{p-q}$, et ces cônes se coupent suivant $(p-q)$ courbes tétraédrales gauches (74).

**124.** En portant dans les équations (29) la valeur de $x_2'''$ déduite de l'équation (54), on obtient deux autres expressions du coefficient $k$ d'une surface tétraédrale développable en fonction des paramètres des triangulaires $\partial$, $\partial'$, $\partial''$,

$$(55) \qquad \left(\frac{k}{k-1}\right)^{m-1} = \left(\frac{y_1}{y_2}\right)^m, \qquad \frac{1}{(1-k)^{m-1}} = \left(\frac{z_2}{z_1}\right)^m.$$

L'élimination de $k$ entre les trois équations (54) et (55) prises deux à deux donne, sous trois formes différentes, la relation qui existe, en outre de la formule (30), entre les paramètres des triangulaires d'une surface tétraédrale développable. On trouve

$$(56)\quad\begin{cases}\left(\dfrac{x_1}{x_2}\right)^{\frac{m}{m-1}} + \left(\dfrac{y_2}{y_1}\right)^{\frac{m}{m-1}} = 1,\\[2mm]\left(\dfrac{z_1}{z_2}\right)^{\frac{m}{m-1}} + \left(\dfrac{x_2}{x_1}\right)^{\frac{m}{m-1}} = 1,\\[2mm]\left(\dfrac{y_1}{y_2}\right)^{\frac{m}{m-1}} + \left(\dfrac{z_2}{z_1}\right)^{\frac{m}{m-1}} = 1.\end{cases}$$

**125.** La première des équations (55) est précisément la dérivée de (33) prise par rapport à $k$. Toute valeur de $k$ qui détermine une développable satisfait à ces équations et par suite est une racine double de la seconde. *Une tétraédrale développable représente deux surfaces associées confondues en une seule.*

**126.** Les raisonnements qui précèdent ne sont justes que quand les trois triangulaires $\delta$, $\delta'$, $\delta''$ existent avec des paramètres finis. Lorsque $y_1$ est infini, l'équation (33) peut donner plusieurs valeurs de $k$ égales à l'unité suivant la grandeur de l'exposant $m$; un nombre égal de surfaces associées se superposent alors.

Dans ce cas, les génératrices sont parallèles au plan des $yz$, et la surface n'est développable que si elle se réduit à un cylindre, ce qui exige, en vertu de l'équation (54), que $x_1$ soit égal à $x_2$.

**127.** En remplaçant dans l'équation (54) $x_1$ et $x_2$ par leurs valeurs (46), nous avons la relation qui existe entre les paramètres de deux cônes triangulaires $\gamma$, $\gamma'$ d'une surface tétraédrale développable et le coefficient de génération, on trouve

$$(57)\qquad k^{m+1} u_2^m - u_1^m = 0.$$

Eu égard à la relation (41), on peut mettre cette équation sous la forme

$$(58) \qquad\qquad ku_2^n - u_1^n = 0.$$

**128.** Les cônes triangulaires circonscrits à une tétraédrale développable se coupent suivant son arête de rebroussement. Il résulte de là que les exposants $m$ et $n$ de cette surface et de son arête satisfont à la relation (41).

*L'arête de rebroussement d'une surface tétraédrale développable d'exposant $m$ est une courbe tétraédrale gauche d'exposant $m : (1 + m)$.*

*Le lieu des tangentes à une courbe tétraédrale gauche d'exposant $m$ est une surface tétraédrale développable d'exposant $m : (1 - m)$.*

**129.** *Une surface tédraédrale développable d'exposant $m$ est corrélative d'une* autre surface tétraédrale développable d'exposant $-m$, ou de son arête de rebroussement, qui est une *courbe tétraédrale gauche d'exposant $m : (m - 1)$.*

Réciproquement, *une courbe tétraédrale gauche d'exposant $m$ est corrélative d'une surface tétraédrale développable d'exposant $m : (m - 1)$.*

**130.** En appliquant les principes de la dualité aux résultats obtenus dans les n°ˢ 120-122, on trouve les théorèmes suivants, qui sont une généralisation des propositions du n° 112 du premier Mémoire.

*On peut circonscrire à une surface tétraédrale gauche d'exposant $m$ une infinité de surfaces tétraédrales développables d'exposant $[m : (m + 1)]$. Ces surfaces ont le même tétraèdre de symétrie que la surface considérée.*

*Les génératrices de la surface tétraédrale gauche sont divisées homographiquement par les courbes de contact.*

18

*Quatre des tétraédrales développables circonscrites d'exposant* $[m : (m + 1)]$ *se réduisent à des cônes triangulaires.*

*Les quatre plans qui passent par une génératrice d'une surface tétraédrale, et respectivement par les quatre sommets de son tétraèdre de symétrie, sont dans un rapport anharmonique constant.*

131. Toute courbe tétraédrale gauche appartient à une infinité de surfaces tétraédrales symétriques simples ayant le même exposant qu'elle et le même tétraèdre de symétrie. Il résulte de là, corrélativement, que *toute surface tétraédrale développable est l'enveloppe d'une série de surfaces tétraédrales simples ayant le même exposant qu'elle et le même tétraèdre de symétrie.*

*Une quadricuspidale développable est ainsi l'enveloppe d'une série de surfaces tétraédrales symétriques simples d'exposant* — 2. *Une quelconque des arêtes du tétraèdre est une droite double pour chacune des surfaces inscrites. Tout plan passant par une arête les coupe suivant une trinodale harmonique. Les quatre trinodales harmoniques directrices de la surface développable appartiennent respectivement à quatre cônes triangulaires qui font partie de la série des surfaces tétraédrales simples inscrites.*

NOTIONS SOMMAIRES SUR LES SURFACES RÉGLÉES TÉTRAÉDRALES
SYMÉTRIQUES DU SECOND ORDRE ET DU QUATRIÈME ORDRE.

132. *Exposant* 1. — Lorsque l'exposant des triangulaires directrices est égal à l'unité, ces lignes sont du premier ordre et la surface tétraédrale du second (92). Il est en effet évident que le mode de génération qui a été exposé au n° 83 donne alors un hyperboloïde.

*L'hyperboloïde à une nappe est la surface réglée tétraédrale symétrique d'exposant* 1. *On peut former son tétraèdre de symétric par quatre quelconques de ses plans tangents.* Chacun d'eux contient une directrice rectiligne et une génératrice.

Les courbes tétraédrales qui divisent homographiquement les génératrices sont des droites (122).

Les cônes triangulaires $\gamma$, $\gamma'$, $\gamma''$, $\gamma'''$ étant circonscrits à un hyperboloïde sont du second ordre. Ils sont d'ailleurs inscrits dans les pyramides formées par les plans du tétraèdre considérés trois à trois; leur exposant est donc $(1:2)$ (50). La formule (41) donne en effet ce nombre pour $n$.

L'hyperboloïde n'a pas de surface associée dans le premier mode de génération (101). Les formules paraissent lui en donner une dans le second (118), mais il est facile de reconnaître que cette surface est l'hyperboloïde lui-même déterminé par le second système de génératrices rectilignes. Le mode de génération du n° 83 ne fait évidemment trouver que le système auquel n'appartiennent pas les droites prises pour triangulaires directrices.

Les tétraédrales développables circonscrites ont pour exposant $(1:2)$ (130). Ce sont des surfaces du quatrième ordre. On sait que la développable du quatrième ordre est circonscrite à une infinité d'hyperboloïdes qui ont tous une génératrice commune avec elle.

Quand $x_1$ est égal à $x_2$, l'équation (54) est satisfaite quel que soit $k$, et la surface doit être développable. Les directrices rectilignes se rencontrent alors, et l'hyperboloïde se réduit à deux plans confondus en un seul. Dans ce cas l'enveloppe des génératrices est une conique tangente aux quatre faces du tétraèdre. On trouve, en effet, par un des théorèmes du n° 128, que l'exposant de l'arête de rebroussement est $(1:2)$.

Si, après avoir tracé deux droites $\partial$, $\partial'$ sur deux plans P et P', et pris dans ces plans deux points A' et A, on fait sur l'intersection PP' deux divisions homographiques dont

18.

les points doubles soient imaginaires, les triangles de symétrie des lignes $\delta$, $\delta'$ considérés comme triangulaires directrices, seront en partie imaginaires ; mais l'hyperboloïde ne cessera pas d'être réel. Les coniques $\gamma$, $\gamma'$ comprendront respectivement les points A$'$ et A dans leur concavité.

133. *Exposant* — 1. — La surface corrélative de la précédente est déterminée par l'exposant — 1. Chaque triangulaire directrice est une conique circonscrite à un triangle. *L'hyperboloïde à une nappe est la surface réglée tétraédrale symétrique d'exposant* — 1. *L'un quelconque des tétraèdres qui lui sont inscrits peut être pris pour son tétraèdre de symétrie.*

Les courbes tétraédrales qui divisent homographiquement les génératrices sont des cubiques gauches (122, 81).

Les cônes triangulaires circonscrits se réduisent aux quatre directrices rectilignes qui passent par les sommets du tétraèdre.

Un même hyperboloïde peut être obtenu, dans le premier mode de génération, par deux valeurs du coefficient $k$ auxquelles correspondent respectivement les deux systèmes de génératrices. Lorsque le coefficient $k$ a l'une des valeurs $\pm \sqrt{x_2 : x_1}$, la surface devient un cône.

Les tétraédrales développables circonscrites se réduisent aux génératrices du second système.

On peut appliquer la construction du n° 83 à deux coniques $\delta$, $\delta'$ ayant pour sécante idéale commune la droite PP$'$, suivant laquelle se coupent leurs plans. Dans cette génération, le tétraèdre de symétrie de l'hyperboloïde n'a de réel que les plans P, P$'$ et l'arête AA$'$ qui passe par deux points quelconques des directrices $\delta$ et $\delta'$.

134. *Exposants* $(+ 1 : 2)$, $(- 1 : 2)$. — Les seules sur-

faces réglées du quatrième ordre qui soient tétraédrales symétriques correspondent aux exposants $(+1:2)$ et $(-1:2)$. Les triangulaires directrices de ces surfaces sont, pour la première, des coniques, pour la seconde, des courbes du quatrième ordre à trois rebroussements (50, 54).

L'une de ces surfaces touche chacun des plans de son tétraèdre de symétrie le long d'une génératrice (97), l'autre possède à chaque sommet du tétraèdre un point cuspidal déterminé par la rencontre de deux génératrices consécutives.

Les courbes tétraédrales symétriques qui divisent homographiquement les génératrices sont, pour la première surface, des coniques inscrites dans le tétraèdre, pour la seconde, des lignes du sixième ordre (122).

Dans les deux surfaces, les cônes triangulaires circonscrits ont respectivement pour exposant $(1:3)$ et $-1$, et sont par conséquent les uns du troisième ordre, les autres du second (130). Les surfaces tétraédrales développables circonscrites ont également pour exposant les unes $(1:3)$, et les autres $-1$. Ces dernières sont des cônes du second ordre.

Les deux surfaces ne diffèrent pas l'une de l'autre, car chacun des plans tangents à la seconde le long des génératrices qui passent aux sommets du tétraèdre la coupe suivant une conique tangente aux trois autres plans. Les quatre plans tangents le long des génératrices singulières forment par conséquent un second tétraèdre de symétrie par rapport auquel la surface a l'exposant $(1:2)$. De même, si l'on coupe la première surface par un plan contenant les points cuspidaux de trois des quatre génératrices situées sur les faces du tétraèdre, on aura une courbe du quatrième ordre à trois rebroussements.

Quand les surfaces considérées sont développables, elles ont respectivement pour arêtes de rebroussement des cubiques gauches déterminées par les exposants $(1:3)$ et $-1$ (128, 81). On voit enfin, par le théorème du n° 131, que la développable du quatrième ordre est l'enveloppe d'un système de surfaces de Steiner ayant un même tétraèdre de symétrie. On peut prendre pour sommet de ce tétraèdre quatre points quelconques de la cubique arête de rebroussement.

# NOTES PAR M. CAYLEY.

## I.

### SUR LA DÉCOMPOSITION DU LIEU DES GÉNÉRATRICES EN SURFACES TÉTRAÉDRALES DISTINCTES (84).

Dans l'extrait de mon Mémoire inséré au *Compte rendu* de la séance de l'Académie du 8 janvier 1866, je n'avais mentionné la décomposition du lieu des génératrices en surfaces distinctes que dans le cas où le dénominateur de l'exposant est pair, c'est-à-dire quand deux des surfaces peuvent être réelles. C'était une simple inadvertance, car j'avais reconnu le principe de la décomposition à l'occasion de la courbe tétraédrale gauche d'exposant $(2:3)$, et de la développable circonscrite à deux trinodales harmoniques (Premier Mémoire, n$^{os}$ 199, 142). M. Cayley me signala cette omission. Je l'avais déjà remarquée quand je reçus sa lettre; je pus donc lui répondre immédiatement, et lui donner en quelques mots la théorie de la décomposition telle que je l'ai exposée au n° 84.

Voici le passage important de la lettre de M. Cayley :

« Il me semble qu'une de vos conclusions a besoin d'être modifiée. Ainsi la surface tétraédrale dérivée de deux courbes triangulaires à exposant $\frac{1}{m}$ ($m$ étant un entier positif), laquelle, selon un de vos théorèmes, serait de l'ordre $2m^2$, paraît se décomposer en $m$ surfaces chacune de l'ordre $2m$. Il y a pour cela une raison *à priori*; en effet, pour deux triangulaires de la forme en question, en employant votre construction, on peut établir une correspondance non-seulement entre les deux systèmes de points

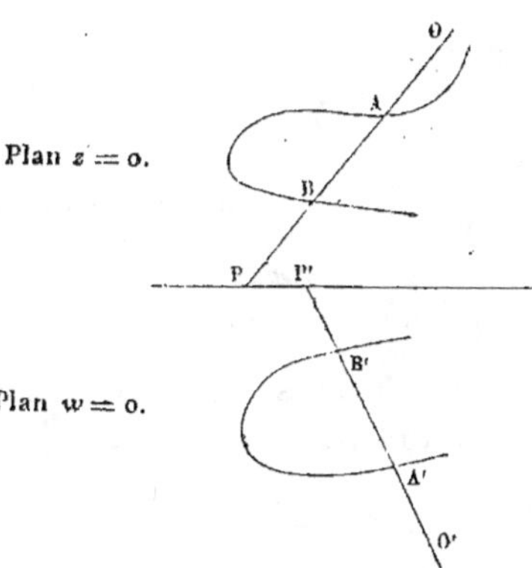



A, B,..., et A', B',..., mais aussi entre chaque point A et un seul point correspondant A', car l'équation de la première courbe étant de la forme

$$f\,x^{\frac{1}{m}} + g\,y^{\frac{1}{m}} + h\,z^{\frac{1}{m}} = 0,$$

on satisfait à cette équation en écrivant

$$x : y : z = a(\theta + \alpha)^m : b(\theta + \beta)^m : c(\theta + \gamma)^m,$$

où $\theta$ est un paramètre variable. De même, l'équation de la seconde courbe étant

$$f'\,x^{\frac{1}{m}} + g'\,y^{\frac{1}{m}} + k'\,w^{\frac{1}{m}} = 0,$$

on satisfait à cette équation en écrivant

$$x : y : w = a'(\theta' + \alpha')^m : b'(\theta' + \beta')^m : d'(\theta' + \delta')^m,$$

où $\theta'$ est aussi un paramètre variable.

» Pour la droite OP, on a

$$\frac{x}{y} = \frac{a\,(\theta + \alpha)^m}{b\,(\theta + \beta)^m},$$

et pour la droite O′ P′

$$\frac{x}{y} = \frac{a'\,(\theta' + \alpha')^m}{b'\,(\theta' + \beta')^m};$$

donc, la condition pour la correspondance des droites est

$$\frac{a\,(\theta + \alpha)^m}{b\,(\theta + \beta)^m} = \lambda\,\frac{a'\,(\theta' + \alpha')^m}{b'\,(\theta' + \beta')^m},$$

ce qui donne pour $\theta'$ $m$ valeurs différentes en termes de $\theta$. Mais chacune de ces valeurs est de la forme

$$\theta' = \frac{A\theta + B}{C\theta + D},$$

et, en ne faisant attention qu'à une seule valeur de $\theta'$, on a le point

$$x : y : z = a(\theta + \alpha)^m : b(\theta + \beta)^m : c(\theta + \gamma)^m,$$

qui correspond à un point unique

$$x : y : w = a'(\theta' + \alpha')^m : b'(\theta' + \beta')^m : d'(\theta' + \delta')^m.$$

» Pour le cas de l'exposant $\frac{1}{3}$, on a, de cette manière, une surface de l'ordre 6. J'ai vérifié cela dans le cas particulier de la surface développable. Il est très-singulier (c'est M. Salmon qui m'a fait cette remarque) qu'en écrivant dans cette équation $(x^2,\ y^2,\ z^2,\ w^2)$ au lieu de $(x, y, z, w)$, on obtient l'équation d'une surface du douzième ordre lieu des centres de courbure d'un ellipsoïde.

» Cambridge, 15 février 1866. »

Les observations que j'ai présentées au n° 272 du premier Mémoire, sur la surface lieu des centres de courbure de l'ellipsoïde, expliquent le rapprochement curieux remarqué par M. Salmon.

## II.

### A L'OCCASION DE L'ORDRE DES SURFACES TÉTRAÉDRALES (92).

« Je crois que j'ai négligé de vous faire connaître un théorème assez général au sujet de l'ordre de ces surfaces. En considérant dans l'espace deux courbes (planes ou à double courbure) des ordres $m$ et $m'$ respectivement, et en supposant qu'il y ait entre les points de ces deux courbes une correspondance $(\alpha, \alpha')$, (c'est-à-dire qu'à un point donné de la courbe $m$ correspondent $\alpha'$ points sur la courbe $m'$, et à un point donné de la courbe $m'$ correspondent $\alpha$ points sur la courbe $m$), alors la surface réglée que l'on obtient en unissant par des droites les points correspondants des courbes $m$ et $m'$ sera de l'ordre $(m\alpha' + m'\alpha)$.

» Cambridge, 18 octobre 1866. »

## III.

### SUR LA SURFACE COMPLÉMENTAIRE (98, 101-104).

Voyant l'intérêt que M. Cayley portait à mes recherches, je lui signalai l'existence de la surface complémentaire. La réponse de M. Cayley contient, sur cette question délicate, une explication très-précise.

« Je peux reconnaître, par mes propres formules, que, des $pq^2$ surfaces de l'ordre $2p^2q$, il n'y en a que $pq$ qui passent par la troisième directrice. En effet, le rapport anharmonique $k$ est donné en termes des paramètres de la

troisième directrice, au moyen d'une équation qui contient
la quantité irrationnelle $h^{\frac{p}{q}}$. En rationalisant cette équation,
on obtient pour $k$ une équation de l'ordre $pq$; à chaque racine $k_1$ correspondent $q$ surfaces, savoir celles qui appartiennent aux $q$ valeurs de $k_1^{\frac{p}{q}}$; mais l'équation irrationnelle
n'est satisfaite que par une seule valeur de $k_1^{\frac{p}{q}}$, à savoir la
valeur de $k_1^{\frac{p}{q}}$ donnée par l'équation irrationnelle, en y sub-
stituant pour $k$, en tant que $k$ y entre rationnellement, la
valeur $k = k_1$. Donc, à chaque racine $k_1$ correspond une
seule surface qui passe par la troisième directrice. La question à laquelle donne lieu cette circonstance paraît très-
intéressante. La surface déterminée par les trois directrices
est composée de $pq$ surfaces chacune de l'ordre $2p^2q$, et
d'une surface résiduale de l'ordre $2p^3(q^3 - q^2)$. Quelles
sont la nature et les propriétés de cette surface résiduale?
Je serais bien aise de savoir si vous avez fait des recherches
à ce sujet.

» Cambridge, 29 mars 1866. »

Le lecteur a vu, aux n[os] 104-107, ce que j'ai trouvé sur
la surface en question.

# TABLE DES MATIÈRES.

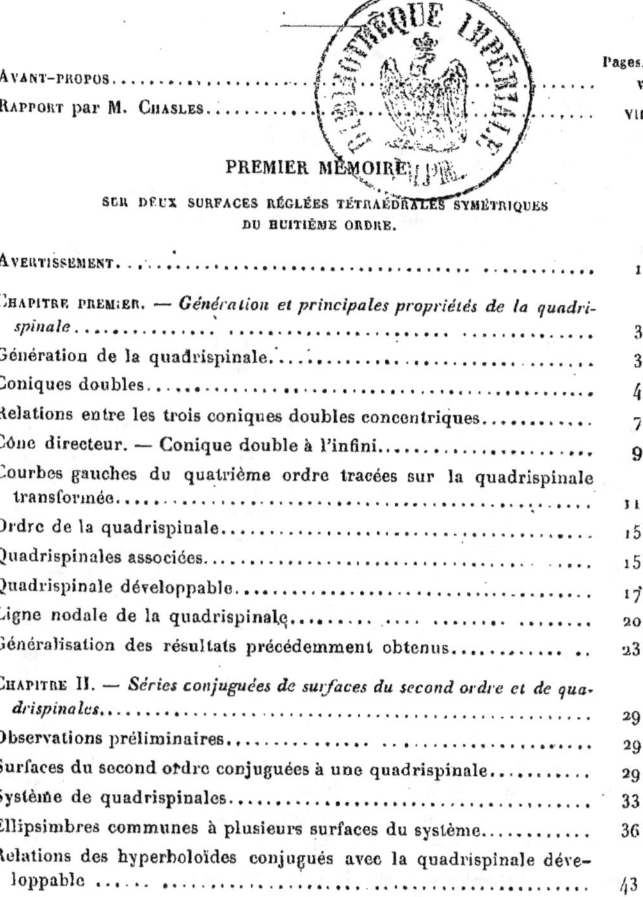



## PREMIER MÉMOIRE
### SUR DEUX SURFACES RÉGLÉES TÉTRAÉDRALES SYMÉTRIQUES DU HUITIÈME ORDRE.

## DEUXIÈME MÉMOIRE.

### THÉORIE GÉNÉRALE DES SURFACES RÉGLÉES TÉTRAÉDRALES SYMÉTRIQUES.

FIN DE LA TABLE DES MATIÈRES.

Paris. — Imprimerie de GAUTHIER-VILLARS, successeur de MALLET-BACHELIER,
rue de Seine-Saint-Germain, 10, près l'Institut.